旋转双棱镜
光束偏转技术基础

Fundamentals of Risley–prism–based Beam
Steering Technology

■ 周 远 著

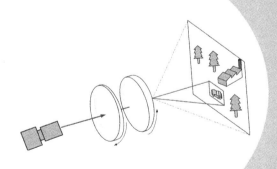

CnS | K 湖南科学技术出版社

图书在版编目（CIP）数据

旋转双棱镜光束偏转技术基础 / 周远著. — 长沙 :湖南科学技术出版社，2021.9
ISBN 978-7-5710-1228-1

Ⅰ．①旋… Ⅱ．①周… Ⅲ．①棱镜－研究 Ⅳ.①TH74

中国版本图书馆 CIP 数据核字(2021)第 193174 号

XUANZHUAN SHUANGLENGJING GUANGSHU PIANZHUAN JISHU JICHU

旋转双棱镜光束偏转技术基础

著　　者：周　远
出 版 人：潘晓山
责任编辑：杨　林
出版发行：湖南科学技术出版社
社　　址：湖南省长沙市开福区芙蓉中路一段 416 号泊富国际金融中心 40 楼
　　　　　http://www.hnstp.com
湖南科学技术出版社天猫旗舰店网址：
　　　　　http://hnkjcbs.tmall.com
邮购联系：本社直销科 0731-84375808
印　　刷：长沙市宏发印刷有限公司
　　　　（印装质量问题请直接与本厂联系）
厂　　址：长沙市开福区捞刀河大星村 343 号
邮　　编：410153
版　　次：2021 年 9 月第 1 版
印　　次：2021 年 9 月第 1 次印刷
开　　本：710mm×1000mm　1/16
印　　张：15.25
字　　数：269 千字
书　　号：ISBN 978-7-5710-1228-1
定　　价：98.00 元

前　言

　　光束偏转技术调节和控制可见、红外等波段光束的空间传播方向，可用于光束、成像视轴等的指向、瞄准、跟踪或扫描。光束偏转技术在航天、航空、国防军事、科学研究、信息、工业、生物医学等领域普遍用于定向通信、传感及能量传输。旋转双棱镜利用光的折射，通过两棱镜的共轴独立旋转来偏转光束或成像视轴。相对传统的万向机架、反射面型束转系统，旋转双棱镜具有结构紧凑、旋转惯量小、转向分辨率高、动态性能好、可靠性好等优势。相对光学相控阵、微透镜、微反射镜阵列等非机械或微机械式束转系统，旋转双棱镜的光束偏转角度大，束转效率高，支撑技术和工艺简单成熟，系统稳定性和可靠性好，环境适用性强，造价便宜。旋转双棱镜光束偏转技术在自由空间光通信、红外对抗、激光雷达、激光制导、激光武器、激光遥感、军事侦察、目标搜索、遥感探测、灾难搜救、红外扫描、计算机视觉、光互连、光纤光开关及生物医学成像等空间和军民用领域有着广泛的应用前景。

　　对于旋转双棱镜光束偏转系统及技术，存在一些基本理论及技术问题有待研究。非线性问题是旋转双棱镜光束偏转控制中需要研究和解决的首要问题。不同于传统的转轴类光机束转系统，旋转双棱镜系统出射光束指向与系统中的回转部件，即两棱镜的旋转角位置之间不是简单的线性关系。需要分析光束通过两棱镜的光路，揭示两者之间的内在联系，为光束指向、扫描、跟踪提供基础理论支撑和方法指引。另外，光束指向与棱镜旋转角位置之间的非线性关系也导致光束转向角与棱镜旋转角之间，以及光束转向率与棱镜旋转角速度之间的非线性关系。进一步分析这种关系，能在目标跟踪等应用中估测两棱镜的角速度、角加速度的旋转性能要求，为两棱镜旋转驱动和控制提供基础性支撑。在旋转双棱镜系统的各种应用中，系统出射光束指向精度问题是必须研究的问题。分析指向精度的影响因素，研究指向误差与各误差源误差量之间的定量关系，能在具体指向精度要求下，估测各误差源的误差容限，为系统加工、装调、标定提供参考标准。对于如激光雷达等一些激光光束扫描应用，需要分析两棱镜旋转角速度与光束扫描路径之间的内在联系，研究扫描图样、扫描路径变化的影响因素，探讨扫描线密集度、扫描周期等性能与系统结构、棱镜旋转动态特性之间的联系，为旋转双棱镜扫描器设计、两棱镜的旋转控制提供理论和方法依据。对于视轴指向控制应用，需要通过分析成像光线在两棱镜中的传播光路，分析两棱镜对成像性能的影响及其改善途径和措施。对于成像跟踪应用，还需探讨视轴调节模型、方法和基本步骤。在旋转双棱镜的大角度光束偏转应用中，系统光束限制问题也是值得探讨的问题。由于棱镜内表面的全反射，过于倾斜入射的光束将不能通过系统，从而限制了系统的光束偏转角度，在成像视轴转向应用中限制了成像视场。因此，分析系统能达到的最大偏转角及对应的棱镜顶角与棱镜材料折射系数间的关系，得出棱镜结构的设计限制，能为系统设计提供指引。

本书围绕以上基本问题，分别基于近轴近似、矢量形式的斯涅尔定律，通过偏转矢量叠加、非近轴光线追迹来研究旋转双棱镜系统的光束偏转机制。基于此理论分析基础，探讨系统出射光束指向与两棱镜旋转角位置间的内在联系，并进一步针对目标跟踪应用需求，分析棱镜旋转驱动与控制的非线性问题及奇异点问题。通过非近轴光线追迹，分析影响光束指向精度的误差源，给出指向误差与各误差源误差量之间的定量关系并估测各误差源的误差容限。针对系统的光束扫描应用，研究光束扫描路径、扫描图样、扫描性能与系统结构、棱镜旋转动态特性之间的联系。针对系统的视轴指向控制应用，分析棱镜引起的成像畸变及其校正方法，探讨成像跟踪中的视轴调节模型和方法。通过分析棱镜内表面的全反射，探讨旋转双棱镜系统的光束限制问题。

本书共 8 章，第 1 章介绍了光束偏转技术的应用背景、性能评价、技术难点，简要描述了机械式、非机械式及微机械式的典型光束偏转装置并进行了对比分析。第 2 章概述性地介绍了旋转双棱镜光束偏转系统，分析了其需要研究解决的关键问题，从光束偏转基本理论、关键问题研究、设备开发、技术应用 4 个方面介绍了旋转双棱镜光束偏转技术的国内外发展现状。第 3 章研究了旋转双棱镜光束偏转理论。在对系统模型和相关基本概念进行整体介绍的基础上，先分析单个棱镜的光束偏转特点。然后基于薄透镜（光楔）近似，采用近轴近似理论模型和偏转矢量叠加方法分析系统光束偏转的正向解问题和逆向解问题。最后基于矢量形式的斯涅尔定律，采用非近轴光线追迹方法推算正向解和逆向解问题的精确解，并与基于近轴近似理论模型得出的结果进行了比较分析。第 4 章针对旋转双棱镜的目标跟踪应用，分析光束转向角与棱镜旋转角，以及光束转向率与棱镜旋转角速度间的非线性关系。根据系统光束偏转特点，结合目标跟踪通常实施流程分析，探索目标指向在系统观测场中央区和边缘区遇到的棱镜旋转驱动控制奇异点问题。第 5 章分析了影响旋转双棱镜光束指向精度的各种因素，定量探讨了棱镜折射系数偏差、顶角偏差、旋转角位置偏差以及系统装配误差导致的光束指向误差，根据光束指向精度要求估算各误差源的误差量容限。第 6 章围绕激光成像雷达等领域光束或成像视轴扫描的应用需求，结合近轴近似方法和非近轴光线追迹方法，研究两棱镜旋转方向、转速比与光束扫描方式之间的关系。分析了两棱镜等速旋转时光束一维线扫描、圆周扫描轨迹特点。研究了两棱镜同向和反向不等速旋转时，螺旋线、花瓣型二维面扫描的扫描模式和扫描性能特点。第 7 章针对旋转双棱镜的成像视轴指向控制应用，通过系统中成像光束的非近轴光线追迹，分析了两棱镜引起的成像畸变，提出逆向光线追迹的畸变校正方法。针对旋转双棱镜的成像跟踪应用，建立成像视轴调节模型，通过逆向光线追迹分析脱靶量与视轴偏转之间的非线性关系，结合两步法形成了旋转双棱镜成像跟踪的方法流程。第 8 章针对大角度光束偏转应用，研究了棱镜内表面的全反射导致的系统光束限制。针对在轴入射光束比较棱镜内表面入射角和临界角，分析旋转双棱镜系统的光束偏转限制。针对轴外入射光线比较棱镜内表面入射角和临界角，分析旋转双棱镜系统的通光角孔径，估算系统在成像应用中的视场限制。

旋转双棱镜是里斯莱棱镜（Risley prisms）的延伸。里斯莱棱镜由楔角较小的光楔构成，已有几十年研究和应用历史。由于其光束偏转角度小，扫描范围受到限制，初期只在空间观测、眼科检查等少数领域用于小角度光束指向调整。近年随着军民用诸多领域对大角度光束偏转扫描需求的提升，大角度光束偏转的旋转双棱镜开始受到各研究领域学者的关注。一批关于旋转双棱镜的论文公开发表于国内外相关领域期刊，对旋转双棱镜光束偏转技术的基础理论和关键问题进行了探讨。这些分散文献各自对某一特定方面深入探讨，难以对旋转双棱镜光束偏转技术进行比较全面系统的描述。2016 年，同济大学李安虎教授出版了题为"双棱镜多模式扫描理论与技术"的专著，较全面地介绍了旋转双棱镜光束扫描理论模型和扫描机制，探讨了逆向解、扫描盲区、扫描精度、扫描光束性质等问题，为旋转双棱镜光束扫描技术的开发和应用奠定了基础。本书的标题是"旋转双棱镜光束偏转基础理论研究"，着眼于从光束传播的角度，针对旋转双棱镜的光束、成像视轴指向、扫描、跟踪应用，系统研究旋转双棱镜光束偏转的机制，深入探讨光束偏转中的非线性问题、指向误差问题、光束限制问题、光束扫描性能及成像视轴指向控制等基本问题。这是对各类应用中旋转双棱镜光束传播规律和特点的一个总结，但愿该书能为各领域旋转双棱镜束转设备和技术开发提供基础支撑，对希望了解旋转双棱镜相关技术的人们有所帮助。

本书的大部分章节内容为作者本人及团队近年研究成果总结。相关研究工作得到国家自然科学基金、中国博士后科学基金、湖南省自然科学基金、湖南省教育厅科研项目、长沙市科技计划项目等项目基金资助。部分工作成果已形成十几篇论文公开发表并申请了 2 项国家发明专利。本书涉及的研究工作起始于作者在国防科学技术大学机械电子博士后流动站从事的博士后研究方向。作者衷心感谢合作导师范大鹏教授的悉心指导，感谢长沙学院朱培栋、陈英、刘光灿、刘安玲、陈艳教授及桂林电子科技大学胡放荣教授的关心和支持，感谢国防科学技术大学鲁亚飞、范世珣、黑沐、刘华、黄征宇、洪华杰、张志勇、张连超、周擎坤、谢馨等博士及熊飞湍、刘军高工的帮助。作者还特别感谢爱人肖瑶女士、儿子周子毅的理解和支持。

　　本书可为光学扫描、光电跟踪等领域的科研工作者和技术人员提供参考，也可供高校相关专业老师及博士、硕士、本科生参阅。

　　由于作者学识水平有限，书中疏漏、不足、错误之处难免，敬请广大读者批评指正！

目 录

第1章　光束偏转技术概述

波束控制（beam steering）技术用于改变和控制波束辐射主瓣方向，即使辐射束从一个指向偏转到另一个指向。在光学系统中，波束控制技术又可称为光束偏转（束转）技术，即改变和控制可见、红外等波段光束的空间传播方向或连续偏转光束方向按一定路径实现扫描，实现光束方向的精确控制。

1.1　光束偏转技术的应用背景

当前应用最广泛的光束偏转技术包括激光光束偏转技术以及成像视轴偏转技术，主要应用于定向通信、传感及能量传输。激光光束偏转技术通过偏转和控制激光光束的方向，实现光束指向、扫描和目标跟踪，被用于实现激光通信链路、激光传感或激光功率定向传输[1]。激光光束偏转技术在空间激光通信、激光对抗、激光雷达、激光制导、激光武器、激光遥感、光互连、光纤开关等空间和军民用领域有着广泛的应用前景[2]（如图 1.1）。

在空间激光通信、激光对抗、激光制导等应用中，激光光束偏转技术用于目标捕获、跟踪和瞄准（ATP — Acquisition，Tracking，Pointing），为该类领域中的难点和核心技术[3]。在激光雷达等应用中，激光光束偏转技术用于光束

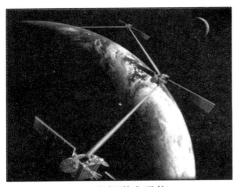

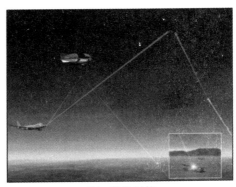

| （a）空间激光通信 | （b）激光对抗 |

1

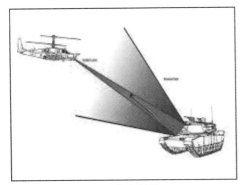

（c）激光制导

（d）激光雷达

图 1.1　激光光束偏转技术的典型应用

扫描[4]。激光光束偏转技术已成为未来星载、空载、舰载、车载、地面新概念通信、探测及武器装备应用中的关键技术[5-7]。

成像视轴偏转技术是利用束转装置偏转成像光束，改变成像视轴指向，移动成像视场，实现扫描成像或步进凝视成像，以用于扩大成像探测搜索范围或实现目标跟踪。目前，具有可见光和红外成像功能的光电探测装备由于其成像分辨率高、目标清晰直观、可昼夜使用、抗干扰和隐蔽性好等优点，在机载、舰载、车载、弹载平台中应用十分广泛。对目标的搜索、识别和跟踪能力是衡量这类光电装备技术水平的重要标志，而如何进一步实现大视场、高分辨率、快速的图像信息获取，是这类光电装备发展面临的关键问题。由于可见光/红外成像探测器和成像系统结构的限制，难以在保持大视场的同时实现高分辨率成像。需采用成像视轴偏转技术来通过扫描或步进凝视成像的方式捕获图像，兼顾大观测范围和高分辨率的要求。成像视轴偏转技术可广泛应用于目标搜索、资源探测、灾难侦察、军事侦察（图 1.2）、红外对抗、红外扫描及生物医学成像等领域。

（a）星载成像探测与搜索

（b）机载成像探测与搜索

（c）舰载成像探测与搜索　　　　　　　　（d）弹载成像探测与搜索

图 1.2　成像光轴偏转技术的典型应用

1.2　光束偏转装置的性能评价指标及技术难点

偏转力（最大偏转角度）、转向分辨率及指向精度是评价光束偏转装置性能的关键指标[1]。光束偏转系统作为光束（视轴）扫描与目标搜索、捕获、跟踪、瞄准的关键设备，为扩大其扫描和目标搜索范围，要求系统能在尽可能大的角度范围内快速随意地调整光束（视轴）指向，即要求系统具有尽可能大的偏转力（最大偏转角）。为实现对目标连续平滑的跟踪，要求光束从一个指向到下一个指向偏转的角度步长尽量小，即要求光束转向装置的转向分辨率足够高。对于自由空间光通信、光电对抗、激光武器、光纤光学开关等要求光束对准和目标指向跟踪的光学系统来说，为利用发散角很小的狭窄激光光束实现远距离通信、功率传输或准确瞄准目标，对激光光束或成像视轴的对准与跟踪精度提出了很高的要求。作为未来诸多领域光束扫描和目标跟踪瞄准的关键部件，除偏转力、转向分辨率及指向精度这几项关键指标外，实际应用对光束偏转装置提出了更多的功能要求，包括[2,8]：

（1）要求系统结构紧凑、轻便、低能耗，以适应星载、机载等空间受限载体平台安装需求；

（2）要求系统具有足够的光学孔径、透过率及光谱适用范围；

（3）要求系统具有快速转向能力及良好的动态特性。

为了提高空间激光通信的通信速率，欧盟、美国、日本等发达国家都制定了相应的发展计划和目标，如欧盟的 SILEX 计划、美国的 TSAT 计划、日本的 OICETS 卫星通信链路等，其中都把实现捕获、跟踪和瞄准（ATP）功能的高精度光束偏转列为重点研究的关键技术之一[9]。为对抗红外制导导弹的攻击，美国和一些欧洲国家研制了系列定向红外对抗系统，如美国研制的 ATIRCM 系统、西班牙的 MANTA 系统等[10]。这些红外对抗系统中的精密跟踪部件就应用了高精度光束偏转这一关键技术。在美国制定并实施的竖锯（JIGSAW）、DPSS 等三维成像激光雷达项目中，激光光束偏转和扫描也是其中关键技术之一[11]。表 1.1 列出了几种典型应用中光束转向装置的标称性能参数。直视红外对抗系统中光束偏转装置的最大偏转角标称值达到 $\pm 45°$，继续增大其最大偏转角，可有效扩大这些应用系统的扫描搜索范围。在列出的 3 种典型应用中，其光束偏转机构的光束指向精度都达到 $100\mu rad$，深空激光通信系统的跟踪精度更是达到了亚微弧度量级。

表 1.1　几种典型应用中光束指向装置的性能参数

性能参数	直视红外对抗[12]	激光成像雷达[13]	深空激光通信[14]
最大偏转角/(°)	± 45	± 5.4	± 0.6
指向精度/μrad	100	30	1
转向时间/ms	1	0.7	1
孔径/mm	50	75	300
光谱范围/μm	2~5	0.532	1.064
光束发散角	1mrad	10mrad	6.3 μrad

＊转向时间：从一个角度位置偏转到另一个角度位置需要的时间。

光束偏转技术目前面临的技术难点可以归纳为：

（1）大角度光束偏转与高分辨率高精度指向、光束稳定指向要求间的矛盾。单凭单一结构类型的束转机构很难同时实现大偏转力、高分辨率、高精度的稳定指向。故在空间光通信、红外对抗、天文观测等一些既要大范围搜索，又需要高精度指向跟踪目标的应用领域，通常需要设计粗精复合束转系统。粗束转系统用于大角度的光束偏转，精束转系统用于精确指向瞄准。

（2）高质量的光束偏转性能要求，如大偏转角度、大光学孔径要求与系统结构紧凑轻便化设计要求之间的矛盾。特别对于星载、机载等一些空间受限的平台应用，必须设计安装紧凑、轻便而又能保持良好束转性能的束转装备。

（3）高分辨率光束转向要求与快速转向能力之间的矛盾。在一些目标跟踪应用中，既要求束转系统具有尽可能高的转向分辨率以实现目标的平滑稳定跟踪，又要求系统能快速转向以实现目标的实时跟踪，这为束转系统的设计带来了挑战。

（4）实际应用中对设备工作稳定性性能要求与设备支撑技术成熟度、加工工艺复杂度等要求之间的矛盾。

1.3　常见光束偏转装置分类

根据实现方式的不同，常见的光束偏转装置可分为机械式、非机械式、微机械式束转系统三类，通常通过光的反射、折射、衍射及电光、声光效应实现方向改变。机械式束转系统是传统使用的光束偏转装置，其理论和技术最成熟，在各领域中使用最广泛。非机械式和微机械式束转系统是近年随着光学、电子、微纳、控制、信息等技术及相关工艺进步而发展起来的新型束转装置。三类束转装置均有其优点和不足。

1.3.1　机械式束转系统

机械式束转采用电机等驱动器带动一个或多个部件的转动或移动来偏转光束，是目前最成熟的束转扫描技术。该类系统通过直接改变光源或探测器光轴指向，或通过光的反射、折射、衍射来偏转光束。系统结构类型繁多，常见装置分为万向机架型、反射面型、折射型、衍射型等。

一、万向机架型

万向机架型束转系统将光源（如激光器）或探测器等所有装置都安装在一个 2 轴或 3 轴的回转机架上，通过控制机架的单轴或多轴回转运动来直接控制光束或成像视轴的指向[5-7]，其典型结构示意如图 1.3。该类系统为目前最普遍使用的光束指向机构，已被广泛应用于 ATP 系统、机载吊舱、舰载光电预警，以及精确制导武器成像导引头等装备中。

万向机架型束转系统的优势是可实现大角度光束偏转，原理简单，技术成熟。但随着各应用领域对光束偏转系统性能要求的不断提升，其内在的局限正逐渐凸现，已成为制约其发展的瓶颈。该类系统面临的主要挑战包括：

（1）系统体积大、重量重、耗能高，为载体平台的安装和负重带来不便。由于探测器或激光器整体随万向架转动，必须在载体平台上为其预留回转空间[5]。以上因素不但导致指向装置体积庞大，还将为载体平台整体结构设计和安装带来挑战，这在星载、机载平台上表现尤为突出。

（2）系统动态性能低。由于探测器或激光器整体随框架转动，转动惯量大，

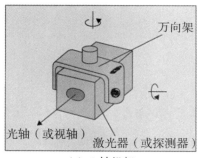
（a）2 轴机架

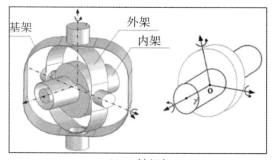
（b）3 轴机架

图 1.3　万向机架型束转系统

频带窄，光束转向速度受到限制，系统反应时间长，动态性能低，难以有效跟踪和瞄准动态目标[6]，一般只用于低速目标跟踪。

（3）对载体振动敏感。由于框架绕多轴回转运动，存在运动耦合、惯量耦合，以及线绕力矩等因素的干扰，难以实现高精度光束指向调整[7]。

（4）提高了载体姿态控制的难度。当万向架光束偏转装置应用于星载平台上时，由于存在多轴转动，需设置多个反向旋转角动量以阻止载体的反向旋转，保持载体姿态平衡[6]。

二、反射面型

反射面型束转系统通常安装在光源或探测器前方，它驱动反射面的单轴或多轴摆动或转动来改变镜面法线方向，通过镜面反射来控制光束或成像视轴的指向。

一种常用的反射面型束转系统是镜面摆动型系统，它通过反射面（一般为平面）的单轴或多轴回摆来调整光束指向[15]。图 1.4（a）为典型的单镜面双轴摆动型系统示意图，一轴用于控制光束指向的俯仰角，另一轴用于控制光束指向的方位角[15]。在用于目标搜索与跟踪的光电探测系统中，所采用的二维指向镜（摆镜）常采用这种方式来偏转成像视轴，通过镜面的两轴大幅度偏摆来搜索捕获目标。

在该类应用指向镜的光电探测系统中，光源或探测器相对载体固定，仅依靠反射镜回转调整光束指向，故相对万向机架，其系统动态性能显著提升，光束转向更为灵敏。然而，该类系统仍然与载体平台呈非正形投影关系，为得到大角度宽口径光束偏转，实现宽观测场（FOR，Field of Regard），需要大尺寸的入射光窗孔[16, 17]，导致系统结构尺寸大。另外，该系统存在两轴旋转运动，对机械加工及装调误差反应灵敏，光束指向精度难以进一步提升[18]。因此，在实际应用中，镜面摆动型系统更常应用于小口径光束的小角度偏转。近些年

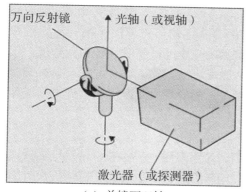

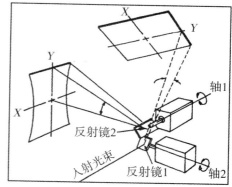

（a）单镜面双轴　　　　　　　　　　（b）双镜面双轴

图 1.4　镜面摆动型束转系统

发展起来的快速控制反射镜（Fast Steering Mirrors）通过双轴或柔性轴实现 2 个或多个自由度的镜面偏转，偏转角小但精度高，响应快，用于光束的高速精确指向、稳定和跟踪。它常与万向机架型束转机构组合成复合轴系统，优势互补，实现大角度快速高精度跟踪，广泛应用于天文观测、空间激光通信、图像稳定、自适应系统等领域。在激光行业应用广泛的高速扫描振镜（Galvo scanning system，又称为检流计）常采用双镜面双轴摆动型系统，如图 1.4（b）。该系统中两单轴回摆镜面的回摆轴相互垂直，各自控制光束在一个维度方向小角度快速精密转向[19]，实现二维空间的激光光束扫描。

　　另一种常用的反射面型束转系统是镜面转动型系统（转镜），它通过单个或多个镜面的旋转实现光束扫描。该类系统基本结构和种类繁多（如图 1.5），均使入射光束按特定方式和时间顺序反射，导致反射光束按一定路径扫描。在实际应用中，常采用多类转镜组合来满足扫描需要。转镜的偏转角度大，回扫速度快，光损耗小，抗干扰性能强，扫描性能稳定，常被应用于激光扫描探测、激光成像雷达、生物医学成像等领域。

 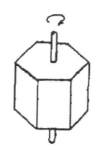  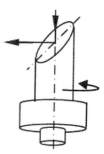

图 1.5　镜面转动型束转系统

总之，相对万向机架型系统，反射面型系统负载轻，转动惯量小，响应频率高。相对折射型和衍射型系统，反射面型系统输出光束质量高、传输效率高，其偏转角不依赖光的波长，宽波带范围的光也能被同时偏转相同角度。反射面型系统常用于快速高精度目标跟踪或激光光束扫描。综合发挥万向机架型和反射面型系统的优势来设计组合束转系统，能实现大角度高精度光束或成像视轴的转向、瞄准、扫描或目标跟踪。

三、折射型

与反射面型束转系统通过光的反射偏转光束不同，折射型束转系统通过光在多个不同介质界面上的折射来改变光束偏转方向。折射透镜和棱镜是设计折射型束转系统常用的折射器件。

图1.6所示的偏心透镜束转系统是利用透镜改变光束方向的典型例子。两正透镜共焦放置，前一透镜的像方焦平面与后一透镜的物方焦平面重合。两透镜的焦点有一个离轴偏移，则出射光束相对于入射光束将产生一定偏转，偏转角由两透镜的焦距及两焦点的离轴偏移量决定。沿垂直光轴方向横移透镜，可实现光束的二维偏转扫描。偏心透镜束转系统可用于机载光学传感、红外对抗等领域[20]。

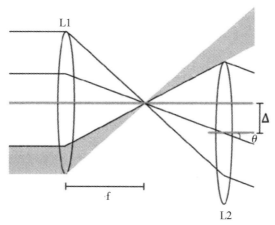

图1.6 偏心透镜束转系统

通过折射棱镜设计束转系统，可利用多种形状的棱镜转动或侧移来偏转扫描光束。图1.7展示了两种折射棱镜扫描器[21, 22]，其中图1.7（a）利用一个直角折射棱镜实现物空间扫描，而图1.7（b）利用一个立方折射棱镜实现像空间扫描。

在实际应用中，折射三棱镜，尤其光楔（顶角很小的三棱镜），是折射型束转系统常采用的束转器件。在三棱镜截面内沿光轴入射的光束，向三棱镜厚

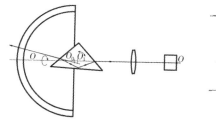 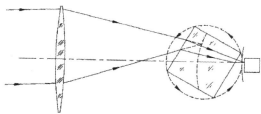

（a）通过直角折射棱镜实现物空间扫描　　　（b）通过立方折射棱镜实现像空间扫描

图 1.7　两种折射棱镜扫描器示例

端偏转，偏转角决定于三棱镜的顶角（楔角）和光学材料的折射系数。通过机械传动改变三棱镜顶角，可实现光束的一维束转扫描。图 1.8（a）展示的顶角可调光楔束转系统由平凹透镜、折射系数匹配的油液、平凸透镜组成。旋转任一透镜都将改变光楔楔角，实现光束的一维线扫描[23]。图 1.8（b）所示的液体填充可调光楔通过在两块透光平板间填充折射率匹配的液体来控制楔角，实现光束扫描目的[23]。

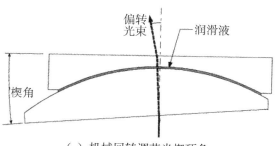 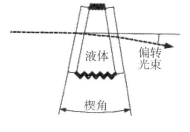

（a）机械回转调节光楔顶角　　　　（b）填充液体调节光楔顶角

图 1.8　顶角可调的光楔束转系统

　　以上棱镜束转系统利用和控制单一棱镜来偏转光束，实现一维线扫描。为了实现光束的二维面扫描，可以通过两个或多个棱镜的共轴独立旋转或偏摆来实现。本书介绍的旋转双棱镜即是利用两块折射三棱镜或光楔组成。控制两棱镜的旋转角位置，即可在一定范围的圆锥形空间范围内实现光束的任意指向。

　　折射型束转系统属于透射型系统，更易于系统的共轴安装，有利于系统的紧凑化及与载体平台的共形设计。但由于折射材料的色散特性，折射束转器件不可避免地带来色差问题。若光束为宽波段光束，折射材料对不同频率波长的光具有不同的折射率，将导致不同的偏转角。因此，折射型束转系统特别适合应用于单色性好的激光光束偏转扫描，能避免其固有的色差问题。若要将折射型束转系统用于宽波段束转或成像，则需要设计胶合型折射器件或结合合适的衍射结构来实现消色差。

四、衍射型

衍射型束转系统通常利用衍射光栅来偏转光束。当光束入射光栅面时将发生光栅衍射，非零级衍射光束相对入射光束存在一个角度偏转，即衍射角。某一级衍射光的衍射角决定于入射光的波长及光栅周期（光栅常数）。光栅束转系统通过改变光栅周期或通过旋转光栅衍射面来实现光束偏转扫描。

图 1.9 展示了一种光栅横移式一维扫描系统[24]。两块一维衍射光栅缝线取向一致，相隔一定距离平行放置。光栅周期（光栅常数）不一致，按一定规律顺序空间排列。当横向侧移其中一块光栅时，光束照射光栅不同部分，光栅周期改变，导致某一级衍射光束的偏转角相应改变，从而实现一维线扫描。

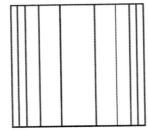

光栅周期不一致的一维衍射光栅

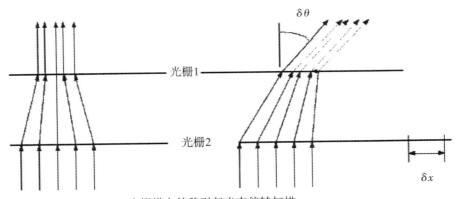

光栅横向偏移引起光束偏转扫描

图 1.9　光栅横移式一维扫描系统

图 1.10 展示了旋转双光栅束转系统的构造与原理[25]。类似于旋转双棱镜，该系统采用两块液晶偏振光栅代替棱镜实现光束的二维扫描。液晶偏振光栅可将圆偏振态的入射光束几乎全部衍射到某一非零衍射光束中，从而能像光楔一样在衍射面内偏转光束。通过两块液晶偏振光栅的共轴独立旋转，可使系统射出的衍射光在一定范围的圆锥形空间范围内任意指向。相对于旋转双棱镜，该系统的优势表现为：

（1）系统可以设计更紧凑。由于光栅薄且没有楔角斜度，系统的轴向尺寸可以设计更小。

（2）系统出射光束有更多指向选择。通过改变入射光束的偏振态，例如在左旋和右旋圆偏振光间切换，可使衍射光束级数在 $+n$ 级和 $-n$ 级间切换。

衍射型束转系统面临的主要问题是色散问题。不同频率波长的光入射光栅，同一级衍射光束的衍射角是不同的。实际应用中可针对单色性好的激光束实施束转扫描，也可采用合适的消色差手段实现宽波段光束转向扫描。

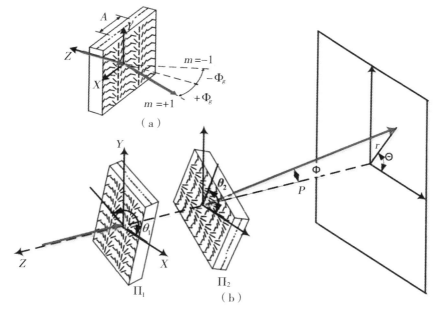

图 1.10　旋转双光栅束转系统

1.3.2　非机械式束转系统

非机械式束转系统无需依赖机械运动部件，通过电光调制、声光调制、磁光调制、热光调制、衍射等来产生光程差[26]，实现纯电控光束偏转。电光调制基于一次、二次电光效应来偏转光束，通常需要较高驱动电压和较大功耗。声光调制利用超声波场的衍射或散射，周期性调制介质折射率，产生动态衍射光栅来控制光束方向[27]。相关束转系统具有体积小、重量轻、速度快的优势，但扫描效率较低，扫描范围有限。磁光调制利用外加磁场控制光束的偏振态来调节光束指向，通常面临通光孔径受限、透射光束质量下降、工艺技术不成熟的问题。热光调制通过调节温度，改变介质折射率来偏转光束，受环境温度影响大且需要伺服机构。也可创建空间周期性结构，使光发生衍射来控制光束指向。目前主流非机械束转系统包括光学相控阵、多路体全息光栅、双折射棱镜、液晶偏振光栅等。

一、光学相控阵

目前最受关注，研究最热门的非机械束转技术是光学相控阵技术，如图1.11。光学相控阵是微波相控阵拓展到光学波段而发展起来的波面相位控制阵列。它利用物质的电致双折射效应来控制阵列上各相控单元（相元）所发光波的相位，使光束在特定方向上偏转。如图1.11（a），光学相控阵由若干相控单元组成。通过改变不同相元加载的电压来调节从各相元发出光波间的相位差[28]，使远场设定方向上产生相长干涉，产生一束高强度光束[29]，而在远场其他方向产生相消干涉而无光射出，如图1.11（b）。利用计算机程序控制相元上加载的电压，使光束指向预设方向或按预设路径扫描。

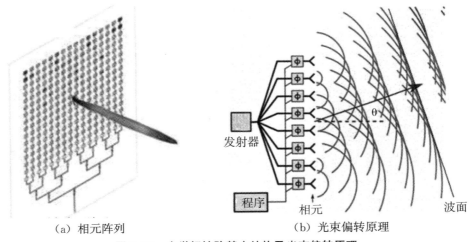

（a）相元阵列　　　　　　　　（b）光束偏转原理

图1.11　光学相控阵基本结构及光束偏转原理

液晶光学相控阵是常见的相控阵，已被成功应用于激光雷达、空间光通信、目标跟踪、激光武器等领域。图1.12（a）展示了其基本结构[30]，在玻璃底板和盖板间有向列型液晶，液晶层上下面排列若干透明电极阵，每对电极相当于一个相元。液晶为各向异性材料，在电场作用下将产生电致双折射效应。给电极加上外加电压，液晶分子将旋转一定角度，呈现各向异性，折射率发生改变，从而导致光在其中传输的光程和相位发生改变，如图1.12（b）。因此可在各电极对上通过调节外加电压在不同相元间产生光程差，调控波前相位，实现光束偏转。美国的雷神（Raytheon）公司发展的液晶光学相控阵能实现120mrad偏转角的光束扫描，光束指向误差小于1.54μrad。国内哈尔滨工业大学研制的液晶光学相控阵光束扫描角度也达到了 2°。

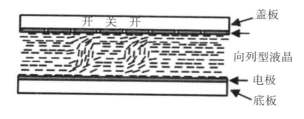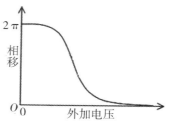

（a）液晶光学相控阵的基本结构　　　（b）相元相移与外加电压之间的关系

图 1.12　光学相控阵基本结构及光束偏转原理

　　液晶光学相控阵可通过程序控制各电极电压，实现激光光束的高精度、准连续偏转控制，且其驱动电压低、功耗小、结构紧凑、价格相对便宜，故其在空天、军事领域有较大的应用潜力。但由于它的束转效率随偏转角的增大而减小[31]，在大偏转角下，它的束转效率较低，故单片液晶光学相控阵的光束扫描范围有限。在实际束转扫描应用中，通常将液晶相控阵与其他非机械大角度离散步进束转装置（放大级器件）组合[26]，以扩大光束扫描范围。液晶相控阵用于光束的小角度连续精细扫描，而大角度的光束偏转粗扫描则依靠放大级器件。

二、体全息布拉格光栅

　　体全息布拉格光栅具有大角度高效率光束偏转的潜力[32]，常被用作光学相控阵光束扫描的角度放大级器件。图 1.13（a）为单路体全息布拉格光栅的角放大原理。全息布拉格光栅具有明显的角度选择特性，即当入射光的方向满足布拉格条件（图中光束 1）射入光栅时，发生光栅衍射，出射光束相对于入射光束发生了较大偏转。若入射角偏离光栅的布拉格角（图中光束 2），衍射效率很低，出射光束相对于入射光束无偏转。故单路体全息布拉格光栅对以其布拉格角入射的光有角度放大作用。对适当光折变材料多次光刻记录多路全息

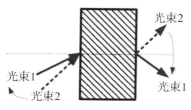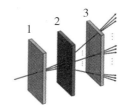

（a）单路体全息光栅角　　（b）多路复用角放大器　　（c）体全息光栅与液
　　放大示意图　　　　　　　　　　　　　　　　　　　晶相控阵级联

图 1.13　体全息光栅角放大器及其束转应用

13

可得多路复用体全息光栅角放大器，每一路体全息光栅对满足各自布拉格条件的入射角实现角度放大，如图 1.13（b）。

多路复用体全息光栅可作为放大级器件与液晶光学相控阵级联以拓展光束偏转扫描范围，如图 1.13（c）。在多路复用体全息光栅（图中的器件 2）前后均设计合适的液晶相控阵（图中的器件 1 和 3）。根据目标偏转扫描范围确定体全息光栅的路数、角放大倍数及入射匹配角。前置液晶相控阵（器件 1）精确控制入射光的偏转角使之满足光栅入射匹配角要求（寻址）。经光栅（器件 2）放大角度后，由后置液晶相控阵（器件 3）精细调节（填充），实现连续束转扫描[34]。美国雷神（Raytheon）公司采用这种级联方式设计的非机械束转系统以不低于 15％ 的束转效率实现了 ±45° 偏转角的二维光束扫描（如图 1.14），被美国 APPLE 计划所采用[35]。

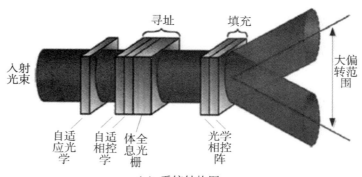

（a）系统结构图

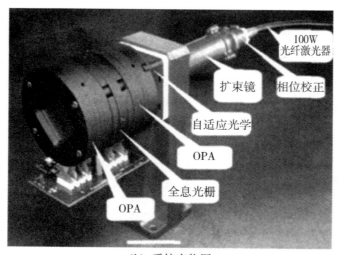

（b）系统实物图

图 1.14　美国 APPLE 计划中的束转系统

采用体全息布拉格光栅作为放大级器件与光学相控阵级联，具有偏转角度大、准连续精准偏转的优点。但要实现大角度二维扫描，要求堆积较多的光栅面，带来了不可忽略的反射、散射和吸收损失。另外，光栅堆厚度增加，光束易偏向光栅侧沿，进一步加大损耗[26]。

三、双折射棱镜

如图 1.15（b）所示，双折射棱镜束转系统由多组双折射棱镜、偏转方向旋转器、精细光束偏转单元（如液晶光学相控阵）组成。双折射棱镜是基本束转单元，典型例子是沃拉斯顿棱镜，由一对光轴相互垂直的单轴双折射晶体组成，如图 1.15（a）。当光通过沃拉斯顿棱镜时，偏振方向相互垂直的线偏振光将沿不同方向偏转。因此，通过控制入射光的偏振方向，可决定出射光的偏转方向。多个沃拉斯顿棱镜束转单元级联能实现大角度光束偏转，N 级级联可实现出射光的 2^N 个离散偏转角的光束指向。每个双折射棱镜前置偏振方向选择器，用于控制每个单元入射光的偏振方向，从而在两个方向中选择一个偏转。电控级联的各个偏振方向选择器，可实现 2^N 个离散角度的光束指向，实现光束偏转粗扫描。系统最前端置精细光束偏转单元，用于光束偏转精细扫描，最终实现粗细复合大角度准连续光束偏转。美国罗克韦尔公司采用这种系统，实现了 ±20° 的光束偏转[26]。

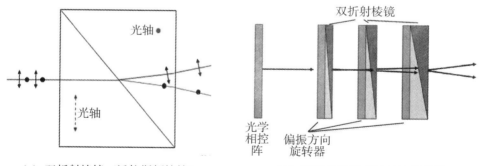

（a）双折射棱镜（沃拉斯顿棱镜）
光束偏转示意图

（b）双折射棱镜束转系统示意图

图 1.15　双折射棱镜束转系统

实际应用中双折射棱镜束转系统存在的问题包括：

（1）多个双折射棱镜单元的级联将导致不可忽略的反射、散射和吸收损失。

（2）对于大角度光束偏转，要求双折射棱镜单元数目多，导致系统的轴向厚度大，会引起明显的光线走离效应，光束偏向侧沿而被截取[35]。

四、液晶偏振光栅

偏振光栅又被称为各向异性光栅或矢量光栅，是一种衍射薄膜器件，具有光学各向异性的空间周期性结构特征[36]。类似于传统光栅，它通过周期性结构来偏转光束，但与传统光栅调制光波的幅度和相位不同，它对光波的偏振状态进行局部周期性调制。它既是光栅又是波片，既使光波衍射又改变光波的偏振状态，可以用来构造偏振敏感的束转器件，实现大角度高效率的光束偏转[37]。当前较有束转应用潜力的液晶偏振光栅是圆形液晶偏振光栅（circular LCPG），如图 1.16。其光学各向异性的空间结构特征是平面内局部双折射光轴呈螺旋周期性变化[38]，如图 1.16（a）。适当设计光栅厚度并让左旋或右旋偏振光入射，将使入射光以接近 100% 的效率偏转到 +1 或 −1 衍射级[39]，如图 1.16（b）。故可以通过切换入射光的偏振态，实现两个指向的束转选择。还可对其外加电压构成有源器件。加电压时，周期性光栅结构被擦除，光束不再衍射，不改变方向地沿 0 级衍射级方向射出。因此，有源器件可实现三个指向的束转选择[40]。

利用多片圆形液晶偏振光栅也可与精细光束偏转单元（如液晶光学相控阵）级联构造大角度准连续光束偏转系统，如图 1.16（c）。像双折射棱镜一样，系统前端设精细光束偏转单元用于光束小角度连续指向调节。后端叠加 N 片圆形液晶偏振光栅，每片前端设计可调半波片用于切换入射光偏振态，实现

（a）平面内线性双折射螺旋周期变化示意图

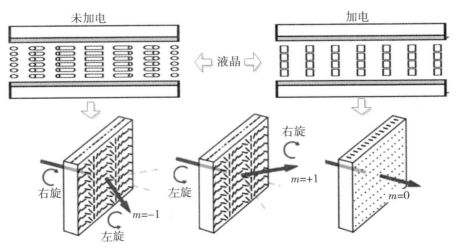

（b）液晶偏振光栅束转示意图

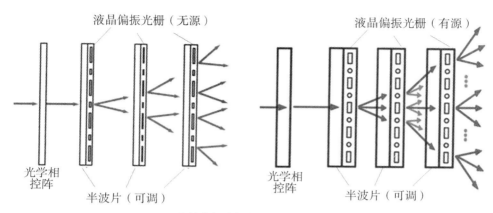

（c）液晶偏振光栅与光学相控阵级联

图 1.16　圆形液晶偏振光栅束转系统

大角度光束离散偏转。对于无源器件，通过电控半波片，可实现 2^N 个指向的光束偏转[41]。对于有源器件，通过电控半波片和光栅，可实现 3^N 个指向的光束偏转[8]。

相对双折射棱镜，液晶偏振光栅束转系统具有两个显著优势：一是系统轴向厚度小，光线走离效应相对小。由于液晶偏振光栅为薄膜器件，即使多片叠加的总厚度都会相对较小。二是束转效率高。由于圆形液晶偏振光栅能近100％效率将入射光偏转到一级衍射级，主要光能损失仅反射、散射等因素，导致系统总效率高。

1.3.3　微机械式束转系统

微机械式束转系统依靠元件单元的微小运动（微米尺度）实现光束偏转，本质上属于机械式束转，但也有文献将之归纳为非机械束转，因为机械运动幅度小[31]。微透镜阵列（lenslet arrays）和微反射镜阵列是典型的微机械式束转系统。

一、微透镜阵列

微透镜阵列通常由三层微小透镜阵列组成[42]，典型结构有全正透镜的三层结构和混合型三层结构，如图 1.17。传统的全正透镜的三层结构中，第一和第二、三层上的相应透镜彼此离心，中间层透镜相当于场景，用于确保第三层透镜能捕获到所有的束转光，如图 1.17（a）。微透镜阵列偏转光束的原理可从偏心透镜束转原理来引申[43]。由于阵列的周期性结构，出射光的波面能被建模为闪耀光栅，得到离散的偏转角值，其偏转角依赖于两层透镜的离心量（图 1.17 中的 Δx）和透镜焦距。通过设置可微移的透镜阵列层可实现偏转角的改变[43]。

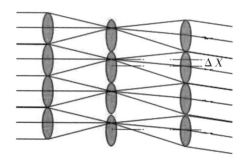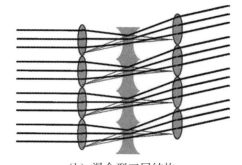

（a）全自透镜的三层结构　　　　　　　（b）混合型三层结构

图 1.17　微透镜阵列

微透镜阵列能依靠小的机械运动实现大角度光束偏转，但在很多应用中未得到流行[31]。在实际应用中它存在如下问题：

（1）大角度光束偏转时将产生渐晕[45]。

（2）多层结构减低了束转效率，加大了设计加工的复杂度[26]。

二、微反射镜阵列

微反射镜阵列是微机电系统（MEMs，micro-electro-mechanical systems）中用于光束偏转的常用器件。它通常通过成阵列的微镜面倾斜、上翘或活塞式（piston）运动来改变光束方向，如图 1.18（a）。早期发展的 MEMs 反射镜阵列，如数字微反射镜装备（DMDs）[46]，仅依靠微反射镜的倾斜、上翘微动来偏转光束，如图 1.18（b）。该类阵列不能实现光束的相位控制。近年来发展的上翘–活塞式（TTP，tip-tilt-piston）微反射镜阵列加入了镜面的活塞式微动，构建的光学相控阵具有了相位控制功能[47]，如图 1.18（c）。该类器件由多个反射镜面组成阵列，每个镜面单元由四个电热式双晶片驱动器支撑。控制驱

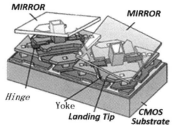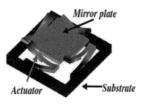

（a）微反射镜阵列　　（b）仅倾斜运动的微反射镜　　（c）倾斜、活塞运动的微反射镜

图 1.18　微反射镜阵列

动器的电压实现镜面相应支点的升降，四个支点的协同升降，即可转动镜面，又可升降镜面，即通过活塞运动控制相位。TTP 微反射镜阵列填充因子高，可实现光束的大角度二维空间扫描，有希望应用于光学相控阵。

　　微反射镜阵列加工成本不贵，能以中等速度偏转光束，但它在实际应用中也面临问题，包括[31]：

　　(1) 动态环境中的指向稳定性问题。

　　(2) 当阵列尺寸达到衍射极限时，需要另外的倾斜和活塞式运动。

　　总之，相对机械式束转系统，非机械、微机械式的新型束转系统指向更精准、更迅速、系统更紧凑轻便、更低耗能，在未来诸多领域呈现显著应用潜力，将可能代替机械式束转系统[48]。但各种新型束转系统均有自身的缺点，且大多工艺复杂、技术欠成熟，系统整体稳定性和可靠性需进一步检验，目前还难以得到广泛应用[1]。就目前的发展状态来看，机械式束转系统仍然得到最普遍的应用，应用中的许多关键问题仍然值得进一步研究。

第 2 章 旋转双棱镜光束偏转技术概述

2.1 旋转双棱镜光束偏转系统

旋转双棱镜是一种应用广泛的典型折射型机械式光束偏转系统，是里斯莱棱镜（Risley prisms）的延伸。最初的 Risley 棱镜由两块共轴放置的相同光楔（顶角很小）组成。通过两光楔的共轴独立旋转，可小角度地偏转光束，最初仅被应用于眼科检查等少数领域。眼科医生利用它（称之为里斯利氏棱镜）进行双眼调视[49,50]，用于小角度测量，即让两光楔反向同角度旋转，通过测量光楔相对较大的旋转角来测量微小的偏转角。随着激光扫描、光电探测等领域技术的发展，Risley 棱镜越来越多地被用于激光光束、成像视轴的偏转与扫描。1960 年 Rosell 首次提出利用 Risley 棱镜实现光束扫描[51]。但由于它的偏转角度小，扫描范围受到限制。

随着军民用诸多领域对大角度光束偏转扫描需求的提升，以及棱镜加工、机械设计、旋转控制、信息处理水平的进步，Risley 棱镜被延拓成旋转双棱镜，用来大角度调节光束指向。即通过增大棱镜顶角，采用高折射率材料来提高系统的光束偏转力。采用大顶角透射棱镜设计旋转双棱镜，可增大光束偏转角，但会带来转动惯量大、动态性能差、系统紧凑性差等问题。增大偏转角的另一有效方式是采用高折射系数的材料加工棱镜设计旋转双棱镜。但在可见光波段，能用于棱镜加工的高折射率材料种类不多且折射率提升的空间有限。以常用的 K9 玻璃为例，其折射系数约为 1.5，若要达到 $10°$ 的偏转角，棱镜顶角需大至 $10°$。更大的偏转角要求将会导致系统纵向厚度大、棱镜旋转惯量大、光束走离效应明显等系列问题。

旋转双棱镜在红外波段具有大角度光束偏转的应用潜力。一些红外透光材料具有高折射系数，能用作棱镜材料实现超大角度的光束偏转扫描。例如，中波红外常用的透光材料硅、锗的折射系数分别约为 3.4 和 4.0，为实现 $60°$ 的大偏转角，采用硅、锗棱镜设计旋转双棱镜，其棱镜顶角也仅为 9.27° 和 7.6°。这种高折射率红外材料使采用小顶角棱镜实现大角度束转成为可能。

近年来，随着光学材料（尤其红外材料）、棱镜加工工艺、胶合工艺、镀膜技术的进步，棱镜表面面型精度、抗反射能力及棱镜消色差能力提升，旋转双棱镜逐渐能满足光束大角度指向与扫描的光学性能要求。光机结构设计制造、精密机械和控制技术的发展促使旋转双棱镜的光束偏转分辨率和精确度得到提升[52]。激光及光电探测技术的发展使旋转双棱镜的应用领域不断拓展。

基于旋转双棱镜的大角度光束偏转扫描技术逐渐成为研究和应用热点，已成为替代万向框架、反射面型等传统机械束转机构的潜力选择。在自由空间激光通信、激光雷达、光纤光开关、激光指示器等领域的应用中，旋转双棱镜可用于激光光束的转向及指向稳定调整，如图 2.1（a）。在空间观测、侦察监视、红外对抗、搜索营救、显微观察、干涉测量、机器视觉等领域的应用中，旋转双棱镜可用于改变成像视轴，扩大搜索范围或成像视场，如图 2.1（b）。旋转双棱镜已在光束扫描、远距离目标瞄准与跟踪等方面呈现出广阔的应用前景[52-55]。

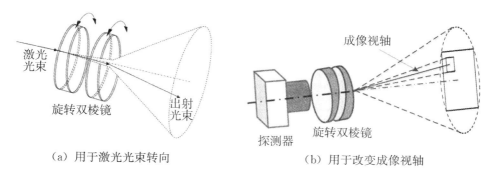

（a）用于激光光束转向　　　　　　　（b）用于改变成像视轴

图 2.1　旋转双棱镜的两类应用

与万向框架、反射面型等传统束转系统及新型非机械、微机械束转系统比较，旋转双棱镜具有如下优势：

（1）可实现光束/视轴的大角度连续偏转扫描，获得大偏转力。采用高折射率材料结合适当的棱镜楔角设计，可以使系统在较大角度范围内实现光轴指向的随意调整[53]。大偏转力使光束/视轴指向变化范围大，系统的观测场（FOR）宽，利于扩大光束扫描或目标搜索的范围。

（2）光束偏转分辨率高。对于大多指向位置，旋转双棱镜中棱镜旋转的角度比光束转向角度大得多，故由棱镜旋转来偏转光束，可获得很高的转向分辨率。高转向分辨率有利于目标的平滑跟踪。机械传动误差对指向精度的影响小[18]。

（3）光机结构紧凑、体积小、重量轻、能耗小[15]。两棱镜紧密排列共轴旋转，可使系统整体紧凑轻便，特别适合星载、机载等平台应用[55]。

（4）光轴（或视轴）偏转速度快、动态性能好[7]。系统中只有两棱镜为回转部件，转动惯量低，因此相对传统万向机架结构，易于达到更高的扫描速度，且回转运动也更好控制，能获得较好的动态性能[15]。

（5）便于载体平台的设计与安装[6]。探测器、激光器等设备与载体平台为正形投影关系，利用尺寸与光束口径相当的孔径即可获得宽的观测场。另外，两棱镜回转轴位于同一直线，无需在载体平台上额外预留回转空间。

（6）由于系统仅存在一轴旋转，极大减小了载体姿态控制的难度。对于航天器、机载载体等平台，这些特点尤其显现其独特优势[55]。

（7）束转效率高，光损耗小。针对应用需求的波段选择合适的透光材料，可避免大的吸收和散射损失。在棱镜表面镀增透膜，可避免大的反射损失。最终可得到较高束转效率。

（8）可靠性、环境适应性好，造价相对便宜。由于棱镜组、激光器或探测器、电气器件相对载体位置固定，避免了导线绕动，无线绕力矩，无需滑环，对载体振动不敏感[53]，工作可靠性得到提高[53]。系统所需材料及加工工艺成熟，导致较低造价。

2.2　旋转双棱镜光束偏转技术中需要研究的关键问题

传统的万向机架及反射面型束转机构通过自身或镜面回转偏转光束，光线传输仅涉及直线传播或反射，光路分析简单，光束偏转与机械旋转之间存在简单的线性关系。与这些传统束转技术不同，旋转双棱镜系统通过两棱镜的共轴独立旋转来偏转光束，依靠光在棱镜 4 个表面上的折射改变光的传播方向。需要较复杂的光线追迹来分析光路，光束偏转与棱镜旋转之间的关系是非线性的，带来系列需要研究的问题。这些问题可以概括为：非线性控制问题、控制奇异点问题、盲区问题、正向与逆向解问题、指向误差问题、色差问题、光束质量问题、成像畸变问题、粗精复合指向问题及大角度偏转的其他问题。一些问题是不同应用中的共性问题，而另一些问题的突出程度却依应用场合和需求的不同而不同。

一、非线性控制问题

旋转双棱镜通过折射偏转光束，光束偏转角度和偏转方向与两棱镜旋转角度及旋转方向之间的关系是非线性的，为目标指向跟踪及光束扫描等应用带来了问题。以目标跟踪应用为例，若采用传统两轴机架或反射镜，可以根据目标脱靶量通过简单的线性运算推算出俯仰、方位轴需要旋转的角度和旋转方向，其两轴旋转的控制方程是线性的。但对于旋转双棱镜，则需要经过复杂的光线追迹才可从脱靶量推出两棱镜需要的旋转角度，其棱镜旋转控制方程为非线性方程。在光束扫描应用中，光束在不同指向上的扫描速度与相应棱镜转速之间也是非线性关系。扫描路径与两棱镜转速比之间的内在联系也非直观简单。非线性控制问题是旋转双棱镜所有应用均需解决的问题。

二、控制奇异点问题

旋转双棱镜通过两棱镜的旋转来偏转光束，光束在系统光轴为轴的圆锥形空间区域内指向扫描，如图 2.2。这种以机械旋转运动来偏转光束的方式将不可避免地带来圆锥空间场中心和边缘指向的控制奇异点问题。当光束切向扫过系统光轴方向附近（图 2.2 中标出的中心区），或径向趋近/离开圆锥空间场边缘，都要求两棱镜急剧增加旋转速度。控制奇异点问题是棱镜旋转控制必须解决的问题，尤其对于光束束转应用。视轴指向调节应用中，由于系统具有一定视场，奇异点的影响尚不突出。而对于光束束转应用，光束跟踪目标过奇异点附近则面临困难。

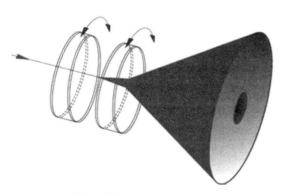
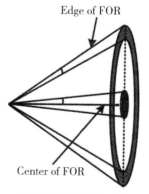

（a）旋转双棱镜的圆锥形空间观测场　　　　　　　　（b）控制奇异点区域

图 2.2　旋转双棱镜束转系统

三、盲区问题

在实际束转扫描中，旋转双棱镜的圆锥形空间扫描场中心区（图 2.2 中标出的中心区），即系统光轴及其邻近方向，是系统的指向盲区。理论分析表明，只有当两棱镜的偏转力完全相等，系统理想装配且两棱镜薄端（或厚端）旋转方位相对，即旋转角相差180°时，出射光束才会平行系统光轴出射（光束偏转角为0°）。对于实际加工的系统，两棱镜顶角难以绝对一致，系统装配不可避免存在误差，再加上环境温度起伏等因素，光束偏转角难以达到0°，从而在中央留下一个指向盲区[55]。两棱镜偏转力相差越大，则盲区的角半径越大，其值甚至可达几百微弧度[56]。

对于近场光束指向应用，即使为完全理想的系统，即两棱镜完全匹配，系统理想装配，环境温度无波动，在系统光轴附近仍然存在盲区。理想系统下，虽然出射光能以0°偏转角出射，但由于两棱镜对光束有一个横向位移，导致沿光轴入射的光束经棱镜后不可继续沿光轴射出。系统光轴附近一个圆柱体状的空间区域为指向盲区（如图2.3），其半径随着棱镜厚度及棱镜间的轴向距离增大而增大。

图 2.3　旋转双棱镜近场指向盲区

四、正向与逆向解问题

寻求两棱镜的旋转方位与出射光束指向方位之间的内在联系是旋转双棱镜光束指向系统应用面临的基本问题，包括正向解问题和逆向解问题。正向解问题是指由两棱镜的旋转角位置解算出出射光束的指向。该问题是光束扫描、目标搜索应用中需要解决的问题。只有解算出光束指向，才可规划扫描轨迹及目标搜索路径。利用一些商业光学设计软件（如 ZEMAX）虽然能得到精确的光束指向，但其采用的是数值迭代方法，无法得出光束指向与棱镜方位的解析关系。目前正向解问题可以通过一阶近轴近似方法求出近似解，而其精确解则可通过非近轴光线追迹方法解析求得。

逆向解问题是正向解问题的逆问题，即由目标光束指向逆向推算出两棱镜的旋转角位置。解决该问题是目标指向瞄准、目标跟踪的前提。只有解算出两棱镜所需的旋转角位置，才可控制两棱镜的回转来瞄准或跟踪目标。逆向解的求解需要复杂过程，一般可求出两套解。对于远场指向扫描，可用一阶近轴近似方法求出近似解，也可基于非近轴光线追迹，应用两步法得到其精确解。对于近场光束指向扫描，逆向解变得更加复杂。由于棱镜厚度、棱镜间距等轴向量的影响，光束在系统中的传播会存在走离效应，即光束出射点偏离光轴，其偏离量并不固定，随光束指向或棱镜角位置改变而改变。故即使知道近场目标指向点坐标，也很难求得两棱镜的旋转角位置。

五、指向误差问题

旋转双棱镜光束指向精度是系统的重要性能参数，直接影响系统应用领域的拓展。在光束的扫描应用中，光束指向误差会引起扫描路径的偏离。而在目标跟踪应用中，指向误差将可能导致目标丢失。在空间光通信应用中，指向误差将影响通信稳定性，降低信息传输率。旋转双棱镜光束指向误差的来源包括棱镜元件误差（包括顶角误差、折射率误差）、系统装调误差、棱镜旋转角度误差、系统标定误差及入射光指向误差等。以上单个误差源对光束指向精度的影响均可建模通过光线追迹方法估算。多项误差源导致的整体误差可用统计方法给予研究。

减小指向误差需从棱镜加工、系统装调、系统标定等环节入手。需要通过改进棱镜加工工艺及检测方法来减小棱镜元件误差，通过探讨机械装调、检测新方法来提升装调和标定精度，通过寻求补充措施来减小温度、气压等外部环境的影响。

六、色差问题

旋转双棱镜是折射型束转系统，依靠介质的折射来偏转光束，介质的折射系数是影响偏转角的重要因素。然而，光的折射不可避免地存在色散，即同一种介质对不同频率波长的入射光其折射系数存在差异，导致不同频率波长的光通过两棱镜后，其偏转角存在差异，带来色差问题[6]，如图 2.4（a）。对于激光光束束转应用，由于激光的单色性好，波长范围窄，色差问题不明显。但对于成像视轴调节应用，大多波长范围宽，不同波长光对应的偏转角差异大，成像色差明显[57]。色差的存在会影响光束的指向精度，导致成像边缘重影、模糊等系列问题，导致旋转双棱镜的成像视轴调节应用（如红外对抗）受到限制[7]，需要采取适合方法来减弱色差的影响。针对旋转棱镜光束指向系统进行色差校正面临挑战，主要包括 4 个方面，即大角度光束偏转、宽波段覆盖、系统质量和结构紧凑性、材料选择及加工可行性。光束偏转角越大，消色差波段越宽，色差校正的难度越大。

借鉴物镜成像消色差的方法，旋转双棱镜消色差的典型途径有两种：一种是采用胶合棱镜，即利用两种不同折射系数和色散特性材料的棱镜胶合，形成组合棱镜，达到在整个成像波段压制横向色差的目的[7]，如图 2.4（b）。另一种是采用衍射结构[58]，即在两棱镜表面刻制合适的衍射光栅结构来压制色差，如图 2.4（c）。由于衍射光栅具有负色散特性，故可用来抵消棱镜带来的色差。两种途径均有缺点，其中胶合棱镜的方法影响系统的紧凑性和轻便性[59]，而衍射结构消色差的方法存在衍射效率及加工成本的问题[57]。

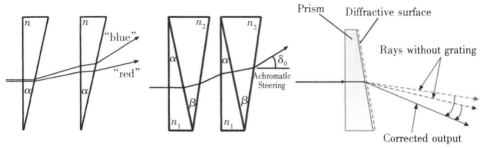

（a）旋转双棱镜的色散　（b）双胶合棱镜压制色差　（c）利用衍射结构压制色差

图 2.4　旋转双棱镜的色差及色差压制方法

七、光束质量问题

在旋转双棱镜的某些激光束转应用中，需要考虑棱镜系统对光束质量的影响。首先需要分析光束的畸变放大（anamorphic magnification）效应。作为平面折射型束转器件，旋转双棱镜不可避免地会带来各方向不一致的光束截面缩放倍数[56]，导致光束横截面变形。对于 0° 偏转角，光束无变形，但随着偏转角增大，截面光斑在光束偏转方位出现压缩，且随角度增大而趋于严重，如图 2.5。由于衍射受限发散反比于光束口径，这种截面压缩会导致远场光场拉伸。若激光光束用于红外对抗，光场拉伸会使探测器捕获的能量减少。若激光光束用于通信，光场拉伸会降低信息传输的信噪比。需要研究光束横截面变形的影响因素、变形特点并寻求合适的校正或补偿方法。

0°　　　　　　　　45°　　　　　　　　60°

图 2.5　旋转双棱镜带来的光束横截面变形

然后，也需研究旋转双棱镜对激光光束波面质量、偏振状态的影响。两个棱镜四个表面的面型精度、抗反膜设置影响出射光的波前误差和偏振状态。对于大角度偏转的系统，棱镜材料的高折射率放大了面型精度对波前误差的影响。波前误差与面型精度、偏转角度、棱镜折射率之间的定量关系值得研究。由给定的波前误差要求，估算各面面型误差的容限，对波面质量要求高的应用系统设计具有指导意义。

八、成像畸变问题

对于成像视轴调节应用，需要考虑两棱镜对成像质量的影响，其中一个突出问题便是棱镜带来的成像畸变。棱镜对光线的偏转角依赖于光线的入射角，而成像探测器视场内各物点射入旋转双棱镜的入射角不同，导致偏转角不同，这种角度非一致的光线偏转会带来成像畸变。对于大角度视轴偏转，成像畸变变得不可忽略，不但会影响目标识别，还将严重影响跟踪的准确性。可以基于两棱镜的旋转方位，采用逆向光线追迹来校正这种畸变。

九、粗精复合指向问题

最初的旋转双棱镜，即 Risley 棱镜，采用光楔，楔角小，实现小角度光束偏转，可用于精调节，与万向机架组合构成粗精复合指向系统。而高折射率、大楔角折射棱镜制作的旋转双棱镜一般用作粗转向装置（CTS，coarse tracking subsystem），可用于目标获取和粗跟踪。对于指向精度要求高的应用，这种旋转双棱镜还需结合另外的精细指向机构（FTS，fine tracking subsystem），在小角度范围内调节光束指向以补偿粗转向装置的光束指向误差，实现高精度目标指向与跟踪，最终形成粗精复合扫描跟踪系统。基于旋转双棱镜的共轴结构特点，可知这种粗精复合指向系统的光机结构有两类，如图 2.6。其中的精细指向机构（FTS）可为快速控制反射镜、偏摆双棱镜、Risley 棱镜等。

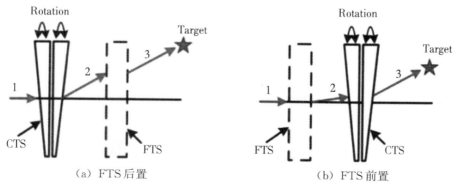

（a）FTS 后置　　　　　　　　　　（b）FTS 前置

图 2.6　基于旋转双棱镜的粗精复合指向系统潜在结构方案示意图

一类是 FTS 后置型结构，FTS 放置于旋转双棱镜之后，如图 2.6（a）。入射光束（光束 1）沿系统光轴射入旋转双棱镜，两棱镜旋转使光束（光束 2）

朝目标方向射出后进入 FTS 实现光束（光束 3）指向的小角度调整，最终高精度地瞄准目标。2018 年，Li 等提出的双旋转双棱镜（DRRP）即是该类结构方案的一个典型范例[60]。这种结构方案的粗精耦合光束指向调节思路相对简单。可采用两步法由目标方向反向解算出两棱镜旋转角度，依此旋转两棱镜实现光束的粗指向。由于精转向装置位于光路的最末端，从粗转向装置射出的光束（光束 2）的指向与目标方向之间的偏差即是精转向装置需要调节的角度。然而，这种结构方案也存在显而易见的缺点。射入精转向装置的光束（光束 2）是粗转向装置的出射光束，在光束的大角度粗转向过程中，该光束指向变化幅度大。这要求精转向装置具有较大尺寸，既影响系统的紧凑性，又减小光束精转向扫描的速度。

另一类是 FTS 前置型结构，FTS 放置于旋转双棱镜之前，如图 2.6（b）。入射光束（光束 1）先由 FTS 偏转后，以小角度出射（光束 2）射入旋转双棱镜，通过两棱镜的旋转使光束大角度转向，最终引导出射光束 3 指向目标。在这种结构中，由于 FTS 的入射光束沿轴向，不要求其具有大的通光口径。因此，相比 FTS 后置型结构，这种结构不但能使系统更紧凑，还能使精转向装置具有更好的动态性能和指向精确度。ROY 等针对激光扫描成像应用，以小楔角旋转双棱镜为精转向装置分析了该类系统中光的传播并研究了其扫描性能[61]。

以旋转双棱镜为粗转向装置的粗精复合指向系统尚存在需要研究的问题，包括系统光机结构的具体设计、粗精耦合模型、控制环设计等。

十、大角度偏转的其他问题

对于旋转双棱镜的光束/视轴大角度偏转应用，还存在其他需要研究的问题。一是光束/视轴偏转及成像视场限制问题。当偏转角增大到一定程度，高折射率棱镜内表面的全反射将限制偏转角及成像视场，为系统设计时棱镜顶角设置提出了约束。此外，在大偏转角下，系统的轴向厚度，包括两棱镜厚度、棱镜间轴向距离，将可能导致光束走离效应，即部分光束射向棱镜侧壁边缘，引起暗角、渐晕（vignetting）问题。二是棱镜表面的抗反膜问题。在大角度光束偏转系统中，棱镜表面的入射角大，棱镜材料的折射率高，各表面的菲涅耳反射损失严重，需要镀合适的抗反/增透膜以减小反射损失。三是棱镜表面的反向反射（retro-reflection）带来的杂散光问题。对于灵敏型探测器，需要适当的光路设计来消除杂散光的影响。

2.3　旋转双棱镜光束偏转技术研究现状

　　旋转双棱镜光束偏转系统以其结构紧凑、偏转角大、偏转分辨率高、偏转效率高、动态性能好、可靠性好、便于平台安装等优点，激起了国内外不同应用领域的研究兴趣。相关技术的研究是一个综合光、机械、控制等领域的交叉课题，其系统性能的提高需要光束控制、光电探测、精密机构设计以及控制等多方面技术的发展和突破作为保证。围绕旋转双棱镜光束偏转技术，国内外相关领域的学者从基础理论、关键问题、设备开发、系统及技术应用等方面开展了探索。

2.3.1　旋转双棱镜光束偏转基本理论研究

一、旋转双棱镜光束偏转理论模型研究

　　目前旋转双棱镜光束偏转理论模型主要有两种。第一种是光楔（薄棱镜）模型[51]。将两棱镜均看作顶角较小的光楔，其对光束的偏转角仅取决于棱镜的顶角（楔角）和折射系数[62]。基于光楔模型探索的分析方法有光楔偏转矢量叠加方法、近轴（一阶或三阶）近似分析方法、近轴光线矩阵分析方法等。第二种是基于矢量形式菲涅耳定律的光线追迹方法。沿着光路顺序在棱镜四个面上分析光束折射推算光线矢量。利用这些理论模型和方法解决的核心问题是正向和逆向解问题，但两种模型求得的解准确度存在差异。对于小角度光束偏转，光楔模型及相应方法的求解准确性尚可，但若要利用旋转双棱镜实现大角度光束偏转，这种近似模型和方法就难以准确描述光束偏转。以下为旋转双棱镜光束偏转理论模型和方法的研究情况：

　　1960 年，Rosell[51] 即基于光楔模型提出了光楔偏转矢量叠加方法来求解正向问题，发现该方法推算的结果与厚透镜模型结果、实验结果基本相符，但存在大至 5% 的误差。

　　1985 年，Amirault 等[63] 基于矢量形式的菲涅耳定律追迹光线求解正向问题，提出两步法求解逆向问题，但在求解逆向解的具体解析式时遇到困难。

　　1995 年，Boisset 等[64] 提出一阶近轴近似分析方法，并采用迭代法求解逆向问题。2004 年，Degnan 等[65] 基于一阶近似，提出近轴光线矩阵分析方法解算逆向问题。

　　2008 年，Yang 等[65] 针对截面为等腰三角形的棱镜，通过非近轴光线追

迹计算了正向问题的解析解。他们还基于雅可比矩阵，应用牛顿法、置信区间法迭代求解逆向问题。

2011 年，Jeon[67] 基于一阶近似，建立光线矢量的旋转矩阵求解正向问题。通过矩阵的扩展运算，可为任意多个棱镜组成的系统求解正向问题。

2011 年，Li 针对旋转双棱镜建立了三阶近似理论，对逆向问题提出了三阶近似解[68]。同年，Li 又针对直角棱镜四种摆放方式，基于非近轴光线追迹和两步法，提出了正向和逆向问题精确解析解的求解方法[69]。

2013 年，我们采用一级近轴近似方法和非近轴光线追迹方法（结合两步法）研究了旋转双棱镜指向系统的光束指向机制，给出了两种方法正向解和逆向解的解析公式[70, 71]。对比分析了两种方法的研究结果并设计旋转双棱镜光束指向实验进行了验证。结果显示，非近轴光线追迹方法能准确地描述系统光束偏转机制，而传统的一级近轴近似方法的分析结果与实验值存在偏差，且光束的偏转角越大，一级近轴近似解与实验值的差异越明显。实验表明，对于大偏转角度旋转双棱镜光束指向系统，非近轴光线追迹法是推算其精确正向解和逆向解的有效方法。

值得注意的是，虽然以上模型和方法能很好地解决正向和逆向问题，但它们只适合远距离目标指向。由于系统存在轴向厚度，光束走离效应会导致出射点偏离光轴且其横向位置随出射光指向改变。对于远距离目标指向，该偏离的影响甚微。但对于近场目标瞄准，该偏离将导致不可忽略的光束指向横向偏离。

为此，Li 等[72] 于 2015 年针对近场目标指向应用提出了一种迭代方法解决逆向问题。他们基于以上方法得到的逆向解，结合正向解的多次迭代，使出射光束指向趋近近场目标。

二、旋转双棱镜光束扫描模式研究

当旋转双棱镜在激光雷达、目标搜索等领域被用于光束/视轴扫描时，为实现全覆盖无盲区地扫描或搜索，必须探究和优化光束的扫描模式。有必要揭示光束扫描图案与系统结构、棱镜回转动态特性之间的内在联系，为系统结构设计及棱镜回转控制方案的制定提供参考。以下为旋转双棱镜光束扫描模式的研究情况：

1960 年，美国通用电气公司的 Rosell[51] 采用光楔偏转矢量叠加方法分析了旋转双光楔的螺旋线扫描模式。

1985 年，美国雷神公司的 Amirault 等[63] 用偏转矢量叠加的近似方法分析了反向同速旋转的双光楔所产生的一维线扫描，发现了扫描轨迹的畸变问题。

　　1999 年，美国密歇根州的 Marshall[73] 基于光楔模型，利用一级近轴近似方法分析了两光楔不同楔角比、不同转速比下的扫描轨迹图案。发现通过设置合适的楔角比、转速比及初相位，可扫描得到一定形状的轨迹图案，满足特定的应用需求。虽然该工作只适用于小角度偏转的光楔系统扫描，但其提出的研究思路，以及得出的轨迹变化规律，可为大角度光束偏转的旋转双棱镜扫描模式研究提供参考。

　　2009 年，华南师范大学的韦中超等[74, 75] 基于几何光学及标量衍射理论，分析了旋转双光楔一维、二维扫描轨迹，得出像面上衍射光斑位置随转角的变化规律，为双光楔扫描的棱镜回转控制提供了参考。

　　2011 年，韩国防务发展局的 Jeon 基于一级近似方程构造旋转矩阵，探讨了一组和两组旋转双棱镜在一定转速比下的扫描轨迹，与精确解的扫描结果比较发现存在一定的扫描误差[67]。同年，Li 应用非近轴光线追迹方法推导了光束扫描的精确路径并对光束指向表达式作级数展开得出了扫描路径的一级和三级近似分析方法[68, 69]。研究结果表明，虽然近似方法和精确方法得出的光束指向角度差异较小，但用于远距离目标扫描和跟踪时，近似方法导致的光束指向位置误差仍然不可忽视。

　　2012 年，台湾联合大学的 Horng 分析了旋转双棱镜扫描系统中各种不同类型的误差源及其对扫描性能的影响[76]。

　　2013 至 2020 年，罗马尼亚阿拉德大学的 Duma[77, 78] 带领的团队采用机械设计软件 CATIA V5R20 仿真得出了不同转速比下准确的扫描轨迹并对其进行了实验验证，研究结果可为具体扫描应用提供最佳扫描轨迹图样。

　　2014 年，我们基于一级近轴近似方法研究两棱镜旋转方向、转速比与视轴扫描方式、成像性能之间的关系[79]。探讨了两棱镜同向和反向恒速旋转时产生的螺旋线和玫瑰花型扫描方式并深入分析了扫描图结构及扫描线密集度。针对激光成像雷达应用研究了成像覆盖度并对无盲区成像帧频进行了估计。揭示了棱镜转速、瞬时视场宽度与扫描成像速率之间的内在联系。

　　2016 年，加拿大 Neptec 公司的 Church 等[80] 将旋转双棱镜用作 3 维激光雷达扫描器并开发样机进行了飞行实用测试。2017 年，他们又采用两组旋转双棱镜设计开发了扫描器样机[61, 81]。第一组定义的 30° 小视场可在第二组定义的 90° 大观测场内快速随意扫描，可获得大范围高分辨率扫描轨迹图样。

　　2020 年，中国科学院光电技术研究所李锦英等[82] 采用一阶近似法和矢量光学法分析了旋转双棱镜的反向扫描，为扫描轨迹优化提供了新思路。同年中国科学院上海光学精密机械研究所李硕丰等[83] 由旋转双棱镜扫描轨迹分布特征探讨了降低扫描点冗余的方案，提升了成像帧频。

光束扫描模式的研究重点在于光束的扫描路径、扫描覆盖度、扫描速度及扫描精度。扫描路径和扫描覆盖度需要根据具体应用需求设计；扫描速度需结合系统机械动态特性、控制性能及应用需求协同研究；扫描精度除与光束指向分析方法有关外，还取决于系统的加工及安装精度，特别是系统的共轴安装精度。

三、棱镜回转控制研究

棱镜回转控制是决定旋转双棱镜系统光束指向精度的重要因素。即由光束的目标指向解算两棱镜的目标旋转方位，设计并优化控制算法控制电机旋转，使两棱镜旋转到目标方位，在尽可能短的时间内实现光束的精确指向调整。由于光束偏转角与两棱镜的旋转角之间的关系是非线性的，导致控制方程也为非线性，需要设计适合的算法来控制两棱镜的旋转[56]。以下为棱镜回转控制方面的研究情况。

1995 年，加拿大麦吉尔大学的 Boisset 等针对自由空间光互连的应用需求设计反馈闭环控制双棱镜的旋转，实现了光斑与探测器中心的自动对准[56]。该方法存在两点不足：一是棱镜旋转控制基于探测器的测量信息。而一些应用中，因光学接收器的探测器视场较小，最初的测量信息无法获得，导致该方法失效。二是由未对准误差推算棱镜转角时用的是近似方法，准确性受到限制。

2004 年，上海光机所的孙建峰等利用查表法获得棱镜的目标旋转角并与编码器测出的旋转角比较，将其误差信号输入比例-积分-微分（PID）控制器，控制电机旋转靠近目标值[84]。

2006 年，美国鲍尔公司的 Sanchez 等根据目标跟踪的应用需求，针对 3 个棱镜组成的光束指向系统设计了闭环控制系统，优化 PID 控制算法以降低棱镜角速度要求[55]。

2007 年，墨西哥瓜达拉哈拉大学的 Torales 利用 Adaline 神经网络算法实现自动调节 PID 控制，构建了高精度棱镜扫描系统[85]。

2009 年，在美国洛克希德·马丁公司开发的航天用微型旋转双光楔系统中[52]，利用复杂的角膜技术设计闭环控制系统，通过 FPGA 实现了 37 Hz 的控制带宽。

2010 年，上海光机所的刘伟等针对旋转双棱镜结合快速反射镜构成的粗精光束指向机构，建立了控制环传递函数的数学模型[86]。

2013 年，北京航空航天大学的张浩设计了数字双闭环控制系统[87]。内环使用比例-积分（PI）控制算法来控制电流，外环使用饱和比例积分控制算法实现速度控制。实验结果表明系统调速准确性达到 10^{-4} 水平。

2014 年，美国的鲍尔宇航技术公司的 Harford 等[88] 通过内部速度环和外部位置环，使用 PI 控制算法来控制两棱镜的回转。控制的红外旋转双棱镜指向系统能在 200 毫秒内实现 120°的指向偏转，控制带宽达到 53.9 Hz。

2020 年，中国科学院光电技术研究所李锦英等[89] 基于深度强化学习方法为旋转双棱镜设计闭环控制，规避了复杂的求解且具有较高的控制稳定性。

2.3.2　旋转双棱镜光束偏转中的关键问题研究

一、控制奇异点问题的研究

当旋转双棱镜用于目标跟踪时，在系统观测场（field of regard）内存在棱镜回转控制的奇异点。即当瞄准线跟踪目标经过某些特殊的指向附近时，需要两棱镜以很大的角速度和角加速度旋转，为棱镜回转控制带来挑战。以下为控制奇异点方面的研究情况。

2006 年，美国鲍尔公司的 Ostaszewski 等[56]、OPTRA 公司的 Schwarze 等[15] 均提出了旋转双棱镜观测场中心附近为棱镜控制奇异点。即当光束连续跟踪目标恒速经过系统光轴附近时，要求两棱镜转速急剧增加。为了规避这一控制问题，他们提出增加一个棱镜，即给系统再增加一个自由度来使瞄准线推离系统光轴[56]。同年，鲍尔公司的 Sanchez 等还定性地分析了观测场中心控制奇异点形成的原因，即由于要求的棱镜旋转角正比于目标的方位角坐标改变量，而在观测场中心附近，目标方位角发生了急剧变化[55]。

2007 年，美国肯特州立大学的 Bos 等[90] 利用偏转矢量叠加方法对观测场中心控制奇异点形成的原因进行了分析并针对红外对抗和成像应用设计了消色差的三个棱镜的系统。

2013 年，我们分析了旋转双棱镜系统中光束转向速度与要求的棱镜转速之间的内在联系。采用梯度场的方法讨论了观测场内中央区和边缘区的目标跟踪限制区及控制奇异点问题[91]。针对跨观测场中心的目标跟踪，我们提出了通过切换两套解的方法来解决控制奇异点的问题。

2016 年，同济大学的李安虎等进一步分析了观测场内中央区和边缘区控制奇异点产生的原因并对近场目标跟踪应用中这两区域大小影响因素进行了分析[92]。同年，Alajlouni 按照切换两套解的方法思路研究设计了中央区控制奇异点问题的解决算法[93]。

二、指向误差问题的研究

指向精度是衡量旋转双棱镜系统性能的重要参数，不同的应用对指向精度的要求不同。为了提升指向精度，需要尽可能地减小指向误差。国内外一些学者对影响指向精度的误差源、误差大小估计、误差影响因素、误差补偿等方面进行了探讨，以下为相应的研究情况。

2005 年，美国 OPTRA 公司的 Schwarze 等[94] 总结分析了影响旋转双棱镜指向精度的误差源，包括系统装调误差、元件加工误差、棱镜旋转控制误差等。

2012 年，台湾联合大学的 Horng 等[94] 研究了元件加工误差、系统装调误差对旋转双棱镜指向精度的影响，探讨了这些误差导致的扫描轨迹变形。结果表明，系统加工和棱镜回转控制的细微误差将引起光束扫描模式的明显变化。机械回转轴与系统光轴之间的未对准将严重影响光束指向和扫描精度。

2014 年，我们基于矢量形式的斯涅尔定律，通过非近轴光线追迹定量研究了元件加工误差、棱镜方位误差、系统装调误差导致的指向误差。在确定的指向精度下，估算了各误差源的误差容限[95]。同年，北京航空航天大学的赵妍妍等[96] 利用一阶近似方法分析了各误差源导致的指向误差。

2015 年，中国科学院光电技术研究所李锦英等[97] 建立误差传递方程分析了棱镜方位误差、转轴抖动误差等随机误差对指向精度的影响。

2016 年，北京航空航天大学的张浩等[98] 基于折射光偏转建立了旋转双棱镜指向误差分析的普遍模型，能分析入射光指向误差、系统装调误差、棱镜方位误差的影响，还能分析不同误差源对指向精度的累积影响。次年，他们又通过蒙特卡罗模拟方法研究了棱镜方位误差、转轴抖动误差等随机误差导致的光束偏转不确定度[99]。

2017 年，墨西哥瓜达拉哈拉大学的 BRAVO-MEDINA 等[100] 基于近轴近似，用一额外矢量来补充典型的对准误差，改善了旋转双棱镜的指向精度。同年，中国科学院光电技术研究所李锦英等[101] 基于遗传算法，针对系统误差提出一种优化方法来确定物理模型参数，减小了旋转双棱镜系统制造、安装及测量误差所带来的影响，提升了其指向精度。

2018 年，上海交通大学的葛云皓等[102] 构建旋转双光楔扫描的数学模型及其扫描轨迹的物理模型，推算了水平和角偏差下的扫描轨迹方程，分析了其对扫描精度的影响。同年，同济大学的李安虎等[103] 针对三个棱镜的束转系统，建立了误差分析模型，并分析了各误差源对指向精度的影响，得出了相应的解析和数值结果。

三、色差问题的研究

在红外对抗等成像应用中，旋转双棱镜引起的色差变得不可忽视[104]。对棱镜色差校正的研究集中在两个方面：一是采用不同折射率和不同色散的光学材料构建组合棱镜实现色差校正；二是采用衍射光学元件实现消色差。

组合棱镜方法是色差校正的传统方法，目前已有多家单位利用该方法对大角度旋转双棱镜光束指向系统的宽波段色差校正展开研究，相关研究情况如下：

1999 年，加拿大光学中心的 Curatu 等[105] 基于一级近似介绍了两个及三个棱镜组成的组合棱镜消色差的基本分析方法并设计了硅/锗组合棱镜用于中波红外波段（3～5μm）的色差校正。

2002 年，加拿大国家光学研究所的 Lacoursiere 等[59] 针对红外眼成像系统应用需求，利用 Zemax 软件设计硫化锌/锗胶合棱镜，在 0.5～0.92μm 波段和远红外波段（8～9.5μm）内实现消色差。

2002 至 2003 年，美国代托纳大学的 Gibson、Duncan 等[12,106] 针对红外对抗应用，给出了旋转双胶合棱镜的偏转角计算方法，分析了一阶和二阶色散缩减。探讨了适合色差校正的红外材料特性并针对中波红外波段列出了可供选择的 16 种红外透光材料，分析了它们 120 种组合的消色散特点。他们还针对中波红外波段（2～5μm）组合不同材料构建组合棱镜并应用一级近似光线追迹方法得出了最优化的双棱镜消色差系统。其优化的氟化锂/硫化锌组合棱镜在 0°～45°的光束偏转角范围内能将残余色差降至 1.7816mrad。

2007 年，美国肯特州立大学的 Bos 等[90] 针对三个棱镜组成的束转系统给出了双胶合棱镜的偏转角计算方法及各棱镜顶角优化方法，优化设计了 AMTIR-1 玻璃/Ge 双胶合棱镜，其残余色差仅为 0.79mrad。

2011 年，美国 GTEC 公司的 Florea 等[57] 针对 2～12μm 的红外宽波段，采用硫系玻璃结合适合材料构建了色散低、热学性能好的消色差棱镜。

2012 年，台湾中央大学的 Sun 等[107] 提出了一种利用低成本玻璃材料设计胶合棱镜来校正旋转双棱镜色差的方法。

2014 年，美国的鲍尔宇航技术公司的 Harford 等[88] 利用锗棱镜研制旋转双棱镜，发现采用锗和氟化钡结合的双胶合棱镜是消色差的有效解决方法。

2017 年，长春理工大学的江伦等[108] 针对自由空间激光通信应用，采用 HZK8、ZF4、HZF6、HZK8 四种材料设计消色差旋转双棱镜，对信标激光（800nm）和通信激光（1550nm）实现消色差。

2020 年，以色列农业研究中心的 Arad 等[109] 针对超光谱成像系统应用，对光线追迹和图像形成中的色散进行了分析。

由于衍射光学元件具有负色散特性，在旋转双棱镜系统中加入光栅结构构造折射-衍射杂合棱镜可在一定波段范围内实现色差校正。采用衍射光学元件实现消色差的相关研究情况如下：

2000 年，美国麦卓激光公司的 Weber 等[110] 在硒化锌材料的旋转双棱镜表面蚀刻衍射光栅结构，针对中波红外波段（3～5μm）制备了衍射校正的双棱镜扫描成像系统。该系统能在 45°的视场范围内有效校正色差，系统成像分辨率得到显著提高。

2007 年，美国雷神公司的 Chen 等[5] 利用衍射-折射光学元件组合体（称为 Grism）构建了消色差双棱镜系统，有效减小了系统成像的残余色差。该系统的最大光束偏转角高达 $45°$，系统成像残余色差可达 $100\mu rad$ 以下。

2015 年，长春理工大学的聂鑫等[111] 基于矢量折射和衍射方程提出数学模型，分析了反向旋转的 Grism 系统所产生的色差。

利用衍射光学元件校正棱镜色差在一些专利中也有提及[112, 113]。

四、成像畸变问题的研究

当旋转双棱镜置于相机前，用于改变成像视轴时，由于光在两棱镜中的折射，将带来成像畸变问题。不像平面反射，物方视场射入的光线经两棱镜折射后，不会以统一的角度和方向偏转，这就是旋转双棱镜导致的成像畸变。以下为成像畸变问题的研究情况。

1999 年，清华大学的毛文炜[114] 研究了平行光路中单个光楔所导致的畸变，给出了大光轴入射角下光楔畸变的系列解析计算式，分析了畸变与楔角、入射角、视场之间的关系。

2000 年，美国亚利桑那大学的 Sasian[104] 基于平面对称系统理论导出光楔引起的波像差系列方程，基于此分析了光楔的二次型畸变。

2007 年，加拿大 AEREX Avionique 公司的 Lavigne 等[115] 利用三维衍射模型分析了旋转双棱镜引起的成像畸变特点，提出了基于单应变换的快速线性畸变校正方法。

2008 年，日本东京大学的 Takata 等[116] 针对旋转双棱镜在内窥镜中的应用，用光线追迹算法研究了棱镜引起的成像畸变校正方法。

2015 年，我们基于矢量形式的折射定律追迹视场跨度内的光线，分析了旋转双棱镜引起的成像畸变，提出逆向光线追迹方法来校正这种畸变[117]。

五、光束质量问题的研究

在旋转双棱镜的光束偏转扫描中，两棱镜对光束的折射将会对光束质量产生影响，主要表现为光束横截面变形、波面变形以及偏振态的改变等。在激光空间通信等应用中，这些影响将会降低系统性能。以下为光束质量问题的研究情况。

2002 年，美国代托纳大学的 Gibson 等[106] 即提出了光束通过棱镜后出现的光束压缩现象，并进而分析了这种光束横截面变形对光束远场发散角的影响。

2005 年，美国 OPTRA 公司的 Schwarze 等[94] 初步研究了旋转双棱镜带来的光束横截面变形问题，提出光束压缩因子粗略反比于出射角余弦。

2005 至 2006 年，上海光机所的孙建峰等[118, 119] 基于矢量折射理论，采用光线追迹的方法分析了旋转双棱镜大角度光束扫描中光束形状的变形特征。

2006 年，美国鲍尔公司的 Ostaszewski 等[56] 概述性介绍了：（1）棱镜表面抗反膜对光束偏振态的影响；（2）棱镜表面面型精度对光束波面质量的影响；（3）光束横截面变形及其对远场光强分布及通信性能的影响。

2016 年，同济大学的李安虎等[120] 基于矢量衍射理论，利用光线追迹方法建立严密的理论模型研究了任意入射角下旋转双棱镜带来的光束变形。

早期旋转双光楔系统的光束偏转角较小，光束变形现象不明显。对于大角度偏转的旋转双棱镜系统，光束变形现象的影响不可忽略。对于衍射受限的光学系统，旋转双棱镜系统对光束的变形效应将导致相应方向上远场能量分布的改变。压缩效应将使远场能量分布区域变宽，远程接收面上的光束照度减小。对于激光通信应用，该效应将使接收端信号减弱，信噪比降低。

六、粗精复合指向问题的研究

旋转双光楔光束偏转小，可用作精跟踪机构。而高折射率、大楔角折射棱镜组成的旋转双棱镜能实现大角度光束偏转，在自由空间光通信、目标跟踪等应用中通常用作粗跟踪机构。如何设计一个精跟踪机构与大角度光束偏转的旋转双棱镜协同，实现粗精复合指向跟踪，是一个值得研究的问题。目前对该问题的研究较少，仅同济大学的李安虎等少数学者涉足其中。相应研究情况如下：

2012 年，李安虎等[18] 提出结合两棱镜的旋转和偏摆运动来实现光束的粗精复合扫描。设计的系统竖直和水平粗扫描角大于 10°，扫描精确度达到 50 微弧度，竖直和水平精扫描角达到 2500、1200 微弧度，扫描精度达到 1 微弧度。2018 年，他们利用两组旋转双棱镜组成粗精复合跟踪系统[60]。前面一组双棱镜用于大角度粗扫描，后面一组棱镜顶角较小，用于小角度精扫描。

加拿大国防研究与发展部的 ROY 等[61] 针对激光雷达三维测绘应用，利用两组旋转双棱镜设计了粗精复合扫描系统。第一组比第二组的观测场小，用于精扫描。第二组扫描角大，用于大角度范围内移动第一组产生的扫描图案。通过粗精扫描协同，兼顾大扫描范围与高采样点密度。

七、光束偏转限制问题的研究

对于大角度偏转的旋转双棱镜系统，需要考虑界面全反射、光束走离效应导致的光束偏转限制问题。一是大偏转角导致棱镜内表面的大入射角，一旦入射角大于临界角，将发生全反射，光束不可通过棱镜。二是旋转双棱镜系统具有一定轴向厚度，大偏转角下光束可能射向系统侧壁。这些因素导致的光束偏转限制问题的研究情况如下：

2006 年，美国鲍尔公司的 Ostaszewski 等[56] 提到了大角度偏转旋转双棱镜系统中光线走离效应可能导致的渐晕（暗角）问题。他们通过优化棱镜厚度、棱镜间距等，减小系统轴向厚度和光路长度来规避这个问题。

2017 至 2018 年，我们研究了棱镜内表面全反射导致的光束偏转及成像视场限制的问题[121, 122]。先通过非近轴光线追迹求出棱镜/空气界面的入射角并与临界角比较，推出光束偏转角、成像视场的限制。

2.4　旋转双棱镜光束偏转设备开发

旋转双棱镜作为指向装置在多个领域具有应用前景，面向不同应用需求的设备逐渐问世。目前国内外已有多家单位针对不同的领域的应用需求开发了基于旋转双棱镜的束转系统，其典型设备概括如下：

2004 年，美国宇航局戈达德航天飞行中心[123] 根据 GLAS 星载激光雷达系统（Geoscience Laser Altimeter System）要求，开发了旋转双光楔作为视轴调节装置来控制入射激光束指向，如图 2.7。该设备所用光楔的楔角为 0.127°，直径为 5.4 厘米，由步进电机驱动旋转。设备的光束调节范围为 0.75 毫弧度，指向精度为 30～50 微弧度。

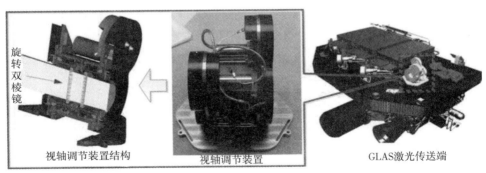

旋
转
双
棱
镜

视轴调节装置结构　　　　　　视轴调节装置　　　　　　GLAS激光传送端

图 2.7　GLAS 星载激光雷达系统上的旋转双棱镜束转设备

2005 至 2006 年，美国 OPTRA 公司开发系列旋转双棱镜束转设备[15, 94] 用于红外对抗和自由空间激光通信，如图 2.8。这些设备采用双胶合棱镜消色差，系统整体性能见表 2.1。

2005 年，日本东京大学[124] 根据内窥镜的应用需求，在硬性内窥镜的远端尖端设置旋转双棱镜来改变成像视轴方向，实现大范围观察，如图 2.9。该

红外对抗应用的旋转
双棱镜设备 1

红外对抗应用的旋转
双棱镜设备 2

自由空间激光通信
应用的旋转双棱镜

图 2.8　美国 OPTRA 公司开发的旋转双棱镜束转设备

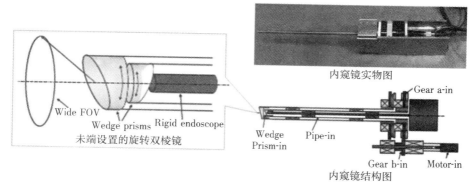

图 2.9　日本东京大学开发的旋转双棱镜束转设备

表 2.1　美国 OPTRA 公司开发的旋转双棱镜系统的性能参数

性能参数	红外对抗	自由空间激光通信
最大偏转角/度	110 或 120	120
指向精度/微弧度	1000	700
反应时间/毫秒	110 或 100	500
孔径/毫米	10 或 3	4 inches
光谱范围/微米	2～5	1.540～1.570
开环带宽/赫兹	50	50
系统尺寸/英寸	3.2（直径）×3.5（长度）	10.75（直径）×8.7（长度）
系统重量/磅	3.5	52.4
峰值功率/瓦	28	96

设备中两棱镜的直径分别为 4.5mm、6mm，楔角均为 13°，折射系数为 1.7。系统可实现 19.5°角的视轴偏转，最大视场可达 94°。

2006 年，美国 ITT 公司以单晶硅为棱镜材料设计旋转双棱镜系统，实现光学和射频波段波束的同步偏转，如图 2.10。该设备的偏转角可达 120°，反应时间为 400ms，外形尺寸为 175mm×175mm×100mm，重约 6 千克，消耗功率约 55w，可控制光束口径达 115mm。设备在 C 波段（约 1550nm）和 Ka 波段（38GHz）均有较好的透过率。

图 2.10　美国 ITT 公司开发的旋转双棱镜束转设备

2006 年，美国鲍尔公司[55, 56]针对自由空间激光通信应用设计了三个硅棱镜的束转系统，可实现超过 120°的偏转角，如图 2.11。该设备针对 1550nm 波长设计，指向精度达 100μrad，通光孔径为 4 英寸，棱镜回转以 DSP 控制，控制带宽为 23Hz，更新率为 1kHz。

图 2.11　美国鲍尔公司开发的三个棱镜的束转设备

2007 年，加拿大国防技术研究与发展中心（Defense R&D，Canada）根据"红外眼"项目需求开发了旋转双棱镜束转设备[115]，置于摄像机前用于调节窄视场成像视轴，如图 2.12。

旋转双棱镜结构图　　　旋转双棱镜实物图　　　　　成像系统整机

图 2.12　加拿大国防技术研究与发展中心开发的旋转双棱镜束转设备

该设备采用锗/硅双胶合棱镜在中波红外波段（$3\mu m \sim 5\mu m$）消成像色差，能使视轴在 $\pm 21°$ 角度范围任意指向。棱镜旋转由无刷电机驱动，光编码器测角，同步带传动。设备已通过地面和飞行测验，模拟完成监控和搜救任务。

2007 年，墨西哥瓜达拉哈拉大学[85] 设计了旋转双棱镜，其棱镜旋转由电子伺服电机系统驱动，由基于神经网络算法的自动调节 PID 实现控制，如图 2.13。

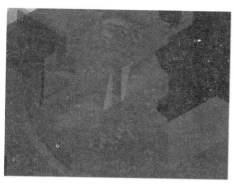

旋转双棱镜结构　　　　　　　　旋转双棱镜样机

图 2.13　墨西哥瓜达拉哈拉大学开发的旋转双棱镜束转设备

2009 年，美国洛克希德-马丁高技术中心设计了一套适用于空间飞行的自动化微型旋转双光楔光束指向装置[52]，如图 2.14。两光楔的楔角为 $0.75°$，通光孔径为 19mm，采用直驱零齿电机驱动，感应位置传感器测角，FPGA 实现闭环控制，最大速度为 6 转/分钟，控制带宽达到 37 赫兹。系统厚为 64mm，高度和宽度均为 58mm，指向精度达到 25 微弧度。

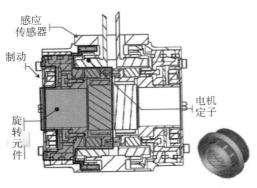

图 2.14   美国洛克希德-马丁高技术中心开发的自动化微型旋转双棱镜束转设备

2013 年，国防科技大学[125] 针对可见光波段应用开发了旋转双棱镜束转系统，其最大光束偏转角约±10°，如图 2.15。该设备的棱镜材料为 K9 玻璃，棱镜顶角为 10°。系统通光口径为 70mm，采用力矩电机驱动两棱镜旋转，以高精编码器测量棱镜旋转角度。系统通过角位置反馈的闭环控制系统来控制棱镜转动。

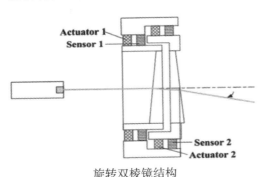

旋转双棱镜结构   旋转双棱镜样机

图 2.15   国防科技大学开发的旋转双棱镜束转设备

2014 年，北京航空航天大学开发了旋转双棱镜实验样机[126]，如图 2.16。该设备采用折射率为 1.458 的 JGS1 材料制作棱镜，顶角为 $15°46'16''$，直径为 90 毫米，采用齿轮传动。

2014 年，美国鲍尔公司[88] 设计锗棱镜，开发了大角度偏转的旋转双棱镜设备，如图 2.17。该设备所用的锗棱镜顶角为 7.65°，直径/厚度比约为 6：1，利用锗的高折射率可使系统对红外光束的偏转角达到 60.5°，可透过短波、中波和长波红外光束。系统的通光孔径为 4 英寸，棱镜由无刷直流力矩电机驱动，旋转光学编码器测量角位置。系统由内部速度环与外部位置环组成的闭环系统控制，两环均采用简单的 PI 算法。内部速度环的控制带宽约 175 Hz，外

图 2.16　北京航空航天大学开发的旋转双棱镜实验样机

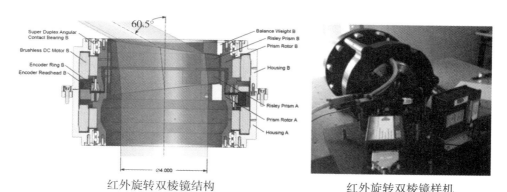

红外旋转双棱镜结构　　　　　　　　红外旋转双棱镜样机

图 2.17　美国鲍尔公司开发的红外旋转双棱镜束转设备

部位置环带宽约 50Hz。系统外形直径为 9.5 英寸，轴向厚度为 5.2 英寸，重约 40 磅。

系统测试结果表明，该设备指向精度优于 60 微弧度，束转时间少于 200ms，系统控制带宽大于 53.9Hz，在较大温度变化范围内的热学耐受性能佳。该设备以其紧凑结构、能共形安装等优势，成为低空飞行器、无人机等载体平台应用的理想束转机构。

2014 年，美国 OPTRA 公司[127]针对漫反射光谱计远距爆炸物探测技术中激光光束扫描的需要，开发了旋转双棱镜系统，如图 2.18。该设备采用硒化锌（Z_nS_e，Zinc Selenide）棱镜材料，棱镜顶角为 12.3°，能获得 90°的扫描观测场。两棱镜由无刷电机驱动，旋转光学编码器测角，双轴承结构能减小轴向和径向跳动，保证了高指向精度和可重复性。

2015 年，同济大学为轨迹跟踪应用开发了旋转双棱镜束转系统[72]，如图 2.19。该设备采用 K9 玻璃棱镜，顶角为 10°，通光口径为 80 毫米，由步进电

旋转双棱镜系统实物

旋转双棱镜样机

旋转双棱镜样机

图 2.18　美国 OPTRA 公司开发的旋转双棱镜束转设备

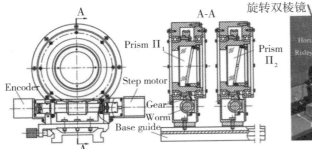
旋转双棱镜系统正面结构　旋转双棱镜系统侧面结构　　　旋转双棱镜实验系统

图 2.19　同济大学开发的旋转双棱镜束转设备

机驱动，偏转角超过 $10°$。

2015 年，美国 OPTRA 公司发布了他们多年来开发的自由空间激光通信、红外对抗、光学避障等应用的系列旋转双棱镜束转设备产品[128]，图 2.20 为其结构示意图。

这些设备采用空心旋转电机来减小传动误差，采用双轴承减小轴向和径向跳动，采用旋转光学编码器提高测角精度。采用数字信号处理器、闭环运动控制来控制两棱镜的旋转。一些设备提供高转矩以用于步进扫描，一些设备提供高扫描速度以用于连续扫描。表 2.2 列出了该公司系列产品的性能参数。

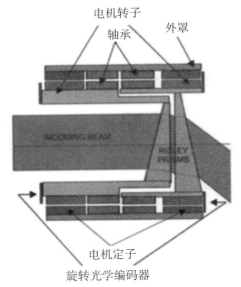

图 2.20　美国 OPTRA 公司开发的系列旋转双棱镜束转设备产品结构

表 2.2　美国 OPTRA 公司开发的系列设备性能参数

关键性能	设计的参数
孔径/毫米	10，25，50，120，185
工作波长/纳米	355，532，980，1064，1550，3000～5000，8000～12000
最大偏转角/度	2，12，30，45，60，90，120
指向精度/微弧度	1～1000
反应时间/毫秒	≤250ms
转向分辨率/微弧度	≤100μrad
重复度/微弧度	≤100μrad
系统透过率	≥98％
开环带宽/赫兹	≥50
系统尺寸/英寸	3.2（直径）×3.5（长度）

2.5　旋转双棱镜光束偏转技术应用

自 Rosell 于 1960 年首次提出利用两块光楔棱镜实现光束扫描以来[51]，旋转双棱镜便以其结构紧凑、重量轻、耗能低、偏转角大、束转分辨率高、动态性能好、环境适应性强等优点，逐渐在空间观测、航空观测、光通信、军事武器、激光雷达、遥感观测、监视搜索、激光应用、机器视觉、生物医学等领域呈现应用潜力。在各领域的应用中，根据操作对象的不同，旋转双棱镜可以归纳为两方面的应用：一是控制激光光束的指向，控制波前偏移；二是控制成像视轴的指向，移动成像视场。根据目的的不同，旋转双棱镜的应用也可分为两方面：一是用作光束或成像视轴扫描器。即将激光光束或成像视轴按一定的扫描路径投射到系列不同空间指向点，在一定范围内实现扫描覆盖。二是用于目标指向、对准、瞄准与跟踪。即根据目标位置实时调整棱镜方位，达到高精度动态目标瞄准与跟踪的目的。

2.5.1　激光光束指向控制

激光光束的典型特征是单向性、单色性好，亮度高，能量密度大，可用于通信、传感、能量传输等。旋转双棱镜能改变激光光束指向，在各领域可用于

45

激光光束扫描、目标指向、对准和跟踪。典型应用包括激光雷达、自由空间激光通信、生物医学激光束扫描成像、激光跟踪、光纤光开关、波前控制、激光制导、激光武器、激光指示器等。

一、激光雷达

在激光雷达系统中旋转双棱镜常被用于激光光束扫描，其示意图如图2.21。在机载、车载等成像激光雷达系统中，物镜前设置旋转双棱镜，两棱镜按一定的速度比旋转，使激光光束按一定的轨迹图样扫描，扩大观测场覆盖范围。1981年NASA将一对锗光楔作为激光光束扫描器用于激光雷达系统中，飞行测试表明该雷达能在20°的角度范围内实现光束扫描，其指向误差小于0.1°。2005年美国林肯实验室将旋转双棱镜用于三维成像激光雷达系统（Jigsaw），作为激光光束扫描器以扩大观测场。该扫描器使雷达能在10.8°的观测覆盖范围内实现高分辨率三维成像[13]。2008年美国Sigma空间公司研制的三维成像激光雷达将旋转双棱镜用作光束扫描器，其重复扫描精度达到0.0005°[131]。

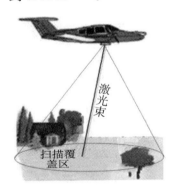

机载成像激光雷达

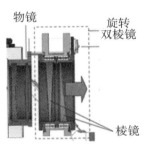

成像激光雷达中的
旋转双棱镜扫描器

Jigsaw 传感器光学头

车载成像激光雷达

旋转双棱镜花瓣形扫描图样

Sigma 公司研制的三维
成像激光雷达

图 2.21　激光雷达中的旋转双棱镜扫描器

国内外利用旋转双棱镜光束扫描研发的典型激光雷达设备还包括：

（1）2015 年上海光机所开发的直视合成孔径激光成像雷达实验系统[132]。

（2）2017 年加拿大 Neptec 公司与加拿大国防研究与发展中心合作开发的激光雷达[81]。

（3）2018 年日本东京大学基于自动驾驶应用设计的激光雷达系统[133]。

与激光雷达中的光束扫描应用类似，意大利国家研究委员会自动化智能系统研究所还将旋转双棱镜用于水上无人艇的障碍探测[134]。他们利用旋转双棱镜扫描激光束，在选择的障碍物附件创造点云，使光束指向覆盖整个区域，提升障碍物探测能力。美国 OPTRA 公司[127] 基于旋转双棱镜的光束扫描功能实现远距爆炸物探测，如图 2.18。近年来还有专利报道了旋转双棱镜在机载光收发机构中的具体光束扫描应用。

二、激光通信

利用旋转双棱镜偏转激光光束，可用于自由空间光通信、直视通信、星间通信中建立远距离通信链路[15]。通信光束通常需要在两远距离动态目标间传输，高精度光束指向是影响系统性能的重要因素[18]。在美国航空航天局（NASA）的下一代卫星测距系统（NGSLR）中，Risley 棱镜被安装在瞄准、捕获和跟踪子系统（PATs）中，作为提前量机构（point-ahead mechanism）实现接收端瞄准线与发射端光束之间的校正对准[136, 137]。近些年来，在激光通信系统中，高偏转力的旋转双棱镜被设计作为粗指向跟踪机构，用于代替传统万向转架或指向镜系统大角度偏转发射和接收光束，如图 2.22。这不但能满足大口径光束偏转的要求，实现高分辨率稳定指向，还可使系统更紧凑，便于载体平台结构的设计和安装。

自由空间激光通信

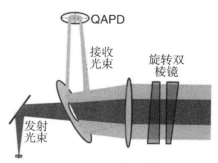

旋转双棱镜用于粗踪

图 2.22 激光通信中的旋转双棱镜指向跟踪系统

美国鲍尔宇航技术公司和 OPTRA 公司针对激光通信应用已研制了相应的

旋转棱镜指向机构[53,56]。鲍尔公司还将旋转棱镜应用于偏转微波波束，设计微波直视天线，用于无人系统之间、无人系统与地面站间的通信连接[138-140]。2003年发射的地球科学激光测高系统（GLAS）也采用旋转双棱镜实现激光束的精确指向[123,141]。在上海光机所针对卫星激光通信而设计的捕获和跟踪终端中，旋转双棱镜也被用于激光光束的大角度偏转[142]。

三、生物医学激光束扫描成像

旋转双棱镜在生物医学扫描成像中主要用于偏转和扫描激光光束，典型应用有光学相干层析（OCT）成像、激光共聚焦显微成像。OCT系统中可用Risley棱镜来偏转或扫描光束，实现圆锥形扫描[143]或二维扫描[143]。相对于传统的振镜等扫描机构，Risley棱镜更紧凑，特别适合内窥应用。激光共聚焦显微镜为点扫描显微镜，需要横向扫描焦斑。传统光机设备尺寸庞大且产生的光栅式扫描轨迹不均匀。采用Risley棱镜则可克服这些缺点，形成紧凑轻便的结构[145,146]，如图2.23。这种紧凑结构特别适合共聚焦内窥镜应用。

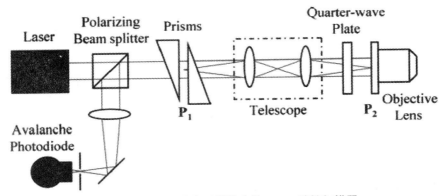

图2.23　激光共聚焦显微镜中的Risley棱镜扫描器

四、激光跟踪

在机器人等应用中，经常用到激光跟踪技术来跟踪目标。传统的激光跟踪器通常利用万向机架（如tilt/pan云台）来跟踪和对准目标，惯量大且缺乏灵活性，难以实现多目标跟踪。图2.24展示了一种基于旋转双棱镜的激光跟踪器[145,146]。激光二极管发出激光经过局部扫描机构后，由旋转双棱镜执行全局扫描。扫描光射到目标后，其漫反射光被光电探测器接收。其后旋转双棱镜即可跟踪目标。由于两棱镜的转动惯量小且扫描轨迹多样，该设备可灵活而快速地实现多目标跟踪。在激光多普勒测振仪中，旋转双棱镜可用于旋转跟踪以对准目标[148]。

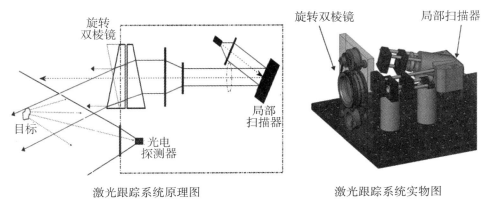

激光跟踪系统原理图　　　　　　激光跟踪系统实物图

图 2.24　一种基于旋转双棱镜的激光跟踪器

五、光开关

利用旋转双棱镜偏转激光光束，可在光纤激光通信中用于设计光开关[135,149,150]，其结构示意如图 2.25。利用 1 对或 2 对旋转双棱镜构造光束角度调整元件，重定向光束实现输入光纤和输出光纤间的光耦合。构造旋转双棱镜阵列可实现多向通道光路的切换。该类机构可操作宽波段激光，具有适当的切换速度，插入损耗小，工作稳定性好[151]。

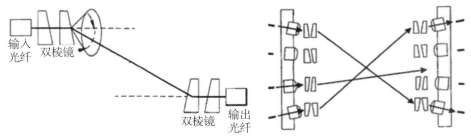

旋转双棱镜实现输入和输出光纤间的光耦合　　旋转双棱镜陈列实现多向通道光路切换

图 2.25　光纤光开关中的旋转双棱镜机构

六、波前控制

利用旋转双棱镜偏转激光光束，可在干涉系统中用作波前指向器实现波前分析与光学检测[152]。墨西哥光学研究中心的 Garcia-Torales 等在其设计的矢量剪切干涉仪中将旋转双棱镜用作剪切机构，实现剪切波前偏移和倾斜[153-156]，如图 2.26。他们基于马赫-曾德尔干涉仪结构，将 Risley 棱镜放置于两光臂中。通过精确控制棱镜的旋转，在不改变成像方向的前提下偏转光束，产生波前偏移，控制波前位置和波前倾斜。旋转双棱镜的波前控制性能已被实验所验证。

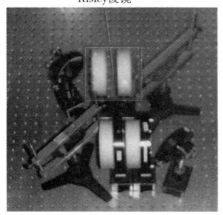

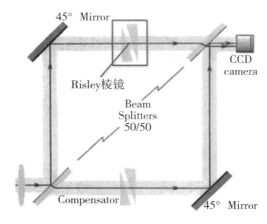

剪切干涉仪实物   剪切干涉仪光路

图 2.26　剪切干涉仪中的旋转双棱镜机构

2.5.2　成像视轴指向控制

在相机等探测器前放置旋转双棱镜，则可通过两棱镜的旋转来偏转成像光束，控制成像视轴指向，移动成像视场，实现扫描或步进凝视成像，扩大成像搜索范围。但由于棱镜折射色散，成像存在色差。由于棱镜折射对光线偏转的非一致性，成像还存在不同程度的畸变。成像视轴指向控制的典型应用有红外对抗、大范围成像、中心凹成像（foveated imaging）、超分辨率成像等。

一、红外对抗

红外对抗系统干扰红外寻的导弹的制导系统，使其错过目标，从而达到保护飞行器的目的。现代定向红外对抗系统[157]通常通过导弹袭击告警系统探测导弹发射并将导弹飞行中的方位提供给光束定向器。光束定向器转到导弹飞行方位并通过热感相机捕获该方位附近热场图，然后通过热感相机跟踪来袭导弹目标，最后向来袭目标投射激光或弧光灯干扰光束，如图 2.27。

光束定向器需要调整热感相机的成像视轴，使来袭目标实时成像在视场中心，以锁定目标实现准确、精密的稳定指向和跟踪。传统的万向架或指向镜机构虽然可达此目的，但系统需伸出载体之外，存在风阻且其指向稳定性和安全性受影响。用旋转双棱镜代替这些传统束转机构来移动视轴，可根除这种不足，形成紧凑、共形束转系统[90, 94]。

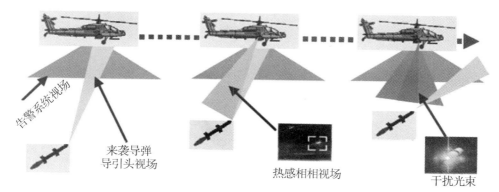

图 2.27　定向红外对抗工作大致过程

基于旋转双棱镜的指向和跟踪系统适合应用于星载、机载、舰载等安装空间受限的载体平台。英国国防科学技术实验室在红外成像导引头中应用旋转双棱镜来控制成像视轴，实现目标捕获与跟踪，如图 2.28。该设备中的棱镜采用硅/锗胶合棱镜，在 $3.7 \sim 4.8\mu m$ 的中波红外波长范围内实现消色差设计。

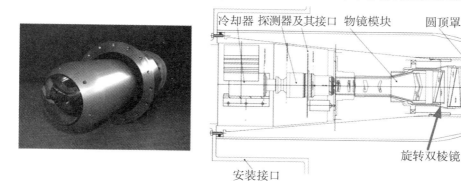

图 2.28　红外成像导引头

目前也有相关专利提出了旋转双棱镜在光电对抗[158]、导弹导引头[112]、安防相机[159] 等类似机构中的应用。

二、大范围成像观测

在光电侦察、监视、搜索、营救等应用中为实现目标的快速搜索、识别和跟踪，需要获取宽幅面、高分辨率的图像信息。由于成像探测器、光机结构尺寸和工艺的制约，很难通过一次成像来兼顾大视场和高分辨率的要求。加拿大国防技术研究与发展中心利用旋转双棱镜构建了步进-凝视成像系统，形成了一种新型的多视场图像采集方法[159]。图 2.29 展示了系统图像采集方法及相应旋转双棱镜指向机构外观图。

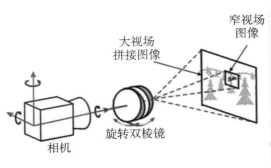

步进-凝视图像采集　　　　　　　　　步进-凝视图像采集系统

图 2.29　步进-凝视图像采集方法及相应系统

　　系统利用旋转双棱镜改变成像光轴，在较大角度范围内实现视轴扫描。通过合理设置成像视轴的空间指向角度和窄视场分块成像，获得系列高分辨率窄视场图像，通过窄视场图像的校正和拼接，最终获得具有大视场和高分辨率特点的合成图像。该系统利用旋转双棱镜构造光机指向机构，用于成像视轴的转向和扫描。通过融合窄视场成像，兼顾了大视场和高分辨率的成像需求，为大范围目标搜索和高准确度目标识别应用提供了一种有潜力的新概念图像采集方法。

　　利用旋转双棱镜实现视轴扫描，扩大观测范围，相关机构已被应用于显微观测、生物医学成像、视频监视等领域，如图 2.30。传统的显微镜视场小、视轴固定，不能提供足够的视觉信息以实现多目标、动态目标的观测。在显微镜中加入扫描机构实现视轴扫描，成像视场能得到大幅度拓宽。目前已有研究采用旋转双棱镜充当视轴扫描机构，形成的光学扫描显微系统结构紧凑，成像视场大，分辨率高，尤其适用于微装配、微操作的观测[161]。在医用内窥镜设计中，在探测头末端设计旋转双棱镜可扩大观测范围[124]。在视频监控系统中，

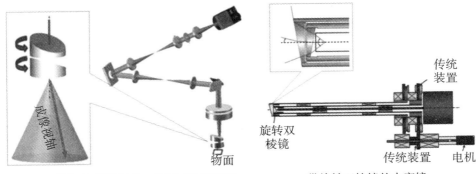

旋转双棱镜扩大观测范围　　变视场显微系统　　　　带旋转双棱镜的内窥镜

图 2.30　旋转双棱镜用于扩大观测范围

可在镜头中设计旋转双棱镜以将目标移到视场中心[162]。

三、中心凹成像（foveated imaging）观测

中心凹成像模拟人眼视觉，可在低分辨率的宽视场中实现任意一个或多个注视点的高分辨率窄视场成像观测。低分辨率宽视场成像用于大范围场景监视，而高分辨率窄视场成像则用于对注视点周围兴趣区目标细节的观测。通常基于低分辨率宽视场成像通过自动或人工方式确定注视点方位，然后通过束转装置控制成像视轴使其指向注视点而捕获目标细节。美国 OPTRA 公司开发的 RPUPS 束转设备[128] 以及同济大学设计的主从相机协同监控系统[163] 都可实现中心凹成像观测功能，其功能示意如图 2.31。宽视场相机执行大范围场景监视，通过它判断兴趣区确定注视点。窄视场相机置于旋转双棱镜之后。控制旋转双棱镜旋转使窄视场相机视轴指向注视点，捕获高分辨率图像获得目标细节。类似的设备可用于机器人视觉导引等领域[164]。

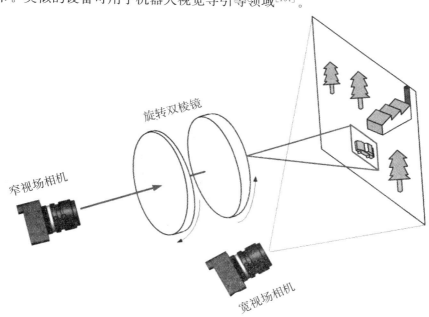

图 2.31　利用旋转双棱镜实现中心凹成像观测功能

四、超分辨率成像

将旋转双棱镜放置在相机前还可组成超分辨率成像系统[165]，如图 2.32。控制两棱镜的旋转，使成像视轴产生亚像素偏移，得到几幅亚像素偏移的图像，通过图像配准、图像插值，融合重建超分辨率图像。也可与中心凹成像功能结合，设计高分辨率仿生眼成像系统[166]。

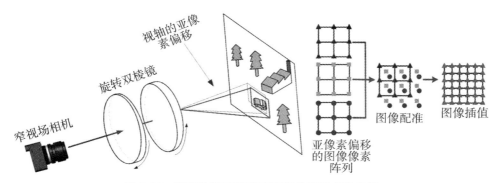

图 2.32 利用旋转双棱镜实现超分辨率成像功能

第 3 章　旋转双棱镜光束偏转理论

　　旋转双棱镜光束偏转系统由一对共轴相邻排列的折射棱镜组成，两棱镜能绕共同轴（称为系统光轴）独立旋转。其光束偏转示意图如图 3.1，光束依次入射两折射棱镜，在两棱镜入射表面和出射表面发生折射而改变方向。最终从系统射出的光束方向决定于棱镜的折射率、顶角以及两棱镜的角位置。通过旋转两棱镜改变其角位置，可使出射光束在一定角度的圆锥空间范围内精确指向任意预定方向，实现目标瞄准、跟踪。若两棱镜按一定转速连续旋转，出射光束将在该圆锥面所限空间范围内按一定路径实现扫描，产生多样化的扫描图样。

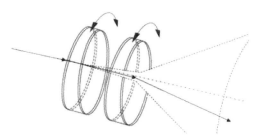

图 3.1　旋转双棱镜光束偏转示意图

　　旋转双棱镜光束偏转系统也可在成像应用中用于移动成像视轴，实现快速视场对准方向调整。将该类系统置于相机物镜前，使其光轴与相机光轴共轴对齐，如图 3.2。由光路可逆原理，当旋转两棱镜改变其角位置时，相机的视场指向将相应偏转，其视轴可在一定角度的圆锥空间范围内精确指向任意预定方向。

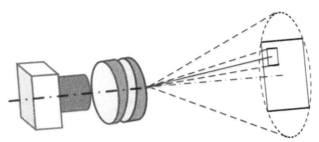

图 3.2　旋转双棱镜成像视轴偏转示意图

3.1 旋转双棱镜光束偏转基本概念描述

3.1.1 光束方向的描述

空气为光学各向同性材料，棱镜材料通常也为光学各向同性材料，故在旋转双棱镜的光路中的光线方向与光波方向一致，均垂直于光波波面，即可认为光线矢量与光波矢量（波矢量）相同，以 $\hat{s}$ 为其一般表示符号。为描述光线矢量 $\hat{s}$ 的方向，可采用 4 种方法：一是用方向余弦（K，L，M）描述；二是在极坐标中用极径角（即偏转角，又称高度角）Φ 和极角（又称方位角）Θ 描述；三是用水平偏转角 Φ_x 和竖直偏转角 Φ_y 描述；四是用水平视场角 θ_x 和竖直视场角 θ_y 描述。图 3.3（a）展示了右手系笛卡尔坐标中光线方向的多种描述，而图 3.3（b）为其在极坐标中的表示。

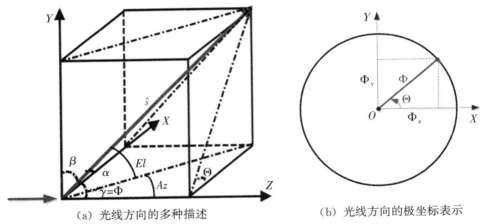

(a) 光线方向的多种描述　　　　　　（b) 光线方向的极坐标表示

图 3.3　光线方向的描述

一、方向余弦（K，L，M）描述光线方向

用方向余弦表示光线矢量，即 $\hat{s}=(K，L，M)$，如图 3.3（a）。方向余弦（K，L，M）定义为

$$K=\cos\alpha，L=\cos\beta，M=\cos\gamma. \tag{3.1}$$

其中 α、β、γ 分别为光线矢量 $\hat{s}$ 与 x、y、z 轴的夹角。显然，用方向余弦表示的光线矢量仅表示光线方向，为一单位矢量，即

$$K^2 + L^2 + M^2 = 1.\tag{3.2}$$

若光线最初方向沿 Z 轴正向，其光线矢量表示为（0，0，1）。若光束发生偏转，则其偏转角 Φ 即为光线矢量 $\hat{s}$ 与 Z 轴的夹角 γ，可知

$$\Phi = \gamma = \arccos(M).\tag{3.3}$$

即光线矢量的 M 分量值越小，表示光束偏转角越大。用方向余弦表示光线矢量，便于在光线追迹时实施矢量运算。

二、极坐标描述光线方向

由于旋转双棱镜中两棱镜的运动为旋转运动，通常用极坐标来描述光线方向会更直观方便。在图 3.3（a）中，若光线最初方向沿 Z 轴正向而无偏转，即光线偏转角为 0°，对应图 3.3（b）中极坐标的极点 O。以 X 轴方向为极轴，极径长为偏转角 Φ，极角 Θ 为光线矢量在 xoy 平面上的投影与 X 轴的夹角，以极轴 X 为起始，朝 Y 轴正向旋转为正。这样建立的极坐标能很直观地描述光束的偏转，极径长描述偏转角大小，极角描述了光束偏转方位。旋转双棱镜为透射型束转机构，光线矢量的 M 分量为正值，偏转角 Φ 的值应在 0°到 90°之间，而极角 Θ 的值可定义在 0°到 360°之间。由几何关系易得

$$\tan\Theta = \frac{L}{K},\ \cos\Phi = M.\tag{3.4}$$

由式（3.2）和（3.4）可推算得出

$$\begin{cases} K = \sin\Phi\cos\Theta, \\ L = \sin\Phi\sin\Theta, \\ M = \cos\Phi. \end{cases}\tag{3.5}$$

Φ 和 Θ 可表示为

$$\Phi = \arccos(M).\tag{3.6}$$

$$\Theta = \begin{cases} \arctan\left(\dfrac{L}{K}\right) & (K>0,\ L\geq0\ 或\ K=0,\ L>0), \\ \arctan\left(\dfrac{L}{K}\right)+360° & (K\geq0,\ L<0), \\ NaN（无值） & (K=0,\ L=0), \\ \arctan\left(\dfrac{L}{K}\right)+180° & (K<0). \end{cases}\tag{3.7}$$

三、水平偏转角 Φ_x 和竖直偏转角 Φ_y 描述光线方向

如图 3.3（b），水平偏移角 Φ_x 和竖直偏移角 Φ_y 定义为 Φ 在水平（X 轴）和竖直（Y 轴）方向上的投影分量：

$$\begin{cases} \Phi_x = \Phi\cos\Theta, \\ \Phi_y = \Phi\sin\Theta. \end{cases}\tag{3.8}$$

则Φ和Θ可表示为

$$\Phi=\sqrt{\Phi_x^2+\Phi_y^2}. \tag{3.9}$$

$$\tan\Theta=\frac{\Phi_y}{\Phi_x}\rightarrow\Theta=\begin{cases}\arctan\left(\dfrac{\Phi_y}{\Phi_x}\right), & (\Phi_x>0,\ \Phi_y\geqslant0\ 或\ \Phi_x=0,\ \Phi_y>0),\\[2mm]\arctan\left(\dfrac{\Phi_y}{\Phi_x}\right)+360°, & (\Phi_x\geqslant0,\ \Phi_y<0),\\[2mm]NaN, & (\Phi_x=0,\ \Phi_y=0),\\[2mm]\arctan\left(\dfrac{\Phi_y}{\Phi_x}\right)+180°, & (\Phi_x<0).\end{cases} \tag{3.10}$$

方向余弦（K，L，M）和（Φ_x，Φ_y）之间的关系为

$$\begin{cases}K=\dfrac{\Phi_x}{\sqrt{\Phi_x^2+\Phi_y^2}}\cdot\sin(\sqrt{\Phi_x^2+\Phi_y^2}),\\[3mm]L=\dfrac{\Phi_y}{(\sqrt{\Phi_x^2+\Phi_y^2})}\cdot\sin(\sqrt{\Phi_x^2+\Phi_y^2}),\\[3mm]M=\cos(\sqrt{\Phi_x^2+\Phi_y^2}).\end{cases} \tag{3.11}$$

$$\begin{cases}\Phi_x=\begin{cases}\dfrac{K\arccos(M)}{\sin(\arccos(M))} & (\Phi\neq0°\ 且\ \Phi\neq180°),\\[3mm]0 & (\Phi=0°\ 或\ \Phi=180°),\end{cases}\\[6mm]\Phi_y=\begin{cases}\dfrac{L\arccos(M)}{\sin(\arccos(M))} & (\Phi\neq0°\ 且\ \Phi\neq180°),\\[3mm]0 & (\Phi=0°\ 或\ \Phi=180°).\end{cases}\end{cases} \tag{3.12}$$

四、俯仰角 EL 和方位角 AZ 描述光线方向

在万向机架等传统束转系统中，常用俯仰角 EL 和方位角 AZ 来描述光束指向，其角度定义见图3.3（a）。考虑到光线矢量的 M 分量为正值，由几何关系易得

$$\begin{cases}EL=90°-\arccos(L),\\AZ=\arctan\left(\dfrac{K}{M}\right).\end{cases} \tag{3.13}$$

俯仰角 EL 和方位角 AZ 的取值均在$-90°$到 $90°$之间。光线矢量的三个分量可表示为

$$\begin{cases}K=\cos(EL)\sin(AZ),\\L=\sin(EL),\\M=\cos(EL)\cos(AZ).\end{cases} \tag{3.14}$$

五、水平视场角 θ_x 和竖直视场角 θ_y

在分析成像光线的指向时，通常用到水平视场角 θ_x 和竖直视场角 θ_y，其

定义为

$$
\begin{cases}
\tan\theta_x = \dfrac{K}{M}, \\[2mm]
\tan\theta_y = \dfrac{L}{M}.
\end{cases}
\longrightarrow
\begin{cases}
\theta_x = \begin{cases}
\arctan\left(\dfrac{K}{M}\right) & (M \text{ 与 } K \text{ 不同是 } 0), \\[2mm]
0 & (M=0;\ K=0),
\end{cases} \\[6mm]
\theta_y = \begin{cases}
\arctan\left(\dfrac{L}{M}\right) & (M \text{ 与 } L \text{ 不同是 } 0), \\[2mm]
0 & (M=0;\ L=0).
\end{cases}
\end{cases}
\tag{3.15}
$$

3.1.2　旋转双棱镜束转系统的描述

图 3.4 展示了旋转双棱镜光束偏转系统坐标描述及参数标识。两并排排列的圆形折射棱镜分别标记为 Π_1 和 Π_2，可共轴独立旋转。两棱镜的共同旋转轴，即系统的光轴，被选为 z 轴建立右手系笛卡尔直角坐标系 xyz。棱镜 Π_1 和 Π_2 的材料折射率分别表示为 n_1 和 n_2，顶角表示为 α_1 和 α_2，轴向厚度表示为 d_1 和 d_2（图中未标出）。两棱镜之间空气间隙的轴向尺寸表示为 d_{air}，棱镜 Π_2 的最后一面离观察屏的轴向距离表示为 P。两棱镜旋转角位置表示为 ϕ_1 和 ϕ_2，定义为棱镜薄端指向与 x 轴正向间的夹角，朝 y 轴正向旋转为正值，反之为负值。两旋转角位置 ϕ_1 和 ϕ_2 的值定义在 $0°$ 到 $360°$ 之间。入射光束逆 Z 轴方向入射，出射光束指向用极坐标，即偏转角 Φ 和极角 Θ 描述。通过改变两棱镜的旋转角位置 ϕ_1、ϕ_2，可使出射光束在一定偏转角范围内实现任意指向调整。

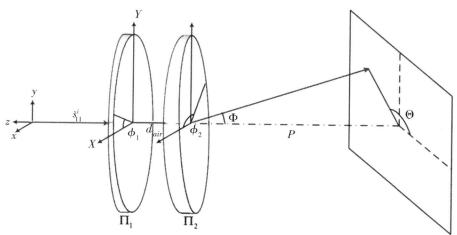

图 3.4　旋转双棱镜光束偏转系统坐标描述及参数标识

多数应用中，为在一定角度的圆锥空间范围内指向任意预定方向而不留指向盲区，两棱镜的顶角和材料通常设置相同，即 $n_1 = n_2 = n$，$\alpha_1 = \alpha_2 = \alpha$。通常棱镜主截面为直角三角形，两棱镜的直角面相互平行且垂直于共同旋转轴 z。若将直角面标记为1，斜面标记为2，则显然系统存在4种典型的结构，分别表示为21-12型、12-12型、21-21型、12-21型，如图3.5。为方便光线追迹，按照光束传播顺序，将4个界面依次标记为Ⅰ、Ⅱ、Ⅲ、Ⅳ。在这四种结构中，21-12型结构是最常设计使用的。一是因为该结构便于安装调试且系统更紧凑，二是由于该结构中的两直角面相互平行紧靠一起，简化了光线追迹过程。

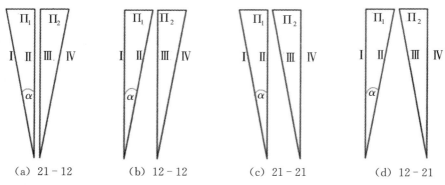

(a) 21-12　　　　(b) 12-12　　　　(c) 21-21　　　　(d) 12-21

图 3.5　旋转双棱镜光束偏转系统的 4 种典型结构

光束传播通过旋转双棱镜系统时，在且只在两棱镜的四个表面Ⅰ、Ⅱ、Ⅲ、Ⅳ折射发生方向改变，在两棱镜中及棱镜间空气中沿直线传播。由于两棱镜及之间空气均有一定轴向厚度，会导致光束在通过系统的过程中产生所谓走离（walk-off）效应，即系统最终出射光束出射点相对入射光束入射点存在一个横向（垂直系统光轴方向）的偏移。显然，该横向偏移量的大小除了随光束偏转角增大而增大外，还会随两棱镜厚度 d_1、d_2 以及空气间隙轴向距离 P 的增大而增大。这种横向偏移不但提高了光路分析和系统设计的复杂性，而且在棱镜通光口径一定的情况下，过大的偏移还可能使光束射向侧壁，导致出射受阻。在实际应用中，为了系统紧凑以及分析设计的简便，通常希望尽量减小这种横向偏移。因此，系统设计时，在保证两棱镜机械性能及系统安装可行性的前提下，应尽量采用小的棱镜厚度并使两棱镜紧靠以减小两者之间间隙。

值得说明的是，这种系统轴向尺寸引起的走离效应对不同应用的影响是不同的。对于远场（far-field）光束偏转应用，棱镜Π_2的最后一面离观察屏的轴向距离 P 远大于系统整体轴向厚度，即 $P \gg d_1 + d_2 + d_{air}$，则走离效应带来的横向偏移相对轴向距离 P 可以忽略，通常只需分析出射光束的指向而无需考虑横向偏移对光束具体指向光斑位置的影响。如在卫星激光通信、天文观察等应用中，发射端和接收端距离（通信距离）或观察距离达几千到几十万公里。在机载激光雷达、目标跟踪、红外对抗等应用中，扫描或目标距离达到几十公里。这样的远场光束偏转应用下，走离效应带来的横向偏移对指向性能影响可以忽略。但是，对于近场光束偏转，如显微观测、内窥成像、工业用激光雷达、视频监控、机器人视觉导引等应用，需要确定光束具体指向光斑位置，走离效应带来的横向偏移变得不可忽略。这类近场应用需要结合系统的结构参数，尤其系统轴向尺寸来进行光路分析，否则难以实现满足应用需求的精确指向。

棱镜材料的选择依赖于具体用途、系统的性能要求以及应用环境，需要考虑材料的光学（如光谱透射率、折射率、色散等）、力学（如强度、硬度、密度等）、热学（如热率、热膨胀系数、比热容等）、热光参数及抗腐蚀、防潮解等性能。选择棱镜材料时，其在不同波长范围的光谱透射率是首先需要考虑的。可见光波段（$0.38 \sim 0.76 \mu m$）棱镜材料的选择面较广，除数目众多的各种不同型号的普通光学玻璃和光学塑料外，熔融石英、氟化钙、氟化钡、氟化镁都有良好的透光性。但是，在红外波段，特别在中波红外（MWIR，$3.0 \sim 5.0 \mu m$）和长波红外（LWIR，$7.5 \sim 14.0 \mu m$）波段，具有良好透光性的材料种类有限且价格较贵。常用的典型红外材料包括氟化钙（CaF_2）、氟化镁（MgF_2）、氟化钡（BaF_2）、蓝宝石、硫化锌（ZnS）、硒化锌（$ZnSe$）、硅（Si）和锗（Ge）等[168]，其光谱透过率（包括表面损失）展示在图 3.6 中[169]。

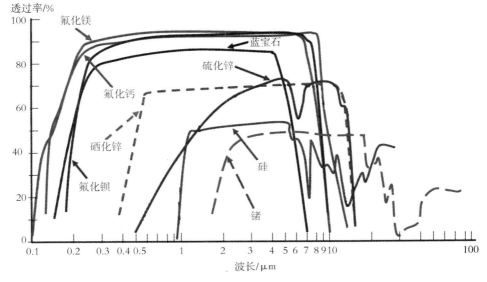

图 3.6　几种典型红外棱镜材料的透光特性（包含表面反射损失）

显然，氟化钙、氟化镁、氟化钡、蓝宝石制备的棱镜可用于紫外、可见光、短波红外（SWIR，$0.7\sim2.5\mu m$）、中波红外波段的较小角度光束偏转，而硫化锌、硒化锌、硅和锗在短波红外、中波红外乃至长波红外（LWIR）波段均有良好的透光性。实际应用中针对这些波段还可在棱镜表面涂镀高效抗反射膜，可以达到相当高的透过率（$95\%\sim98\%$）。

棱镜材料的折射率直接影响旋转双棱镜系统的光束偏转角，是系统设计时需要考虑的关键参数。采用高折射率材料制作棱镜，可设计获得大角度光束偏转的旋转双棱镜系统，满足大范围目标搜索、跟踪或光束扫描的应用需求。在系统的成像应用中，一般要求较宽成像波段，则棱镜材料的色散也成为必须考虑的关键问题。为了减小色差影响，在这些应用中对棱镜材料的色散有一定要求，甚至需要使用不同折射率的材料作为复合棱镜来缓解色差对成像的影响。另外，为能适应不同的工作环境，还需考虑棱镜材料的力学和热学性能。棱镜材料须有一定强度和硬度，为使系统轻便需考虑材料密度。在温度变化大的应用环境，如星载通信或成像设备环境中，还需考虑棱镜材料软化温度、热膨胀系数、热光系数等。

表 3.1 列出了常用红外材料的这些典型性能参数[170]。相对可见光波段透光材料，红外透光材料的折射率普遍较大且不同种类材料折射率值差异显著。蓝宝石、氟化镁、氟化钙、氟化钡晶体折射率相对较低（$1.3\sim1.7$）。其中蓝宝石硬度高、抗机械冲击和热冲击能力强。氟化镁、氟化钙晶体在紫外波段的光学性能佳，是目前已知的紫外截止波段的光学晶体。氟化钡晶体有一定的水溶解性，适合干燥环境下使用。而硫化锌、硒化锌、硅和锗均属于惰性材料且折射率较大[171]，适合制备中长波红外大角度光束偏转旋转双棱镜系统。其中，硫化锌和硒化锌具有纯度高，环境适应力强，易于加工，折射率均匀、一致性好等特点，其折射率在 $2.2\sim2.5$ 之间。硅单晶硬度高，导热性能好，密度低，在远红外波段也具有很好的透光性能，其折射率大于 3.4。锗单晶是非常常用的红外光学材料，除了具有硬度高，导热性能好，机械性能好等特点外，还具有极大的折射率（大于 4），特别适合制备长波红外极大角度的束转系统。锗单晶的不足在于其热光性能和色散特性。锗的软化温度相对较低（940℃）且当温度升高时，其透过率显著下降，因此不适合高温环境下的应用。锗的热光系数 dn/dT 较大（396ppm/K），用其制备的棱镜对光束的偏转角受环境温度影响大，加大了系统热补偿设计的难度，不适于环境温度变化幅度大的场合使用。另外，锗的色散特性在不同波段变化明显。硅和锗等红外材料由于折射率高，导致界面反射率高，故应用中应该在表面涂镀增透膜，否则系统的透过率将会很低。

表 3.1　几种典型红外棱镜材料的性能参数

名称	折射率	软化温度 /℃	密度 /(g·cm^{-3})	硬度（克氏）/(kg·mm^{-2})	热膨胀系数 /(10^{-6}/℃)	dn/dT /(ppm/K)
蓝宝石	1.68（4μm）	2030	3.98	1370	5.0~6.7	13.7
氟化镁	1.35（4μm）	1396	3.18	576	11.5	20
氟化钙	1.41（4μm）	1360	3.18	200	20	−11
氟化钡	1.45（4μm）	1280	4.89	82	1.8	−12.7
硫化锌	2.25（4μm） 2.20（10μm）	1020	4.09	354	7	54
硒化锌	2.43（4μm） 2.41（10μm）	1500	5.27	150	7.7	60
硅	3.43（4μm） 3.42（10μm）	1420	2.33	1150	4.2	150
锗	4.02（4μm） 4.00（10μm）	940	5.33	800	6.1	396

3.2　单个棱镜的光束偏转

　　旋转双棱镜束转系统实际为级联型光束偏转系统，其对光束指向的总偏转是两个单棱镜对光束指向偏转的叠加。分析单个棱镜的光束偏转，可为进一步分析和理解旋转双棱镜的光束偏转奠定基础。为分析的简便又不失一般性，在此针对光束在棱镜主截面内以一定角度入射一个透射三棱镜的折射光路，如图 3.7。

　　棱镜顶角为 α，折射率为 n，光束以入射角度 i 从空气射入棱镜，第一界面折射角、第二界面入射角和折射角分别为

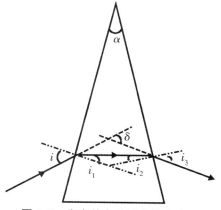

图 3.7　光在单个棱镜中的光路

i_1、i_2 和 i_3，光束的最终偏转角为 δ。在棱镜入射表面（第一界面）应用折射定律可得

$$\sin i_1 = \frac{\sin i}{n}. \tag{3.16}$$

由几何关系容易得出

$$i_2 = \alpha - i_1. \tag{3.17}$$

在棱镜出射表面（第二界面）应用折射定律可得

$$\sin i_3 = n \sin i_2. \tag{3.18}$$

由几何关系可得

$$\delta = i + i_3 - \alpha. \tag{3.19}$$

由式（3.16）至（3.19）可知，偏转角 δ 与入射角 i、顶角 α、折射率 n 有关。

对于光楔，顶角 α 较小（3°或更小），适用薄棱镜近似。近轴条件下，光束以小入射角入射，$\sin i \approx i$，$\sin i_1 \approx i_1$，$\sin i_2 \approx i_2$，$\sin i_3 \approx i_3$，则由式（3.16）至（3.19）可推得偏转角 δ 近似为

$$\delta = \alpha\,(n-1). \tag{3.20}$$

可知，近轴近似下，光楔对光束的偏转角 δ 只决定于光楔的顶角及折射系数，而与入射角 i 无关。图3.8（a）展示了偏转角 δ 随顶角 α 和入射角 i 的变化关系（针对 $K9$ 玻璃，折射率约为1.5）。图3.8（b）和（c）分别展示了近轴近似下的偏转角 δ 以及其与准确值的差异。由图可知，楔角 α 越小，入射角越小，两者之差越小。顶角、入射角均在20°以下时，由式（3.20）计算得出的偏转角与实际偏转角相差不到0.1°。因此，单个光楔在近轴条件下的光束偏转可近似用式（3.20）计算。

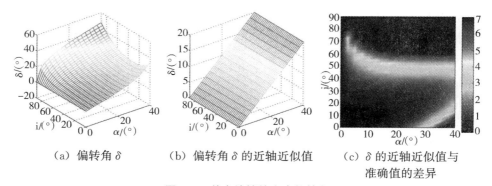

（a）偏转角 δ （b）偏转角 δ 的近轴近似值   （c）δ 的近轴近似值与准确值的差异

图 3.8　单个棱镜的光束偏转角

值得注意的是，以上分析仅针对棱镜主截面内入射光线，采用标量形式的斯涅尔定律分析光线折射。更一般的情况则需要基于矢量形式的斯涅尔定律来追迹光线才可得出偏转角的准确值，这将在以后章节针对旋转双棱镜系统分析，在此不赘述。

当光束沿光轴正入射旋转单棱镜时，光束偏转方位将随棱镜旋转，将在三维空间扫描出一个圆锥面，锥面半顶角为 δ，如图 3.9（a）。在极坐标中该扫描路径为一个以极点 O 为圆心，以偏转角 δ 为极径的圆。若光线偏离光轴斜入射旋转单棱镜，光束扫描出的是一个与圆锥面近似的面（非准确圆锥面），如图 3.9（b）。在小角度（近轴）入射光楔的情况下，该面接近圆锥面，其中心轴指向与入射光指向大致相同，锥面半顶角接近 δ。在极坐标中该扫描路径仍为极径为 δ 的一个圆，但其圆心相对光轴 O 有一偏移，偏移的大小和方位决定于入射光的方向。

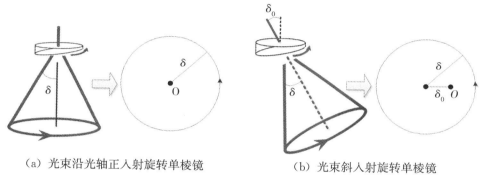

（a）光束沿光轴正入射旋转单棱镜　　　　　（b）光束斜入射旋转单棱镜

图 3.9　光束入射旋转单棱镜

3.3　近轴近似理论模型分析旋转双棱镜光束偏转

在旋转双棱镜光束偏转中，光束经棱镜 Π_1 偏转后射入棱镜 Π_2 发生第二次偏转。若两棱镜顶角较小，对光束的偏转角较小，则属于薄棱镜（光楔）系统，可用近轴近似理论模型来分析光束的光路偏转，得到的最终出射光束指向与实际指向符合较好。

3.3.1　基于近轴近似理论模型及分析方法解决正向解问题

通过单个棱镜的光束偏转分析可知，对于棱镜主截面内的入射光线，若棱镜顶角、光束入射角都较小，则用式（3.20）计算的偏转角与实际值相差较小。即近轴条件下，单个光楔对光束的偏转角大小只与光楔楔角、折射系数有关，与入射光束方向无关，而偏转方向为偏向光楔厚端。实验测试表明[63]，光束以较小入射角入射光楔，不管光束是否在光楔主截面内，这样的近轴近似结果误差不大。

对于双棱镜系统，若两棱镜顶角小（光楔），则两棱镜对光束的偏转均可采用近轴近似模型分析，如图 3.10。光束沿着系统光轴（Z 轴）射入，棱镜 Π_1 旋转一定角度 ϕ_1，从棱镜 Π_1 射出后射入棱镜 Π_2 的光束 1 在圆锥面 1 上，其半顶角为

$$\delta_1 = \alpha_1(n_1 - 1). \tag{3.21}$$

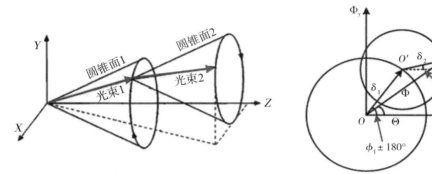

（a）近轴近似下光束偏转示意图　　　（b）偏转矢量叠加分析法

图 3.10　近轴近似理论模型分析旋转双棱镜光束偏转

为在二维面上形象描述，可以系统光轴（Z 轴）指向为极点 O，X 轴指向为极轴建立极坐标，则圆锥面 1 可表示为一个以 O 为圆心半径为 δ_1 的圆，光束 1 的方向用该圆上的点 O' 表示，如图 3.10（b）。由于光束向光楔厚端偏转，O' 在极坐标中的极角 $\Theta_1 = \phi_1 \pm 180°$。光束 1 斜射入棱镜 Π_2 后，由于其对光束的偏转角大小与入射方向无关，而偏转方向随棱镜 Π_2 旋转而旋转，故出射光束 2 在以光束 1 为对称轴线的圆锥面 2 上，其半顶角为

$$\delta_2 = \alpha_2(n_2 - 1). \tag{3.22}$$

以 O' 点为极点建立新的极坐标，圆锥面 2 可表示为一个以 O' 点为圆心，以 δ_2 为半径的圆。若棱镜 Π_2 的旋转角位置为 ϕ_2，则最终出射光束 2 方向表示为该圆上的点 O''，其在以 O' 点为极点的极坐标中的极角 $\Theta_2 = \phi_2 \pm 180°$。显然，在最初以 O 点为极点的极坐标中，系统出射光束 2 的偏转角 Φ 的大小等于线段 OO'' 的长度，其极角 Θ 即为 O'' 的极角。

基于以上近轴近似理论模型可得出偏转矢量叠加方法，用来解决正向解问题。对于两确定的棱镜，若已知它们的旋转角位置 ϕ_1、ϕ_2，则可在极坐标中画出矢量 $\overrightarrow{OO'}$、$\overrightarrow{O'O''}$。将该两矢量叠加，其合矢量 $\overrightarrow{OO''}$ 即可描述出射光束的方向。

由图 3.10（b）展示的矢量几何位置关系容易推得系统出射光束 2 的水平

偏转角Φ_x和竖直偏转角Φ_y分别为

$$\Phi_x = -\delta_1 \cos \phi_1 - \delta_2 \cos \phi_2, \tag{3.23}$$

$$\Phi_y = -\delta_1 \sin \phi_1 - \delta_2 \sin \phi_2. \tag{3.24}$$

将式（3.23）、（3.24）代入式（3.9），则其偏转角Φ为

$$\Phi = \sqrt{\Phi_x^2 + \Phi_y^2} = \sqrt{\delta_1^2 + \delta_2^2 + 2\delta_1\delta_2 \cos (\phi_1 - \phi_2)}. \tag{3.25}$$

将式（3.23）、（3.24）代入式（3.10），则其极角Θ可通过下式计算：

$$\tan \Theta = \frac{\delta_1 \sin \phi_1 + \delta_2 \sin \phi_2}{\delta_1 \cos \phi_1 + \delta_2 \cos \phi_2}. \tag{3.26}$$

$$\Theta = \begin{cases} \arctan\left(\dfrac{\delta_1 \sin \phi_1 + \delta_2 \sin \phi_2}{\delta_1 \cos \phi_1 + \delta_2 \cos \phi_2}\right), & \left(\begin{matrix}\delta_1 \cos \phi_1 + \delta_2 \cos \phi_2 < 0, \\ \delta_1 \sin \phi_1 + \delta_2 \sin \phi_2 \leqslant 0\end{matrix}\right), \\[3mm] \arctan\left(\dfrac{\delta_1 \sin \phi_1 + \delta_2 \sin \phi_2}{\delta_1 \cos \phi_1 + \delta_2 \cos \phi_2}\right), & \left(\begin{matrix}\delta_1 \cos \phi_1 + \delta_2 \cos \phi_2 = 0, \\ \delta_1 \sin \phi_1 + \delta_2 \sin \phi_2 < 0\end{matrix}\right), \\[3mm] \arctan\left(\dfrac{\delta_1 \sin \phi_1 + \delta_2 \sin \phi_2}{\delta_1 \cos \phi_1 + \delta_2 \cos \phi_2}\right) + 360°, & \left(\begin{matrix}\delta_1 \cos \phi_1 + \delta_2 \cos \phi \leqslant 0, \\ \delta_1 \sin \phi_1 + \delta_2 \sin \phi_2 > 0\end{matrix}\right), \\[3mm] NaN, & (\delta_1 \cos \phi_1 + \delta_2 \cos \phi = 0,\ \delta_1 \sin \phi_1 + \delta_2 \sin \phi_2 = 0), \\[3mm] \arctan\left(\dfrac{\delta_1 \sin \phi_1 + \delta_2 \sin \phi_2}{\delta_1 \cos \phi_1 + \delta_2 \cos \phi_2}\right) + 180°, & (\delta_1 \cos \phi_1 + \delta_2 \cos \phi_2 > 0). \end{cases} \tag{3.27}$$

分析式（3.25）所示的光束偏转角解析表达式可得如下结论：

（1）对于两确定的棱镜，δ_1与δ_2恒定，则光束的偏转角仅决定于两棱镜旋转角位置之差$\Delta\phi = \phi_1 - \phi_2$，即两棱镜的相对旋转方位决定光束偏转角的大小。

（2）当$\Delta\phi = 0°$，即$\phi_1 = \phi_2 = \phi$，两棱镜旋转角位置相同，最薄端（或最厚端）对齐时，系统对光束的偏转角Φ最大，其值为

$$\Phi_{\max} = \delta_1 + \delta_2. \tag{3.28}$$

由式（3.27）可得此时出射光束的极角为

$$\Theta_{\max} = \begin{cases} \phi + 180°, & (\phi < 180°), \\ \phi - 180°, & (\phi \geqslant 180°). \end{cases} \tag{3.29}$$

图 3.11（a）展示了最大偏转角情况下的偏转矢量叠加图。当$\phi_1 = \phi_2 = \phi$时，矢量$\overrightarrow{OO'}$、$\overrightarrow{O'O''}$的极角均为$\phi + 180°$，故其合矢量$\overrightarrow{OO''}$大小为两分矢量大小之和，其极角为$\phi + 180°$。显然，系统出射光束的指向空间范围局限于以O为原点，以$\Phi_{\max}$为半径的极坐标区域，即以系统光轴为中心轴，半顶角为$\Phi_{\max}$的圆锥形空间区域。

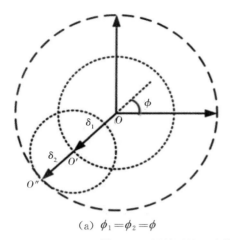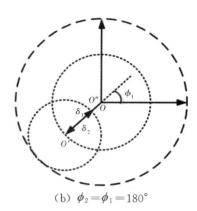

（a）$\phi_1=\phi_2=\phi$　　　　　　　　　（b）$\phi_2=\phi_1=180°$

图 3.11　近轴近似理论模型分析最大和最小偏转角的情况

（3）当 $\Delta\phi=\pm180°$，即 $\phi_2=\phi_1\pm180°$ 时，两棱镜旋转角位置相差 $180°$，彼此的薄端与厚端对齐，由式（3.25）可得系统对光束的偏转角 Φ 最小，其值为

$$\Phi_{\min}=|\delta_1-\delta_2|. \tag{3.30}$$

分析式（3.27）可知，此时出射光束的极角与偏转角小的棱镜旋转角相等。图 3.11（b）展示了最小偏转角情况下的偏转矢量叠加图。图中 $\delta_1>\delta_2$，矢量 $\overrightarrow{OO'}$ 的极角为 $\phi_1+180°=\phi_2$，矢量 $\overrightarrow{O'O''}$ 的极角为 $\phi_2+180°=\phi_1+360°$，与 ϕ_1 等效。则其合矢量 $\overrightarrow{OO''}$ 大小为两分矢量大小之差，其极角为 ϕ_2。

然后，由式（3.26）来分析光束极角 Θ 随两棱镜旋转角位置的变化。若保持两棱镜的相对旋转方位不变，即旋转角位置之差 $\Delta\phi$ 恒定，让两棱镜沿相同旋向旋转相同角度 ϕ_0，则出射光束偏转角不变。两棱镜的旋转角位置分别变为 $\phi_1+\phi_0$、$\phi_2+\phi_0$，则由式（3.26）可知出射光束极角 Θ_{new} 满足等式：

$$\tan\Theta_{new}=\frac{\delta_1\sin(\phi_1+\phi_0)+\delta_2\sin(\phi_2+\phi_0)}{\delta_1\cos(\phi_1+\phi_0)+\delta_2\cos(\phi_2+\phi_0)}. \tag{3.31}$$

利用三角函数和角公式将上式右边展开并整理可得

$$\tan\Theta_{new}=\frac{\cos\phi_0(\delta_1\sin\phi_1+\delta_2\sin\phi_2)+\sin\phi_0(\delta_1\cos\phi_1+\delta_2\cos\phi_2)}{\cos\phi_0(\delta_1\cos\phi_1+\delta_2\cos\phi_2)-\sin\phi_0(\delta_1\sin\phi_1+\delta_2\sin\phi_2)}.$$

$$\tag{3.32}$$

联立式（3.26）可得

$$\tan\Theta_{new}=\frac{\tan\Theta+\tan\phi_0}{1-\tan\Theta\tan\phi_0}=\tan(\Theta+\phi_0)\rightarrow\Theta_{new}=\Theta+\phi_0. \tag{3.33}$$

式（3.33）表明，若两棱镜保持相对旋转方位不变而旋转相同角度ϕ_0，则系统出射光束在保持偏转角不变的情况下，极角也同样地旋转ϕ_0。这一规律也可通过分析矢量叠加图的变化而得出，如图 3.12。

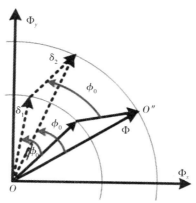

图 3.12　两棱镜保持相对旋转方位不变而旋转相同角度时的矢量叠加变化

若要使光束无偏转出射，要求最小偏转角$\Phi_{\min}$为 0°。由式（3.30）可知，此时要求两棱镜的偏转角严格相等，即$\delta_1=\delta_2$。一旦两者存在差异，将在系统光轴附近的小半顶角圆锥形空间区域产生指向盲区，该盲区在极坐标中表示为一个以极点 O 为圆心的小圆形区域。盲区半径（圆锥面半顶角）为$|\delta_1-\delta_2|$。显然，两棱镜偏转角相差越小，指向盲区范围越小。

通常应用要求系统光轴附近无指向盲区，故系统设计时要求$\delta_1=\delta_2=\delta$，这只需将两棱镜的顶角设计成相等并采用同种材料即可。此时由式（3.25）可得

$$\Phi=2\delta \cdot \left| \cos\left(\frac{\phi_1-\phi_2}{2}\right) \right|. \tag{3.34}$$

显然其最大值为2δ，其最小值为 0°。由式（3.27）可得此时出射光束的极角为

$$\Theta=\begin{cases} (\phi_1+\phi_2)/2+180°, & (\phi_1+\phi_2<360°), \\ (\phi_1+\phi_2)/2-180°, & (\phi_1+\phi_2\geqslant360°). \end{cases} \tag{3.35}$$

3.3.2　基于近轴近似理论模型及分析方法解决逆向解问题

逆向解问题的求解是指给定光束目标指向方位，要求反过来推导两棱镜的旋转角度。在极坐标系中，该问题具体为：给定系统出射光束的偏转角Φ和极角Θ，解算两棱镜的旋转角位置ϕ_1和ϕ_2。基于近轴近似理论模型，利用偏转矢量叠加方法可以求解这个问题。

以系统光轴（Z 轴）、卡迪尔直角坐标 X 轴为基准确定极点 O 建立极坐标系，由给定的偏转角 Φ 和极角 Θ 确定坐标点 O''，得出矢量线段 $\overrightarrow{OO''}$，其长度为 Φ，如图 3.13。需要在该极坐标系中构造矢量线段 $\overrightarrow{OO'}$ 和 $\overrightarrow{O'O''}$，其长度分别为两棱镜的偏转角 δ_1 和 δ_2。对于确定的旋转双棱镜系统，δ_1 和 δ_2 是固定的，即矢量线段 $\overrightarrow{OO'}$ 和 $\overrightarrow{O'O''}$ 的长度固定。只要以矢量线段 $\overrightarrow{OO''}$、$\overrightarrow{OO'}$、$\overrightarrow{O'O''}$ 为三边首尾相连构造封闭三角形即可解算两棱镜的旋转角位置，存在两套解、一套解、无解三种情况。

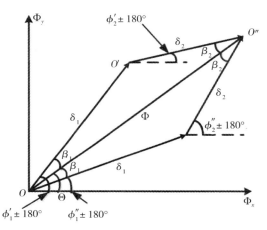

图 3.13　偏转矢量叠加法求逆向问题的近似解析解

一、两套解的情况

若目标指向偏转角 Φ 满足条件 $|\delta_1-\delta_2| < \Phi < \delta_1+\delta_2$，则以 $\overrightarrow{OO''}$、$\overrightarrow{OO'}$、$\overrightarrow{O'O''}$ 为三边可构造两个全等三角形，如图 3.13。因此在该情况下，针对一个目标指向存在两套逆向解，分别表示为 ϕ_1'、ϕ_2' 及 ϕ_1''、ϕ_2''。由几何关系易求得三角形两内角 β_1、β_2 分别为

$$\beta_1 = \arccos\left(\frac{\delta_1^2+\Phi^2-\delta_2^2}{2\delta_1\Phi}\right), \tag{3.36}$$

$$\beta_2 = \arccos\left(\frac{\delta_2^2+\Phi^2-\delta_1^2}{2\delta_2\Phi}\right). \tag{3.37}$$

由图 3.13 所示的角度关系可知第一套近似解 ϕ_1'、ϕ_2' 可表示为

$$\phi_1' = \begin{cases} \Theta+\beta_1-180°, & (\Theta+\beta_1 > 180°), \\ \Theta+\beta_1+180°, & (\Theta+\beta_1 < 180°). \end{cases} \tag{3.38}$$

$$\phi_2' = \begin{cases} \Theta-\beta_2-180°, & (\Theta-\beta_2 > 180°), \\ \Theta-\beta_2+180°, & (\Theta-\beta_2 < 180°). \end{cases} \tag{3.39}$$

第二套近似解ϕ_1''、ϕ_2'' 为

$$\phi_1'' = \begin{cases} \Theta - \beta_1 - 180°, & (\Theta - \beta_1 > 180°), \\ \Theta - \beta_1 + 180°, & (\Theta - \beta_1 < 180°). \end{cases} \tag{3.40}$$

$$\phi_2'' = \begin{cases} \Theta + \beta_2 - 180°, & (\Theta + \beta_2 > 180°), \\ \Theta + \beta_2 + 180°, & (\Theta + \beta_2 < 180°). \end{cases} \tag{3.41}$$

二、一套解的情况

若目标指向偏转角为系统能达到的最大偏转角（如图 3.14 中的目标指向1），即$\Phi = \delta_1 + \delta_2$，由式（3.36）、（3.37）可知 $\beta_1 = \beta_2 = 0$，代入式（3.38）至（3.41）可得

$$\phi_1' = \phi_1'' = \phi_2' = \phi_2'' = \begin{cases} \Theta - 180°, & (\Theta > 180°), \\ \Theta + 180°, & (\Theta < 180°). \end{cases} \tag{3.42}$$

说明该情况下只有一套逆向解，两棱镜旋转角位置相同，均为$\Theta \pm 180°$，即两棱镜需薄端对齐，旋转到目标指向极角的相反方位（相差 180° 的方向）。矢量线段$\overrightarrow{OO''}$、$\overrightarrow{OO'}$、$\overrightarrow{O'O''}$不再构成封闭三角形，而是成一直线首尾相连。

同样，若目标指向偏转角为系统能达到的最小偏转角（如图 3.14 中的目标指向 2），即$\Phi = |\delta_1 - \delta_2|$，由式（3.36）、（3.37）可知 $\beta_1 = 0°$，$\beta_2 = 180°$，代入式（3.38）至（3.41）可得

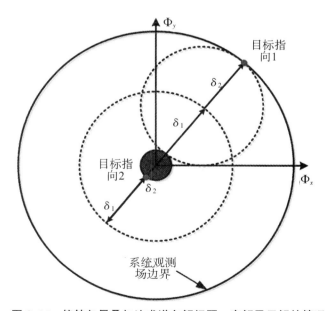

图 3.14　偏转矢量叠加法求逆向解问题一套解及无解的情况

$$\phi_1' = \phi_1'' = \begin{cases} \Theta - 180°, & (\Theta > 180°), \\ \Theta + 180°, & (\Theta < 180°). \end{cases} \tag{3.43}$$

$$\phi_2' = \phi_2'' = \Theta. \tag{3.44}$$

说明该情况下也只有一套逆向解，两棱镜旋转角位置相反（相差180°），即两棱镜需相互薄端和厚端对齐。矢量线段 $\overrightarrow{OO''}$、$\overrightarrow{OO'}$、$\overrightarrow{O'O''}$ 成一直线首尾相连，不构成封闭三角形。

三、无解的情况

若目标指向的偏转角 $\Phi > \delta_1 + \delta_2$，则矢量线段 $\overrightarrow{OO''}$ 长度大于矢量线段 $\overrightarrow{OO'}$ 和 $\overrightarrow{O'O''}$ 的长度之和，不能构造封闭三角形，逆向解问题无解。这是因为根据式（3.28），系统能达到的最大偏转角为 $\delta_1 + \delta_2$，目标指向偏转角超出了系统能达到的最大偏转角，即超出了图 3.14 中展示的系统观测场边界。显然，在极坐标系中系统观测场为以极点为圆心的圆形区域，其半径为 $\delta_1 + \delta_2$，对应三维空间以系统光轴为中心对称轴、半顶角为 $\delta_1 + \delta_2$ 的圆锥形空间，如图 2.2 (a) 中外层圆锥面。

另一方面，若目标指向偏转角 $\Phi < |\delta_1 - \delta_2|$，则 $\overrightarrow{OO''}$ 长度小于 $\overrightarrow{OO'}$ 和 $\overrightarrow{O'O''}$ 的长度之差，也不能构造封闭三角形，不存在逆向解。这是因为由式（3.30），系统能达到的最小偏转角为 $|\delta_1 - \delta_2|$，目标指向偏转角小于该值，跌入系统光轴附近的指向盲区（如图 3.14 中的中间圆形阴影区域）。显然，在极坐标系中系统中间盲区也为以极点为圆心的圆形区域，其半径为 $|\delta_1 - \delta_2|$，对应三维空间以系统光轴为中心对称轴、半顶角为 $|\delta_1 - \delta_2|$ 的圆锥形空间，如图 2.2 (a) 中的中央圆锥面。

四、两棱镜偏转角相等时的情况

对于通常的无盲区光束指向应用，两棱镜材料相同且顶角相等，则其偏转角相等，即 $\delta_1 = \delta_2 = \delta$。由式（3.36）、（3.37）可得

$$\beta_1 = \beta_2 = \beta = \arccos\left(\frac{\Phi}{2\delta}\right). \tag{3.45}$$

由式（3.38）、（3.39）可知其第一套近似解 ϕ_1'、ϕ_2' 为

$$\phi_1' = \begin{cases} \Theta + \beta - 180°, & (\Theta + \beta > 180°), \\ \Theta + \beta + 180°, & (\Theta + \beta < 180°). \end{cases} \tag{3.46}$$

$$\phi_2' = \begin{cases} \Theta - \beta - 180°, & (\Theta - \beta > 180°), \\ \Theta - \beta + 180°, & (\Theta - \beta < 180°). \end{cases} \tag{3.47}$$

由式（3.40）、（3.41）可知其第二套近似解 ϕ_1''、ϕ_2'' 为

$$\phi_1'' = \begin{cases} \Theta - \beta - 180°, & (\Theta - \beta > 180°), \\ \Theta - \beta + 180°, & (\Theta - \beta < 180°). \end{cases} \tag{3.48}$$

$$\phi_2'' = \begin{cases} \Theta + \beta - 180°, & (\Theta + \beta > 180°), \\ \Theta + \beta + 180°, & (\Theta + \beta < 180°). \end{cases} \quad (3.49)$$

比较这两套解可知，$\phi_1' = \phi_2''$，而 $\phi_2' = \phi_1''$。说明两套解就是两个棱镜的旋转角位置互换。

显然，极坐标系中系统观测场半径为 $\delta_1 + \delta_2 = 2\delta$，中间盲区半径为 $|\delta_1 - \delta_2| = 0$，即无盲区。值得分析的是极点 O，即与系统光轴平行的方向，对应光束无偏转的情况。该点对应的偏转角 $\Phi = 0°$ 但极角 Θ 无意义，或者说极角 Θ 有无数个值。由式（3.45）可知 $\beta = 90°$，代入式（3.46）至（3.49）可得无数套解。进一步分析可知，所有解中两棱镜的旋转角位置彼此相差 $180°$。即只需让两棱镜厚端与薄端对齐，任意旋转角位置均可使光束无偏转，如图 3.15。

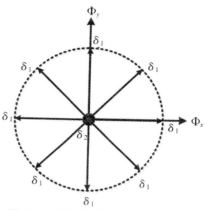

图 3.15　针对极点 O 用偏转矢量叠加法求逆向解问题

基于近轴近似理论模型，应用偏转矢量叠加法分析旋转双棱镜对光束的偏转，其前提是忽略入射角对光束偏转的影响，认定棱镜只将光束往厚端偏转。这种模型和分析方法导出的结果，在棱镜顶角较小，偏转角不大的情况下比较准确。其优势除了分析简单，对正向解问题和反向解问题能方便得出解析解外，还体现在能数形结合，基于矢量叠加图形能直观地分析系统的光束偏转特性，有利于挖掘解析解的内在物理含义。

3.4　非近轴光线追迹理论模型分析旋转双棱镜光束偏转

近轴近似理论模型并未详细分析光束在旋转双棱镜系统，尤其在两棱镜四个界面上的折射情况，无论对正向解还是逆向解问题都只能得到近似解。这些近似解只有在棱镜顶角较小，偏转角不大的近轴条件下才有相对较佳的准确性。若要获得准确解，则需依据光在系统中的传播光路，按光路顺序依次分析各界面的光束折射，得出各面折射光的指向，最终导出系统出射光的指向方位。对于近场应用，还需推导出出射点在各面上的横向位置，最终得出观察屏上的光斑位置。这里仅分析出射光的指向，可满足旋转双棱镜的远场应用需求。

在第 3.2 节分析单个棱镜对光束的偏转时，采用了标量形式的斯涅尔定律对棱镜主截面内入射光线分析了界面折射。但在旋转双棱镜的偏转光路中，两棱镜是旋转的，其主截面取向随棱镜旋转，通常入射光束并不在棱镜的主截面内。用标量形式的斯涅尔定律分析各界面的折射变得异常复杂，很难由此追迹光线得到系统最终出射光束的指向。

采用方向余弦来描述光束方向，基于矢量形式的斯涅尔定律处理界面折射问题，建立非近轴光线追迹理论模型，为正向解和逆向解问题的精确求解提供了有效方法。基于系统入射光束方向余弦，按照界面顺序在各界面上解算矢量形式斯涅尔定律的相关公式，得到折射光束的方向余弦。由于光束在非界面介质中沿直线传播，故上一界面折射光束方向与下一界面入射光束方向相同。沿着光路依次实行界面运算，最终可导出系统出射光束（即系统最后一个界面的折射光束）的方向余弦。该方向余弦容易转化成极坐标表示，得到出射光束的偏转角和极角。

3.4.1 矢量形式的斯涅尔定律

如图 3.16，当光线以入射角 i 从折射系数为 n 的介质射向折射系数为 n' 的介质界面时，其折射角 i' 可按标量形式的斯涅尔定律计算，表示为：

$$n \sin i = n' \sin i'. \tag{3.50}$$

该公式不便于由入射光线矢量求折射光线矢量，从而不利于多个介质界面的光线追迹。由此应引入矢量形式的斯涅尔定律来计算。

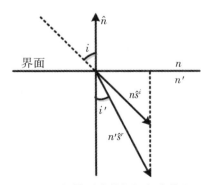

图 3.16　矢量形式的斯涅尔定律图示

将入射光束和折射光束的光线矢量表示为方向余弦：

$$\hat{s}^i = (K^i, \ L^i, \ M^i), \tag{3.51}$$

$$\hat{s}^r = (K^r,\ L^r,\ M^r). \tag{3.52}$$

则矢量形式的斯涅尔定律可表示为如下矢量公式[63]:

$$-\hat{n} \times (n'\hat{s}^r - n\hat{s}^i) = 0 \rightarrow n'\hat{n} \times \hat{s}^r = n\hat{n} \times \hat{s}^i, \tag{3.53}$$

其中 $\hat{n}$ 为界面的单位法线,方向由第二介质指向第一介质。该式表明矢量 $n'\hat{s}^r$ 和 $n\hat{s}^i$ 的界面切向分量相等。用矢量 $\hat{n}$ 叉乘式(3.53)两边,然后运用三矢量叉乘公式

$$\hat{A} \times (\hat{B} \times \hat{C}) = (A \cdot C)B - (A \cdot B)C, \tag{3.54}$$

可得折射光束的光线矢量为

$$\hat{s}^r = (\hat{n} \cdot \hat{s}^r)\hat{n} - \frac{n}{n'}\left[(\hat{n} \cdot \hat{s}^i)\hat{n} - \hat{s}^i\right]. \tag{3.55}$$

结合图 3.16 可知

$$\hat{n} \cdot \hat{s}^r = -\cos i',\ \hat{n} \cdot \hat{s}^i = -\cos i. \tag{3.56}$$

联立式(3.55)、(3.56)和(3.50),经过系列三角函数运算可得

$$\hat{s}^r = \frac{n}{n'}\left[\hat{s}^i - (\hat{s}^i \cdot \hat{n})\hat{n}\right] - \hat{n}\sqrt{1 - \frac{n^2}{n'^2} + \frac{n^2}{n'^2}(\hat{n} \cdot \hat{s}^i)^2}. \tag{3.57}$$

在已知介质界面的单位法线矢量 $\hat{n}$、两介质的折射系数 n 和 n' 的条件下,可利用式(3.57)由入射光束光线矢量 $\hat{s}^i$ 求出折射光束的光线矢量 $\hat{s}^r$。

3.4.2　基于非近轴光线追迹理论模型及分析方法解决正向解问题

基于图 3.4 展示的旋转双棱镜光束偏转系统坐标描述及参数标识,针对图 3.5 所列的 4 种系统典型结构来探讨非近轴光线追迹理论模型。入射光束沿系统光轴,即逆 z 轴方向入射,其光线矢量 $\hat{s}^I$ 用方向余弦表示为单位矢量:

$$\hat{s}^I = \hat{s}_1^i = (0,\ 0,\ -1). \tag{3.58}$$

各界面的单位法线方向均由第二介质指向第一介质。两棱镜 4 个界面的法线矢量决定于系统结构以及个棱镜的旋转角位置。在图 3.17 中将界面法线矢量总结为 3 类。21-12 型结构的 Ⅰ 面、21-21 型结构的 Ⅰ、Ⅲ 面、12-21 型结构的 Ⅲ 面均属于 A 类,其法线矢量用方向余弦表示为

$$\hat{n} = (\sin\alpha\cos\phi,\ \sin\alpha\sin\phi,\ \cos\alpha). \tag{3.59}$$

其中 α 为棱镜顶角,ϕ 为棱镜旋转角位置。21-12 型结构的 Ⅱ、Ⅲ 面、12-12 型结构的 Ⅰ、Ⅲ 面、21-21 型结构的 Ⅱ、Ⅳ 面、12-21 型结构的 Ⅰ、Ⅳ 面均属于 B 类,其法线矢量表示为

$$\hat{n} = (0,\ 0,\ 1). \tag{3.60}$$

21-12 型结构的 Ⅳ 面、12-12 型结构的 Ⅱ、Ⅳ 面、12-21 型结构的 Ⅱ 面均属

于 C 类，其法线矢量表示为

$$\hat{n}=(-\sin\alpha\cos\phi,\ -\sin\alpha\sin\phi,\ \cos\alpha).\tag{3.61}$$

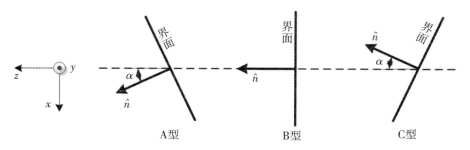

图 3.17　三种界面的单位法线图示

在 4 种系统结构的 Ⅰ、Ⅲ 界面上，光束由空气进入棱镜材料，由式（3.57）可知其矢量形式的斯涅尔定律用公式表达为

$$\hat{s}^r=\frac{1}{n}\left[\hat{s}^i-(\hat{s}^i\cdot\hat{n})\hat{n}\right]-\hat{n}\sqrt{1-\frac{1}{n^2}+\frac{1}{n^2}(\hat{s}^i\cdot\hat{n})^2}.\tag{3.62}$$

其中 n 为棱镜材料折射系数，$\hat{n}$ 为各自的界面法线矢量。Ⅰ界面上的入射光线矢量 $\hat{s}^i$ 即式（3.58）确定的系统入射光线矢量，只分析沿系统光轴入射的入射光束。Ⅲ界面上的入射光线矢量 $\hat{s}^i$ 就是Ⅱ界面上的折射光线矢量，即 $\hat{s}_3^i=\hat{s}_2^r$，这里用下标来区分不同界面上的光线矢量。

在 4 种系统结构的 Ⅱ、Ⅳ 界面上，光束由棱镜材料进入空气，由式（3.57）可知其矢量形式的斯涅尔定律用公式表达为

$$\hat{s}^r=n\left[\hat{s}^i-(\hat{s}^r\cdot\hat{n})\hat{n}\right]-\hat{n}\sqrt{1-n^2+n^2(\hat{s}^i\cdot\hat{n})^2}.\tag{3.63}$$

其中Ⅱ、Ⅳ界面上的入射光线矢量 $\hat{s}^i$ 就是Ⅰ、Ⅲ界面上的折射光线矢量，即 $\hat{s}_2^i=\hat{s}_1^r$，$\hat{s}_4^i=\hat{s}_3^r$。

基于该非近轴光线追迹理论模型针对任一种系统结构求解正向解时，可由式（3.58）开始，由系统结构确定四个界面的法线矢量，然后依照具体情况应用式（3.62）和（3.63），按次序逐面进行光线追迹，最终可得系统出射光束的光线矢量：

$$\hat{s}^o=\hat{s}_4^r=(K_4^r,\ L_4^r,\ M_4^r).\tag{3.64}$$

基于 $\hat{s}^o$ 的三个方向余弦分量，可由式（3.7）求出出射光束在极坐标中的坐标值，即出射光束的偏转角 Φ 和极角 Θ。但需要注意的是，由于系统入射光束是沿 z 轴负向，出射光束偏转角应为

$$\Phi=\arccos(-M).\tag{3.65}$$

以上对正向问题的求解可得出出射光束的最终指向，可用于远场应用。这

里未考虑旋转双棱镜系统轴向和横向的结构参数，未给出光束在各界面投射点的横向离轴偏移。因此，在近场应用中，不能给出近场观察屏上出射光束投射光斑的准确位置。

作为典型例子，这里针对 21-12 型系统结构具体分析正向解的求解过程。在 21-12 型结构中，两棱镜的直角面紧密相邻，系统紧凑且便于两棱镜的安装调试，在实际系统设计中是最常考虑的一种结构。

先在第 I 界面应用矢量形式的斯涅尔定律相关公式。将式（3.58）、（3.59）代入（3.62）得到折射光线矢量 $\hat{s}_1^r$，也为第 II 界面上的入射光线矢量 $\hat{s}_2^i$。由于第 II、III 界面相互平行，平行空气层不改变光束方向，故第 III 界面上的折射光线矢量，即第 IV 界面上的入射光线矢量，与第 II 界面上的入射光线矢量相等，即 $\hat{s}_4^i = \hat{s}_3^r = \hat{s}_2^i$。这种结构特点省略了第 II、III 界面上的光线追迹过程，简化了整个光路分析过程。将推算的 $\hat{s}_4^i$ 及式（3.61）代入（3.63）式即可得系统出射光束的光线矢量 $\hat{s}^o$。其三个方向余弦分量为

$$\begin{cases} K = a_1 \cos \phi_1 + a_3 \sin \alpha_2 \cos \phi_2, \\ L = a_1 \sin \phi_1 + a_3 \sin \alpha_2 \sin \phi_2, \\ M = a_2 - a_3 \cos \alpha_2. \end{cases} \tag{3.66}$$

其中参数 a_1、a_2、a_3 分别为

$$\begin{cases} a_1 = \dfrac{n_2}{n_1} \sin \alpha_1 \left(\cos \alpha_1 - \sqrt{n_1^2 - \sin^2 \alpha_1} \right), \\ a_2 = -\dfrac{n_2}{n_1} \left(\sqrt{n_1^2 - \sin^2 \alpha_1} \cos \alpha_1 + \sin^2 \alpha_1 \right), \\ a_3 = -(a_1 \sin \alpha_2 \cos \Delta\phi - a_2 \cos \alpha_2) \\ \qquad + \sqrt{1 - n_2^2 + (a_1 \sin \alpha_2 \cos \Delta\phi - a_2 \cos \alpha_2)^2}, \\ \Delta\phi = \phi_2 - \phi_1. \end{cases} \tag{3.67}$$

则出射光束的偏转角 Φ 可由式（3.65）计算，而其极角 Θ 通过式（3.7）可求。

对于给定的旋转双棱镜系统，两棱镜的折射系数 n_1、n_2 及顶角 α_1、α_2 均是一定的。联立式（3.65）、（3.66）、（3.67）分析可知，光束偏转角 Φ 只决定于两棱镜旋转角位置之差 $\Delta\phi = \phi_2 - \phi_1$。两棱镜的相对旋转方位决定光束偏转角的大小，这一结果与近轴近似理论模型的分析结果一致。图 3.18 展示了锗棱镜系统和玻璃棱镜系统偏转角随棱镜相对旋转方位之间的关系。两系统均为 21-12 型结构，两棱镜材料相同，顶角相等。锗棱镜系统折射系数为 4.0，顶角为 7°，而玻璃棱镜系统折射系数为 1.5，顶角为 10°。图中实线表示非近轴光线追迹得到的结果，而虚线表示近轴近似理论模型的分析结果。结果表明，

光束偏转角随两棱镜的旋转角之差（转角差）$\triangle\phi$增大而减小。当$\triangle\phi=0°$（两棱镜薄端或厚端对齐）时偏转角最大，而当$\triangle\phi=180°$（两棱镜相互薄端与厚端对齐）时光束偏转最小。

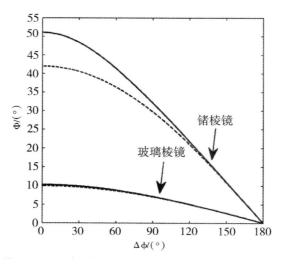

图 3.18   系统偏转角随两棱镜相对旋转方位间的关系

然后，保持两棱镜的转角差$\triangle\phi$不变，让两棱镜旋转相同角度ϕ_0，角位置分别变为$\phi_1+\phi_0$、$\phi_2+\phi_0$，分析出射光束极角Θ的变化。由式（3.4）、（3.66）可知此时出射光束极角Θ_{new}满足等式：

$$\tan\Theta_{new}=\frac{a_1\sin(\phi_1+\phi_0)+a_3\sin\alpha_2\sin(\phi_2+\phi_0)}{a_1\cos(\phi_1+\phi_0)+a_3\sin\alpha_2\cos(\phi_2+\phi_0)}. \tag{3.68}$$

利用三角函数和角公式将上式右边展开并整理可得

$$\tan\Theta_{new}=\frac{\cos\phi_0(a_1\sin\phi_1+a_3\sin\alpha_2\sin\phi_2)+\sin\phi_0(a_1\cos\phi_1+a_3\sin\alpha_2\cos\phi_2)}{\cos\phi_0(a_1\cos\phi_1+a_3\sin\alpha_2\cos\phi_2)-\sin\phi_0(a_1\sin\phi_1+a_3\sin\alpha_2\sin\phi_2)}.$$

$$\tag{3.69}$$

注意到关系式：

$$\tan\Theta=\frac{a_1\sin(\phi_1)+a_3\sin\alpha_2\sin(\phi_2)}{a_1\cos(\phi_1)+a_3\sin\alpha_2\cos(\phi_2)}. \tag{3.70}$$

可得

$$\tan\Theta_{new}=\frac{\tan\Theta+\tan\phi_0}{1-\tan\Theta\tan\phi_0}=\tan(\Theta+\phi_0)\rightarrow\Theta_{new}=\Theta+\phi_0. \tag{3.71}$$

因此，与近轴近似理论模型分析结果相同，可得如下结论：若两棱镜保持相对旋转方位不变而旋转相同角度ϕ_0，则系统出射光束在保持偏转角不变的情况下，极角也同样地旋转ϕ_0。

针对 $12-12$ 型、$21-21$ 型、$12-21$ 型系统结构也可做上述类似的分析来求解正向解问题。基于矢量形式的斯涅尔定律，逐个界面执行非近轴光线追迹，最终可导出系统出射光束光线矢量 $\vec{s}^o$ 的三个方向余弦分量，包括三个参数 a_1、a_2、a_3 的具体表达式，最终计算得到光束偏转角和极角。结果表明，关于出射光束偏转角和极角的上述规律也适用于这三类系统结构。由于篇幅所限，在此不再赘述，有兴趣的读者可参考 Li 的文献[69]。

3.4.3　基于非近轴光线追迹理论模型及分析方法解决逆向解问题

以节 3.4.2 中讨论的非近轴光线追迹理论方法为基础，可应用两步法来解决逆向解问题。在用近轴近似和非近轴光线追迹理论模型分析正向解问题时，均已证明，对于确定的旋转双棱镜系统，光束的最终偏转角只取决于两棱镜的相对旋转方位，即旋转角位置之差 $\Delta\phi = \phi_2 - \phi_1$，若保持 $\Delta\phi$ 不变而使两棱镜旋转相同角度，则出射光束将保持偏转角恒定，而其极角旋转相等角度，这是两步法解决逆向解问题的依据。

两步法的基本思路分两步：第一步保持其中一个棱镜不动，旋转另一个棱镜，改变两棱镜的旋转角位置之差 $\Delta\phi$，使系统出射光束的偏转角达到要求的目标值；第二步保持两棱镜的相对旋转方位（即 $\Delta\phi$）不变，同时旋转两棱镜（即使两棱镜旋转相同角度），使出射光束的极角达到要求的目标值。其具体步骤如下：

（1）基于非近轴光线追迹法推算得到的正向解的解析式，反向解算出转角差 $\Delta\phi$ 的解析式。由光束目标指向的偏转角计算出射光束方向余弦分量 M，由 M 结合两棱镜顶角、折射系数反演导出转角差 $\Delta\phi$ 的具体表达式。该表达式的自变量参数包括目标偏转角 Φ、两棱镜材料折射系数 n_1、n_2 以及两棱镜顶角 α_1、α_2。将这些参数具体数值代入表达式得到转角差 $\Delta\phi$ 的具体值。

（2）让其中一个棱镜保持旋转角位置为 0°不动，旋转另一个棱镜，使两棱镜方位夹角达到转角差 $\Delta\phi$ 的具体值，此时系统出射光束的偏转角达到要求的目标值。

（3）基于此时两棱镜的旋转角位置，结合两棱镜的顶角值和折射系数，通过非近轴光线追迹解算正向解，得到此时系统出射光束的极角。将此极角值与目标极角值比较，得到两棱镜需要共同旋转的角度。

（4）得出为指向目标指向而要求的两棱镜旋转角位置。起初未动的棱镜，其角位置值即为两棱镜需共同旋转的角度，另一棱镜的角位置要在此基础上叠加其原来转过的角度 $\Delta\phi$。

同样以 $21-12$ 型系统结构为例用两步法具体分析逆向解的求解过程。若要求系统出射光束指向的偏转角为 Φ，极角为 Θ，则基于 Φ 由式（3.65）反解出射光线的方向余弦分量 M，基于 M 和两棱镜的折射系数、顶角值，由式（3.66）、（3.67）解算出两棱镜旋转角位置之差 $\Delta\phi$，其解析表达式为

$$|\Delta\phi| = \arccos\left(\frac{1}{a_1\tan\alpha_2}\left(a_2 + \frac{1}{2(a_2+\cos\Phi)}\left(1 - n_2^2 - \left(\frac{a_2+\cos\Phi}{\cos\alpha_2}\right)^2\right)\right)\right). \tag{3.72}$$

在步骤（2）中，保持一个棱镜不动而旋转另一个棱镜，存在 4 种选择，下面分别给以分析。

（1）选择一：保持棱镜 Π_1 的旋转角位置为 0°不动，正向旋转棱镜 Π_2 到 $|\Delta\phi|$。

该选择下，$\phi_1 = 0°$，$\phi_2 = |\Delta\phi|$。由式（3.66）可知，系统出射光束此时的极角 Θ_{C1} 满足关系式：

$$\tan\Theta_{C1} = \frac{L_{C1}}{K_{C1}} = \frac{a_3\sin\alpha_2\sin|\Delta\phi|}{a_1 + a_3\sin\alpha_2\cos|\Delta\phi|}. \tag{3.73}$$

其中 Θ_{C1} 的具体数值可由式（3.7）按 K_{C1}、L_{C1} 的取值确定。则两棱镜需要共同旋转的角度为 $\Theta - \Theta_{C1}$。故可求得棱镜 Π_1、Π_2 的角位置值分别为

$$\begin{cases} (\phi_1)_{C1} = \Theta - \Theta_{C1}, \\ (\phi_2)_{C1} = \Theta - \Theta_{C1} + |\Delta\phi|. \end{cases} \tag{3.74}$$

（2）选择二：保持棱镜 Π_1 的旋转角位置为 0°不动，逆向旋转棱镜 Π_2 到 $-|\Delta\phi|$。

该选择下，$\phi_1 = 0°$，$\phi_2 = -|\Delta\phi|$。由式（3.66）可知，系统出射光束此时的极角 Θ_{C2} 满足关系式：

$$\tan\Theta_{C2} = \frac{L_{C2}}{K_{C2}} = \frac{-a_3\sin\alpha_2\sin|\Delta\phi|}{a_1 + a_3\sin\alpha_2\cos|\Delta\phi|}. \tag{3.75}$$

显然，$\Theta_{C2} = -\Theta_{C1}$，则两棱镜需要共同旋转的角度为 $\Theta - \Theta_{C2} = \Theta + \Theta_{C1}$。故可求得棱镜 Π_1、Π_2 的角位置值分别为

$$\begin{cases} (\phi_1)_{C2} = \Theta - \Theta_{C2} = \Theta + \Theta_{C1}, \\ (\phi_2)_{C2} = \Theta - \Theta_{C2} - |\Delta\phi| = \Theta + \Theta_{C1} - |\Delta\phi|. \end{cases} \tag{3.76}$$

（3）选择三：保持棱镜 Π_2 的旋转角位置为 0°不动，正向旋转棱镜 Π_1 到 $|\Delta\phi|$。

该选择下，$\phi_1 = |\Delta\phi|$，$\phi_2 = 0°$。由式可知，系统出射光束此时的极角 Θ_{C3} 满足关系式：

$$\tan\Theta_{C3} = \frac{L_{C3}}{K_{C3}} \frac{a_1\sin|\Delta\phi|}{a_1\cos|\Delta\phi| + a_3\sin\alpha_2}. \tag{3.77}$$

其中Θ_{C3}的具体数值可由式（3.7）按K_{C3}、L_{C3}的取值确定。两棱镜需要共同旋转的角度为$\Theta-\Theta_{C3}$。故可求得棱镜Π_1、Π_2的角位置值分别为

$$\{(\phi_1)_{C3}=\Theta-\Theta_{C3}+|\Delta\phi|,\ (\phi_2)_{C3}=\Theta-\Theta_{C3}. \tag{3.78}$$

（4）选择四：保持棱镜Π_2的旋转角位置为0°不动，逆向旋转棱镜Π_1到$-|\Delta\phi|$。

该选择下，$\phi_1=-|\Delta\phi|$，$\phi_2=0°$。由式（3.66）可知，系统出射光束此时的极角Θ_{C4}满足关系式：

$$\tan\Theta_{C4}=\frac{L_{C4}}{K_{C4}}=\frac{-a_1\sin|\Delta\phi|}{a_1\cos|\Delta\phi|+a_3\sin\alpha_2}. \tag{3.79}$$

显然，$\Theta_{C4}=-\Theta_{C3}$，则两棱镜需要共同旋转的角度为$\Theta-\Theta_{C4}=\Theta+\Theta_{C3}$。故可求得棱镜$\Pi_1$、$\Pi_2$的角位置值分别为

$$\begin{cases}(\phi_1)_{C4}=\Theta-\Theta_{C4}-|\Delta\phi|=\Theta+\Theta_{C3}-|\Delta\phi|,\\(\phi_2)_{C4}=\Theta-\Theta_{C4}=\Theta+\Theta_{C3}.\end{cases} \tag{3.80}$$

表面上看，存在4套逆向解，但实际上这些解存在重复。可以证明：

$$\Theta_{C3}=|\Delta\phi|-\Theta_{C1}. \tag{3.81}$$

具体证明如下：

$$\tan(|\Delta\phi|-\Theta_{C1})=\frac{\tan|\Delta\phi|-\tan\Theta_{C1}}{1+\tan|\Delta\phi|\tan\Theta_{C1}}. \tag{3.82}$$

将式（3.73）代入上式并整理即得

$$\tan(|\Delta\phi|-\Theta_{C1})=\frac{a_1\sin|\Delta\phi|}{a_1\cos|\Delta\phi|+a_3\sin\alpha_2}. \tag{3.83}$$

对比式（3.83）和（3.77）可知：

$$\tan(|\Delta\phi|-\Theta_{C1})=\tan\Theta_{C3}. \tag{3.84}$$

故$\Theta_{C3}=|\Delta\phi|-\Theta_{C1}$。将该等式代入式（3.80）并与式（3.74）比较可得$(\phi_1)_{C1}=(\phi_1)_{C4}$，$(\phi_2)_{C1}=(\phi_2)_{C4}$。将该等式代入式（3.78）并与式（3.76）比较可得$(\phi_1)_{C2}=(\phi_1)_{C3}$，$(\phi_2)_{C2}=(\phi_2)_{C3}$。因此，通常系统存在两套解，可分别表示为式（3.74）表示的第一套解$(\phi_1)_{C1}$、$(\phi_2)_{C1}$，以及式（3.76）表示的第二套解$(\phi_1)_{C2}$、$(\phi_2)_{C2}$。

若给定的目标偏转角大于系统能达到的最大偏转角（即$\Delta\phi=0°$时由式（3.66）、（3.67）计算的值），或其小于系统能达到的最小偏转角（即$\Delta\phi=180°$时由式（3.66）、（3.67）计算的值），都将导致式（3.72）中的反余弦函数自变量超出有效取值区域$[-1,1]$范围，导致无逆向解。

若给定的目标偏转角等于系统能达到的最大偏转角，此时$\Delta\phi=0°$，由式（3.7）可知$\Theta_{C1}=180°$，则式（3.74）表示的第一套解为

$$(\phi_1)_{C1} = (\phi_2)_{C1} = \Theta - 180°. \tag{3.85}$$

式（3.76）表示的第二套解为

$$(\phi_1)_{C2} = (\phi_2)_{C2} = \Theta + 180°. \tag{3.86}$$

两套解虽然数值各异，但彼此相差 360°，因此棱镜旋转角位置是相同的，即说明该情况下系统仅存在一套逆向解。另外，此时两棱镜旋转角位置相等，即两棱镜需薄端对齐，旋转到目标指向极角的相反方位（相差 180° 的方向）。

若给定的目标偏转角等于系统能达到的最小偏转角，此时 $\Delta\phi = 180°$，由式（3.7）可知，依 K_{C1} 的正负，$\Theta_{C1} = 0°$ 或 $\Theta_{C1} = 180°$（取两值中的一个），则式（3.74）表示的第一套解为

$$\begin{cases} (\phi_1)_{C1} = \Theta, \\ (\phi_2)_{C1} = \Theta + 180°. \end{cases} \quad \text{或} \quad \begin{cases} (\phi_1)_{C1} = \Theta - 180°, \\ (\phi_2)_{C1} = \Theta. \end{cases} \tag{3.87}$$

式（3.76）表示的第二套解为

$$\begin{cases} (\phi_1)_{C2} = \Theta, \\ (\phi_2)_{C2} = \Theta - 180°. \end{cases} \quad \text{或} \quad \begin{cases} (\phi_1)_{C2} = \Theta + 180°, \\ (\phi_2)_{C2} = \Theta. \end{cases} \tag{3.88}$$

同样，两套解的棱镜旋转角位置是相同的，即该情况下系统也仅存在一套逆向解。另外，此时两棱镜旋转角位置彼此相差 180°，即两棱镜需相互薄端和厚端对齐，并与目标方位重合。

针对 12-12 型、21-21 型、12-21 型系统结构也可做上述类似的分析用两步法来求解逆向解问题。结果表明，关于两套逆向解的上述规律也适用于这三类系统结构。在此不再赘述，读者可参考 Li 的文献[69]。

3.5　两种理论模型分析结果的对比

基于近轴近似及非近轴光线追迹理论模型和方法均能解决旋转双棱镜系统的正向解和逆向解问题。比较分析两种模型方法推演的结果，发现两者在一些核心问题上的一致性，总结归纳为：

（1）对于确定的系统，出射光束偏转角仅决定于两棱镜旋转角位置之差。当转角差为 0° 时偏转角达到最大。转角差增大则偏转角减小，当转角差为 180° 时偏转角达到最小。

（2）若两棱镜保持相对旋转方位（转角差）不变而共同旋转相同角度，则出射光束保持偏转角不变但极角也改变相同角度。

（3）若光束目标指向的偏转角大于系统能达到的最大偏转角，或小于能达

到的做小偏转角，无逆向解。若目标偏转角等于系统能达到的最大或最小偏转角，有且只有一套逆向解。若目标偏转角介于系统能达到的最大和最小偏转角之间，存在两套逆向解。

虽然两种模型方法在核心问题上的分析结果一致，但近轴近似方法为近似方法，而非近轴光线追迹方法为准确方法。两种模型方法分析结果必定存在一定差异，对比分析两种结果的差异可以探讨近轴近似方法的准确性及适用条件。

3.5.1　两种理论模型方法得出的正向解对比分析

为避免出射光束的指向盲区，这里针对两材料相同，顶角相等的棱镜组成的 21 - 12 型结构系统，在不同的棱镜转角位置下，分别用近轴近似方法和非近轴光线追迹法求出出射光束的偏转角 Φ_1、Φ_2 和方位角 Θ_1、Θ_2。图 3.19（a）～（d）展示了偏转角差值 $\Delta\Phi$（$\Delta\Phi=\Phi_1-\Phi_2$）和极角差值 $\Delta\Theta$（$\Delta\Theta=\Theta_1-\Theta_2$）随两棱镜旋转角位置 ϕ_1、ϕ_2 的变化关系。图 3.19（a）和（b）对应的棱镜顶角为 10°，棱镜材料为 K9 玻璃（在 532nm 波长处折射系数为 1.5195）。图 3.19（c）和（d）对应的棱镜顶角为 7°，棱镜材料为单晶硅（在 1550nm 波长处折射系数为 3.478）。在式（3.65）～（3.67）中令 $\Delta\phi=0°$ 求得图 3.19（a）和（b）对应系统的最大偏转角为 10.6782°，图 3.19（c）和（d）对应系统的最大偏转角为 39.2727°。

分析图 3.19（a）和（c）可知，$\Delta\Phi$ 为负值，表明系统偏转角的近轴近似解比非近轴光线追迹解小。系统最大偏转角越大，两解的差异越明显。两棱镜角位置之差为 0°时，两解差异最显著，此时系统偏转角达到最大值。两棱镜角位置之差为 180°时，$\Delta\Phi$ 为 0°，此时出射光束无偏转。两解的差异随偏转角的增大而增大。图 3.19（b）和（d）展示了极角的近轴近似解与非近轴光线追迹解的差值 $\Delta\Theta$。两棱镜角位置之差为 0°时，$\Delta\Theta$ 为 0°。两棱镜角位置之差为 90°时，两解差异最显著。两棱镜角位置之差为 180°时，出射光束无偏转，为系统奇异点，方位角 Θ 无意义。

图 3.19（e）和（f）与图 3.19（c）和（d）相对应，展示了 $|\Delta\Phi|$、$|\Delta\Theta|$ 随出射光束指向的变化关系，可知 $|\Delta\Phi|$、$|\Delta\Theta|$ 的分布关于系统光轴旋转对称。出射光束偏转角越大，偏转角两解之差 $|\Delta\Phi|$ 越大。极角两解之差 $|\Delta\Theta|$ 在偏转角为 0°和最大时其值为 0°。当光束偏转角为某一值时，$|\Delta\Theta|$ 存在极大值，该偏转角对应的两棱镜角位置之差为 90°。对比两图结果可知，光束偏转角差异 $|\Delta\Phi|$ 比极角差异 $|\Delta\Theta|$ 大几倍，说明近轴近似方法解算的正向解误差主要表现在偏转角误差。

由以上分析可知，当旋转双棱镜系统对光束的偏转角较小时，传统的近轴

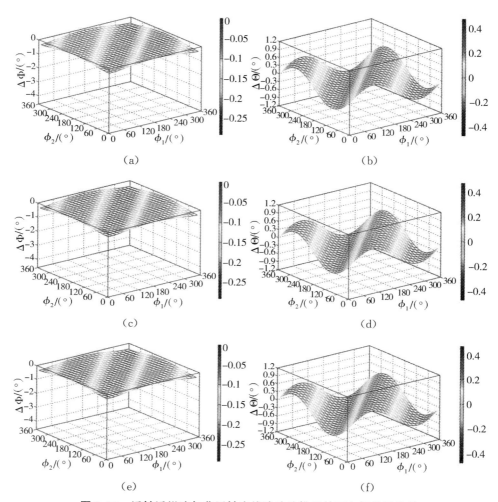

图 3.19 近轴近似法与非近轴光线追迹法推导的正向解结果比较

近似法的计算结果与非近轴光线追迹法的结果相差较小，近轴近似法可用来描述出射光束的指向。当光束偏转角增大时，两方法的计算结果差异变大，近轴近似法难以准确描述双棱镜系统的光束指向。

为验证以上分析结果，我们设计了旋转双棱镜光束指向实验系统来研究棱镜不同旋转角位置下出射光束的实际指向。系统由激光器、旋转双棱镜系统及光屏构成，其示意图如图 3.20。激光器发出波长为 532nm 的绿色光束沿系统光轴入射双棱镜系统，控制器控制电机驱动两棱镜旋转以改变出射光束指向，测量光屏上光斑 P 的坐标位置 (p_x, p_y) 来计算出射光束的偏转角 Φ 及极角 Θ。两棱镜材料为 $K9$ 玻璃，顶角为 $10°$，实验中光屏离双棱镜的距离 L 为 3m。

实验时从 $0°$ 开始每隔 $30°$ 设置两棱镜的角位置，即每个棱镜设置 12 个角位置实验点，共组合 $12×12$ 套棱镜角位置值。针对每套棱镜角位置值，测量出光屏上光斑点 P 的坐标以算出光束偏转角 Φ_e 及极角 Θ_e。基于这些角位置值分别用近轴近似方法和非近轴光线追迹法求出对应的光束偏转角 Φ_1、Φ_2 和方位 Θ_1、Θ_2，以用于与实验结果相比较。

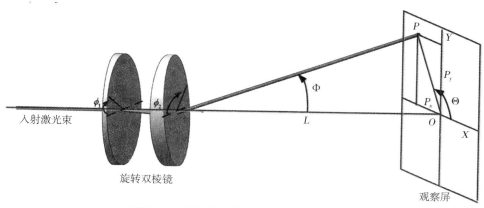

图 3.20　双棱镜光束指向实验系统示意图

图 3.21 对两种模型方法的计算结果相对实验结果进行了比较。图 3.21（a）和（c）展示了出射光束偏转角和极角的近轴近似解与实验值之差，分别表示为 $\Delta\Phi_1(\Delta\Phi_1=\Phi_1-\Phi_e)$ 和 $\Delta\Theta_1(\Delta\Theta_1=\Theta_1-\Theta_e)$。图 3.21（b）和（d）展示了光束偏转角和极角的非近轴光线追迹解与实验值之差，分别表示为 $\Delta\Phi_2(\Delta\Phi_2=\Phi_2-\Phi_e)$ 和 $\Delta\Theta_2(\Delta\Theta_2=\Theta_2-\Theta_e)$。当 ϕ_1 和 ϕ_2 之差为 $180°$ 时，出射光束指向系统光轴方向，极角无意义，出现奇异点。因此，在图 3.21（c）和（d）中，当 $|\phi_1-\phi_2|=180°$ 时，$\Delta\Theta_1$ 和 $\Delta\Theta_2$ 无值。

分析图 3.21（a）可知，$\Delta\Phi_1$ 为负值，表明偏转角的一级近轴近似解比实验值小。两棱镜角位置 ϕ_1 和 ϕ_2 之差为 $0°$ 时，$|\Delta\Phi_1|$ 最大，即偏转角的近轴近似解相对实验值偏差最大。ϕ_1 和 ϕ_2 之差为 $180°$ 时，$\Delta\Phi_1$ 接近 $0°$。图 3.21（c）描述了方位角近轴近似解与实验值的差异。ϕ_1 和 ϕ_2 之差为 $90°$ 时，$|\Delta\Theta_1|$ 值最大。

图 3.21（b）和（d）对非近轴光线追迹解与实验值进行了比较，可知 $\Delta\Phi_2$ 和 $\Delta\Theta_2$ 的值在 $0°$ 上下波动。实验中存在的误差使出射光束偏转角和方位角实验值偏离非近轴光线追迹解，导致了 $\Delta\Phi_2$ 和 $\Delta\Theta_2$ 相对零值的偏离。尤其当 ϕ_1 和 ϕ_2 之差接近 $180°$，即出射光束指向系统光轴附近时，$|\Delta\Theta_2|$ 显著增大。这是由于当光斑 P 越靠近图 3.20 中的 O 点，光束极角的测量值对 P 的

坐标值(p_x，p_y)测量误差越敏感。

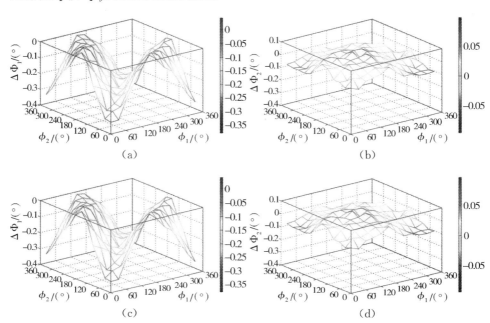

图 3.21 两种模型方法计算结果与实验结果的比较

实验中影响光束指向精度的主要因素包括系统加工误差、对准误差、标定误差以及测量误差。图 3.21 中采用的近轴近似解和非近轴光线追迹解都是针对加工和装调理想的系统，按照标称的光学及结构参数推导得出。并且，这些解也忽略了系统轴向厚度引起的走离效应，未考虑由此带来的出射点横向垂轴偏离。实验中由于加工或环境因素，一些实际参数，如棱镜的折射系数、顶角等，将不可避免地偏离标称值，导致实验误差。在系统装调时，光轴或机械轴的对准误差，如棱镜倾斜、旋转轴倾斜等，也将为实验带来系统误差。在系统标定时，存在棱镜角位置的零位误差、光屏坐标标定误差等。实验中还存在棱镜角位置误差、光斑位置坐标测量误差等偶然误差。这些误差对光束指向精度的影响有待深入研究。

若忽略实验误差影响进行对比分析，出射光束偏转角和极角的非近轴光线追迹解与实验值符合较好，而相应的近轴近似解与实验值存在明显偏差。近轴近似法得出的偏转角偏小，且光束偏转越大，该偏差越明显。两棱镜角位置之差为 90° 时，一级近轴近似法得出的方位角与实验值偏差最大。这些结果与以上理论分析结果一致。

3.5.2   两种理论模型方法得出的逆向解对比分析

用近轴近似和非近轴光线追迹模型方法对逆向解问题的分析结果均表明，当目标偏转角大于系统能达到的最大偏转角，或小于系统能达到的最小偏转角，无逆向解。当目标偏转角等于系统能达到的最大或最小偏转角，有且只有一套逆向解。针对这两种情况，两种理论模型方法得出的逆向解结果是一致的，概括为：若目标偏转角等于系统能达到的最大偏转角，则两棱镜旋转角位置相等，即两棱镜需薄端对齐，旋转到目标指向极角的相反方位（相差 $180°$ 的方向）；若目标偏转角等于系统能达到的最小偏转角，则两棱镜旋转角位置相反（相差 $180°$），即两棱镜需相互薄端和厚端对齐，并与目标方位重合。若目标偏转角介于系统能达到的最大和最小偏转角之间，两种理论模型方法均能解算出两套逆向解，有必要进一步对比分析，这里仍然以两材料相同，顶角相等的棱镜组成的 $21-12$ 型结构旋转双棱镜系统为分析对象。

一、两套逆向解的对比分析

对于两相同棱镜组成的系统，式（3.46）、（3.47）给出了近轴近似模型方法得到的第一套逆向解，而式（3.48）、（3.49）给出了相应的第二套逆向解。图 3.22 展示了不同目标指向下的第一套逆向解，对应的两棱镜为 $K9$ 玻璃棱镜，折射系数为 1.5195，顶角为 $10°$。比较两套解发现，两套解就是两个棱镜旋转角位置互换。第一套解中棱镜 Π_1 的旋转角位置 ϕ_1' 等于第二套解中棱镜 Π_2 的旋转角位置 ϕ_2''，而第一套解中棱镜 Π_2 的旋转角位置 ϕ_2' 等于第二套解中棱镜 Π_1 的旋转角位置 ϕ_1''。因此，无需再展示近轴近似模型方法得到的第二套逆向解。

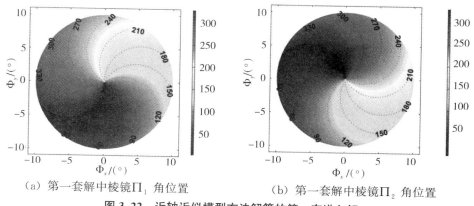

（a）第一套解中棱镜 Π_1 角位置 　　　　　（b）第一套解中棱镜 Π_2 角位置

图 3.22   近轴近似模型方法解算的第一套逆向解

针对同样的 $K9$ 玻璃系统，基于非近轴光线追迹模型，用两步法也可解算出两套逆向解。对于 21 – 12 型结构系统，基于式（3.66）、（3.67）、（3.72）、（3.77），利用式（3.73）、（3.74）可求得第一套解，利用式（3.75）、（3.76）可求得第二套解，两套解均展示于图 3.23。

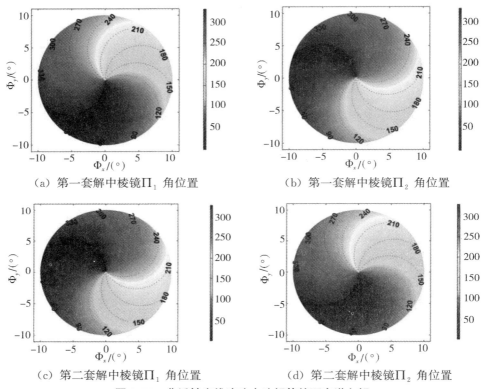

（a）第一套解中棱镜Π_1角位置   （b）第一套解中棱镜Π_2角位置

（c）第二套解中棱镜Π_1角位置   （d）第二套解中棱镜Π_2角位置

图 3.23　非近轴光线追迹方法解算的两套逆向解

图 3.23（a）展示的第一套解中的棱镜Π_1角位置 $(\phi_1)_{C1}$ 与图 3.23（d）展示的第二套解中的棱镜Π_2角位置值 $(\phi_2)_{C2}$ 较接近。图 3.23（b）展示的第一套解中的棱镜Π_2角位置 $(\phi_2)_{C1}$ 与图 3.23（c）展示的第二套解中的棱镜Π_1角位置 $(\phi_1)_{C2}$ 值较接近。但仔细分析数据发现，它们两两并不相等（虽然图上看不出区别）。计算表明它们两两间的差值相等，表示为

$$(\phi_1)_{C1}-(\phi_2)_{C2}=(\phi_2)_{C1}-(\phi_1)_{C2}=\Delta. \tag{3.89}$$

图 3.24 展示了不同目标指向下的角度差值 Δ。结果表明，不同目标指向下的 Δ 值不同，Δ 值在整个观测场内的分布图样关于系统光轴旋转对称。即相同偏转角下 Δ 值相同。因此，对于相同棱镜组成的系统，两棱镜非近轴光线追迹的两组解不可简单通过互换两棱镜的旋转角度来实现。

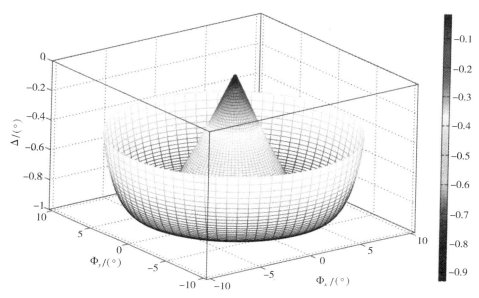

图 3.24　非近轴光线追迹法两套解中两棱镜旋转角度的差值 Δ

二、两种模型方法得到的逆向解比较

利用近轴近似模型方法得到的第一套解表示为 ϕ'_1、ϕ'_2，而利用非近轴光线追迹方法得到的第一套解表示为 $(\phi_1)_{C1}$、$(\phi_2)_{C1}$。比较图 3.22（a）展示的 ϕ'_1和图 3.23（a）展示的 $(\phi_1)_{C1}$ 发现难以分辨两者差异。图 3.22（b）展示的 ϕ'_2和图 3.23（b）展示的 $(\phi_2)_{C1}$ 也很相似。这说明两种方法得到的第一套解是对应的，但两种结果存在差异，表示为

$$(\Delta_1)_{C1} = (\phi_1)_{C1} - \phi'_1, \quad (\Delta_2)_{C1} = (\phi_2)_{C1} - \phi'_2. \tag{3.90}$$

利用近轴近似模型方法得到的第二套解表示为 ϕ''_1、ϕ''_2，而利用非近轴光线追迹方法得到的第二套解表示为 $(\phi_1)_{C2}$、$(\phi_2)_{C2}$。两种方法得到的第二套解也是对应的，其差异表示为

$$(\Delta_1)_{C2} = (\phi_1)_{C2} - \phi''_1, \quad (\Delta_2)_{C2} = (\phi_2)_{C2} - \phi''_2. \tag{3.91}$$

图 3.25 展示了两种模型方法得到的逆向解之差。可知近轴近似方法与非近轴光线追迹方法所求的逆向解存在一定差异，不同目标指向下这种差值不同。差值在整个观测场内的分布图样关于系统光轴旋转对称，呈现碗形结构，即相同偏转角下差值相等。目标偏转角越大，两方法所得结果的差异越大。对于 10° 偏转角的目标指向，两种方法求得的棱镜旋转角度的差值已超过 4°。随着目标偏转角增大，碗形结构分布图样的碗壁越陡，即斜率越大，说明近轴近似方法求得的逆向解误差急剧增加。故对于大偏转角光束偏转，近轴近似方法

不适合用来解决逆向解问题。

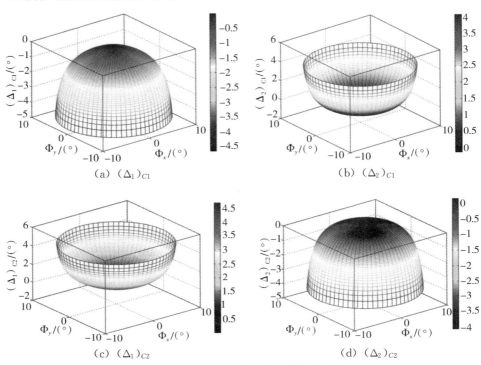

(a) $(\Delta_1)_{C1}$

(b) $(\Delta_2)_{C1}$

(c) $(\Delta_1)_{C2}$

(d) $(\Delta_2)_{C2}$

图 3.25　两种模型方法得到逆向解之差

图 3.20 所示的实验系统被用来验证两种模型方法所得逆向解的准确性。实验中目标指向偏转角取 1°、7°、10°三个目标值，极角从 0°起每隔 22.5°取一个目标值。由这些目标指向位置分别用近轴近似法和非近轴光线追迹法解算反向解并依此设置两棱镜的角位置。逐个测量光屏上光斑 P 的坐标位置（p_x，p_y），结合光屏距离算出相应偏转角和极角的实验值。近轴近似法第一套解对应的实验值记为 Φ_e' 和 Θ_e'，非近轴光线追迹法第一套解对应的实验值记为 $(\Phi_e)_{C1}$ 和 $(\Theta_e)_{C1}$，将两种方法的实验值与目标值相比较即可探讨各自的准确性。

实验中两棱镜旋转角度值由角度传感器测得，其测量准确度取决于传感器精度及旋转零位置的标定精度。出射光束偏转角及极角的实验值由光屏上光斑 P 的坐标位置（p_x，p_y）推算得出，其准确性取决于 p_x 和 p_y 的测量精度。另外，棱镜的加工误差、系统的装调误差等都将一定程度影响实验结果。

图 3.26 展示了两种方法第一套解对应的出射光束偏转角的实验值 Φ_e' 和 $(\Phi_e)_{C1}$。其中（a）、（b）、（c）图对应的目标转向角分别为 1°、7°和 10°。由图

可知，非近轴光线追迹法对应的偏转角实验值 $(\Phi_e)_{C1}$ 较接近目标值。近轴近似法对应的实验值 Φ'_e 与目标值存在偏差。（a）、（b）、（c）图展示的偏差依次增大，说明出射光束偏转角越大，Φ'_e 与目标值的偏差越大。

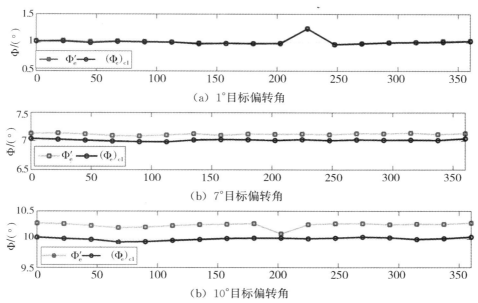

图 3.26 两种模型方法第一套解对应的出射光束偏转角实验值

图 3.27 展示了两种方法第一套解对应的出射光束极角实验值与目标值 Θ_o 的差值 $\Delta\Theta'_e$（$\Delta\Theta'_e = \Theta'_e - \Theta_o$）和 $(\Delta\Theta_e)_{C1}$（$(\Delta\Theta_e)_{C1} = (\Theta_e)_{C1} - \Theta_o$），（a）、（b）、（c）图对应的目标偏转角分别为 $1°$、$7°$ 和 $10°$。受实验误差影响，$(\Delta\Theta_e)_{C1}$ 在 $0°$ 值上下波动，而 $\Delta\Theta'_e$ 值整体偏离 $0°$ 值。

比较图 3.26、图 3.27 所示实验结果可知，相对出射光束偏转角，极角的实验值波动较大，实验误差较明显，且光束偏转角越小，方位角的实验误差越大。该现象是由偏转角和方位角对光斑 P 的坐标值（p_x, p_y）测量误差敏感性差异带来的。由图 3.20 可知，光束偏转角和极角实验值可表示为

$$\Phi_e = \arctan\left(\frac{\sqrt{p_x^2 + p_y^2}}{L}\right). \tag{3.92}$$

$$\Theta_e = \begin{cases} \arctan\left(\dfrac{p_y}{p_x}\right), & p_x \geq 0, \ p_y \geq 0 \\ \arctan\left(\dfrac{p_y}{p_x}\right) + 2\pi, & p_x \geq 0, \ p_y < 0 \\ \arctan\left(\dfrac{p_y}{p_x}\right) + \pi, & p_x < 0 \end{cases} \tag{3.93}$$

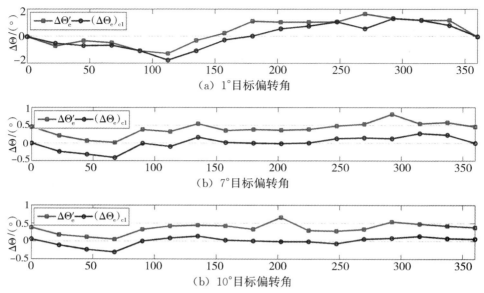

（a）1°目标偏转角

（b）7°目标偏转角

（b）10°目标偏转角

图 3. 27　两种模型方法第一套解对应的出射光束极角实验值

本实验中 $p_x \ll L$，$p_y \ll L$，则由式（3.92）和（3.93）可知，Φ_e 对 (p_x, p_y) 测量误差不敏感，而 (p_x, p_y) 测量误差对 Θ_e 的影响却不可忽略。由 p_x、p_y 测量误差 δp_x 和 δp_y 导致的 Θ_e 的改变量为

$$\delta \Theta_e = \frac{1}{p_x^2 + p_y^2}(p_x \delta p_y - p_y \delta p_x). \tag{3.94}$$

光束偏转角越小，则 $p_x^2 + p_y^2$ 越小，由式（3.94）可知，$\delta \Theta_e$ 越大。

　　综合以上分析，若忽略实验误差影响，非近轴光线追迹法推算的反向解与实验结果差异较小，而相应的近轴近似解存在一定偏差。出射光束偏转角度越大，该偏差越明显。

3.6　本章小结

　　本章基于近轴近似和非近轴光线追迹方法建立了旋转双棱镜光束偏转的理论模型。在对旋转双棱镜基本概念进行必要描述的基础上，首先简要分析单个棱镜的光束偏转，然后先后建立近轴近似和非近轴光线追迹理论模型来分析旋转双棱镜光束偏转，基于两种模型探讨了系统正向解和逆向解问题的解决方法，最后针对具体旋转双棱镜系统运用两种模型方法解算正向解和逆向解并通过实验进行验证，比较分析两种模型方法解算结果的准确性。

在基本概念描述部分，介绍了光束偏转分析中光束方向的几种典型表示方法，以及旋转双棱镜光束偏转系统相关参数概念及描述方式。在介绍的方向余弦、极坐标、俯仰方位角、视场角等几种光束方向表示方法中，用于分析旋转双棱镜光束偏转最常用的表示方法是方向余弦和极坐标。在介绍旋转双棱镜光束偏转系统时，建立了系统坐标，明确了系统结构参数标识，描述了 4 种典型系统结构，分析了系统对棱镜材料性能的要求。

在分析单个棱镜的光束偏转时，针对棱镜主截面内入射光束，基于标量形式的斯涅尔定律简单分析了光束偏转角的影响因素，为进一步分析和理解旋转双棱镜的光束偏转奠定基础。结果表明，对于近轴应用条件下的薄棱镜，单个棱镜对光束的偏转角只决定于棱镜顶角和折射系数，与光束入射方位及棱镜具体结构无关。

在基于近轴近似理论模型方法分析旋转双棱镜光束偏转时，分析了偏转矢量叠加分析法的依据和内涵。在此基础上探讨了利用偏转矢量叠加分析法解决正向解和逆向解问题的思路和方法。在基于非近轴光线追迹理论模型方法分析旋转双棱镜光束偏转时，先导出矢量形式斯涅尔定律的具体运算解析式。基于此表达式，依次在棱镜各界面追迹光线，最终得出系统出射光束指向，得出正向解的解算结果。基于正向解的具体解析表达式及相关分析结果，介绍了两步法解决逆向解问题的基本思路和具体步骤。以 21 - 12 型系统结构为例，探讨了正向解和逆向解问题的具体解决过程，分析了解算结果的准确性及适用条件。最后，针对具体的旋转双棱镜，分别用近轴近似方法和非近轴光线追迹法解算正向解和逆向解并对比分析两种模型方法的解算结果。设计旋转双棱镜光束偏转系统进行实验，验证以上分析结果。研究结论归纳为：

（1）对于给定的旋转双棱镜系统，出射光束的偏转角仅决定于两棱镜的相对旋转方位，即两棱镜旋转角位置之差。两棱镜转角差越大，偏转角越小。当两棱镜薄端（或厚端）对齐时，即转角差为 0°时偏转角达到最大。当两棱镜相互薄端和厚端对齐时，即转角差为 180°时偏转角最小。

（2）若两棱镜保持相对旋转方位不变而旋转相同角度，则系统出射光束在保持偏转角不变的情况下，极角也旋转相同角度。

（3）若光束目标指向的偏转角超出系统能达到的最大或最小偏转角，则逆向解问题无解。若其等于系统能达到的最大或最小偏转角，则仅有一套逆向解。若其介于系统能达到的最大和最小偏转角之间，存在两套逆向解。

（4）非近轴光线追迹方法解算的正向解和逆向解结果与实验值符合较好，能准确地描述系统光束偏转。而近轴近似方法解算的正向解和逆向解结果与实验值存在偏差。当解算正向解时，近轴近似方法推算出的光束偏转角小于其实验值，其推算出的光束极角也与实验值存在偏差，这种极角偏差在两棱镜角位置差为 90°时达到最大。当解算反向解时，利用非近轴光线追迹法推算的反向解与实验结果符合较好，而相应的近轴近似解与实验结果存在偏差。对于小角度偏转的旋转双棱镜系统，近轴近似法解算的正向解和逆向解结果与实际实验值差异不明显，可用来分析系统光束偏转。但随着光束偏转角的增大，近轴近似法解算结果存在显著误差，准确性急剧下降，不可再用来分析系统光束偏转，需要改用非近轴光线追迹方法来解决正向解和逆向解问题。

近轴近似方法采用薄棱镜（光楔）模型，避免了繁琐的光路计算。基于该简化模型的偏转矢量叠加法通过简单的运算即能得到正向解和逆向解。该种方法数形结合，能直观形象地分析系统光束偏转特性，描述偏转规律，便于推算结果的分析、理解与预测。但该模型方法只考虑了棱镜顶角、折射系数及旋转方位，未考虑棱镜横截面形状、摆放结构，忽略入射角对棱镜光束偏转的影响，因此与真实情况存在偏差。光束偏转越大，则结果偏差越大。近轴近似模型方法只适宜于小角度光束偏转应用。非近轴光线追迹模型方法是准确的光束偏转分析方法。通过严密的逐面光路分析，可得到出射光束的确切指向，即准确的正向解。基于光线追迹的两步法可得到准确的逆向解。相对近轴近似方法，该模型方法的缺点是光路运算复杂，且难以直观形象地分析光束偏转特性和规律，不便于理解和预测解算结果。

值得注意的是，本章对旋转双棱镜光束偏转理论模型及方法的描述，是围绕光束指向的改变和控制展开的。即针对沿系统光轴入射的光束，研究系统出射光束的指向与偏转。正向解问题是由两棱镜的旋转角位置，推算系统出射光束的指向。逆向解问题是由出射光束的目标指向，反推两棱镜需要达到的旋转角位置。本章论述未探讨光束在系统中的走离效应，未分析光束在棱镜各表面及观察面上光斑位置的横向（垂直系统光轴方向）偏移。因此提出的正向解问题解决办法不能在观察屏上得到准确的光斑位置。提出的逆向解问题解决方法不能由观察屏上的目标位置推算两棱镜的准确旋转角位置。因此，本章描述的模型方法只适宜于远场应用的旋转双棱镜光束偏转。对于近场光束偏转应用，还需结合迭代法、查表法等来提升正向解和逆向解的解算精度，有兴趣的读者可参考李安虎教授的专著[173]。

第4章 光束转向率与棱镜转速间的非线性关系

4.1 概述

旋转双棱镜光束偏转系统可用于目标跟踪,即通过控制两棱镜的旋转来控制激光光束或成像视轴指向,使其瞄准和跟踪目标。因其结构紧凑、偏转角度大、偏转分辨率高等优点,旋转双棱镜在自由空间光通信、红外对抗、计算机视觉、军事侦察、激光制导、火控、安防监控等领域适宜用于目标粗跟踪,具有广泛应用前景。

两棱镜的旋转控制是旋转双棱镜在目标跟踪应用中面临的一个难题。为使激光光束或成像视轴瞄准并实时跟踪动态目标,必须根据目标运动轨迹相应地调整两棱镜旋转角位置,在具体实施中这将面临困难。棱镜控制中的非线性问题及奇异点问题是其主要挑战。对于传统的万向框架型和反射面型光束偏转机构,光束的偏转角与各旋转轴的旋转角通常为简单的线性关系。光束的偏转率,即光束指向的旋转角速度与系统旋转部件的转速也为线性关系,从而简化了旋转部件的旋转控制。与这些传统束转机构不同,在旋转双棱镜束转系统中,出射光束指向偏转角与两棱镜旋转角之间的关系是非线性的,导致光束转向率与棱镜转速间的非线性关系。因此,需要根据目标指向的改变设计更复杂的算法解算两棱镜的旋转角度,采用适合的控制算法来控制两棱镜的旋转,此即为棱镜控制中的非线性问题。除此之外,当控制两棱镜旋转使光束或视轴以连续路径实时跟踪目标经过观测场中心,即系统光轴指向附近时,需要的棱镜转速急剧增加,为棱镜旋转驱动和控制带来了挑战,该指向点附近区域即为棱镜旋转控制奇异点。

对于棱镜控制的非线性问题,可结合第3章描述的两步法,结合迭代法、查表法等逆向解问题解算方法,由目标指向变化逆向推算两棱镜的旋转角度,然后采用适合的控制算法对棱镜旋转角位置进行闭环控制。为了解决棱镜旋转控制的奇异点问题，国外一些单位设计了三面棱镜构成的旋转三棱镜光束偏转系统。在系统中共轴插入第三块棱镜，增加一个控制自由度，可规避系统光轴指向附近区域的控制奇异点问题，从而在整个观测场内实现目标的连续平滑跟踪。然而，第三块棱镜的加入会导致无穷组逆向解，增加了逆向解问题解算难度以及整个系统设计和控制的复杂度。同时，旋转三棱镜比旋转双棱镜多了两个棱镜界面，增加了界面的菲涅耳反射损失以及界面背反射带来的杂散光干扰等系列新问题。在实际应用中这些问题限制了旋转三棱镜系统的可行性。目前，在一些具体的目标跟踪应用中，旋转双棱镜光束偏转仍然为最现实有效的指向控制方法。因此，针对目标跟踪应用，研究双棱镜系统中棱镜旋转控制的非线性问题和奇异点问题是很有意义的。

本章系统深入地分析了旋转双棱镜系统中光束转向率与相应的棱镜旋转速度之间的内在联系。在此基础上讨论了观测场内中央区和边缘区的目标跟踪限制区及控制奇异点问题。

4.2 光束转向率与棱镜转速间的非线性分析

对于一个给定的旋转双棱镜光束偏转系统，系统结构以及两棱镜的材料、顶角均已确定，则可利用非近轴光线追迹法准确地求出观测场内任意目标光束指向所对应的两棱镜的旋转角度。由 3.4.3 节的分析可知，对于一个目标指向，只要其在旋转双棱镜系统能达到的指向范围之内，则存在两套逆向解。利用式（3.74）、（3.76），结合 3.4 节的其他有关公式，可推算出棱镜 Π_1 的旋转角位置 $(\phi_1)_{C1}$、$(\phi_2)_{C1}$ 以及出棱镜 Π_2 的旋转角位置 $(\phi_1)_{C2}$、$(\phi_2)_{C2}$。对于确定的棱镜系统，这四个角位置值仅为目标指向坐标的函数。图 3.23 中的 4 个图即分别展示了 $10°$ 顶角 $K9$ 玻璃棱镜系统两套逆向解，即以上 4 个角位置值随目标指向坐标的变化关系。

当目标在旋转双棱镜系统的观测场内移动时，目标指向需随目标偏转。目标指向的转向角度 $\Delta\Psi$ 随偏转时间 Δt 变化，则光束转向率（slewing rate）定义为

$$\omega_{slew} = \frac{\Delta\Psi}{\Delta t}.\tag{4.1}$$

针对两套逆向解，棱镜转速定义为

$$(\omega_1)_{C1} = \frac{\Delta(\phi_1)_{C1}}{\Delta t}, \quad (\omega_2)_{C1} = \frac{\Delta(\phi_2)_{C1}}{\Delta t}, \tag{4.2}$$

$$(\omega_1)_{C2} = \frac{\Delta(\phi_1)_{C2}}{\Delta t}, \quad (\omega_2)_{C2} = \frac{\Delta(\phi_2)_{C2}}{\Delta t}. \tag{4.3}$$

对于目标跟踪应用，需要评估目标连续平滑跟踪所要求的棱镜旋转速度，以便于分析目标跟踪对棱镜驱动电机的驱动能力及棱镜旋转控制的要求。为此，针对两套逆向解定义棱镜转速与光束转向率之比：

$$(M_1)_{C1} = \frac{(\omega_1)_{C1}}{\omega_{slew}} = \frac{\Delta(\phi_1)_{C1}}{\Delta\Psi}, \quad (M_2)_{C1} = \frac{(\omega_2)_{C1}}{\omega_{slew}} = \frac{\Delta(\phi_2)_{C1}}{\Delta\Psi}, \tag{4.4}$$

$$(M_1)_{C2} = \frac{(\omega_1)_{C2}}{\omega_{slew}} = \frac{\Delta(\phi_1)_{C2}}{\Delta\Psi}, \quad (M_2)_{C2} = \frac{(\omega_2)_{C2}}{\omega_{slew}} = \frac{\Delta(\phi_2)_{C2}}{\Delta\Psi}. \tag{4.5}$$

显然，棱镜转速与光束转向率之比值描述了目标跟踪应用对旋转双棱镜系统中驱动电机驱动能力及棱镜旋转控制的要求。该比值越大，对驱动能力和旋转控制的要求越高。

传统万向框架型和反射面型光束偏转机构中，转向角 $\Delta\Psi$ 通常与旋转部件的旋转角呈线性关系，其光束转向率与旋转部件转速间的关系也是线性的，其比值通常为恒定值。但对于旋转双棱镜系统，转向角 $\Delta\Psi$ 与两棱镜旋转角 $\Delta\phi_1$、$\Delta\phi_2$ 之间并不存在线性关系，光束转向率与两棱镜转速间的关系呈现非线性，导致其比值为一个变值。当系统用于目标跟踪时，若目标在系统观测场内不同方位，或者在同一方位但朝不同方向移动，则即使出射光束随目标偏转相同角度 $\Delta\Psi$，要求的棱镜旋转角 $\Delta\phi_1$、$\Delta\phi_2$ 也可能不同。因此，针对不同目标方位和不同目标移动方向，目标跟踪对棱镜转速的要求可能不同，棱镜转速与光束转向率之比值随目标方位和移动方向变化而改变。

目标跟踪应用中，一些目标沿预先已知的轨迹运动，另一些的运动轨迹预先未知。不管哪种情况，目标的方位时刻改变，其运动方向也可能时刻变化。因此，对于旋转双棱镜目标跟踪，为了定量评估连续平滑跟踪对棱镜旋转驱动与控制的要求，应该结合目标的当前指向、目标的运动方向来分析需要的棱镜转速与光束转向率的比值变化。

4.2.1　目标指向偏转角度的分析

旋转双棱镜系统中，两棱镜均绕系统光轴旋转，为了表达直观，方便理解系统出射光束指向及其转向，通常采用极坐标，即偏转角 Φ 和级角 Θ 来描述光束指向。当出射光束跟随目标在系统观测场内偏转时，其转向角 $\Delta\Psi$、转向方向需要建立模型定量描述。图 4.1 展示了三维空间及极坐标中系统出射光束转向示意图，目标指向由 $\hat{s}_1$ 转向 $\hat{s}_2$，光束指向极坐标值（偏转角和极角）改变量分别表示为 $\Delta\Phi$ 和 $\Delta\Theta$，光束转向角表示为 $\Delta\Psi$。

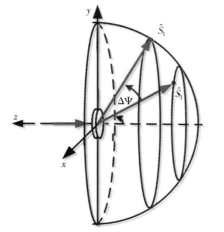 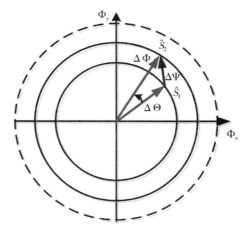

（a）三维空间光束偏转示意图　　　　（b）极坐标中光束偏转示意图

图 4.1　目标指向转向角 $\Delta\Psi$

由式（3.5），目标初指向 $\hat{s}_1$ 和末指向 $\hat{s}_2$ 的方向余弦分量可表示为

$$\begin{cases} K_1 = \sin\Phi\cos\Theta, \\ L_1 = \sin\Phi\sin\Theta, \\ M_1 = -\cos\Phi. \end{cases} \tag{4.6}$$

$$\begin{cases} K_2 = \sin(\Phi+\Delta\Phi)\cos(\Theta+\Delta\Theta), \\ L_2 = \sin(\Phi+\Delta\Phi)\sin(\Theta+\Delta\Theta), \\ M_2 = -\cos(\Phi+\Delta\Phi). \end{cases} \tag{4.7}$$

光束转向角 $\Delta\Psi$ 可通过 $\hat{s}_1$ 和 $\hat{s}_2$ 的数量积来计算，即

$$\cos\Delta\Psi = \hat{s}_1 \cdot \hat{s}_2 = K_1 K_2 + L_1 L_2 + M_1 M_2. \tag{4.8}$$

将式（4.6）、（4.7）代入式（4.8）可得

$$\Delta\Psi = \arccos\left[\cos\Delta\Phi - 2\sin\Phi\sin(\Phi+\Delta\Phi)\sin^2\frac{\Delta\Theta}{2}\right]. \tag{4.9}$$

可知，光束转向角不但依赖于光束指向极坐标值（偏转角和极角）的变化，还与光束的初始指向，即偏转角 Φ 和级角 Θ 相关。因此，不同方位的目标，或者目标沿不同方向运动，光束转向角和转向方向均可能不相同。光束转向角 $\Delta\Psi$ 应该由目标路径按照起末指向来计算。

4.2.2　径向和切向运动目标跟踪中光束转向率与棱镜转速间的关系

为了分析目标跟踪需要达到的棱镜转速，可基于目标指向的极坐标值 Φ、

Θ，用用两步法解逆向解，得到两棱镜的旋转角位置ϕ_1、ϕ_2，然后将其对时间求导。由式（3.74）可知，针对第一套逆向解，棱镜Π_1和Π_2要求达到的转速可表示为

$$\begin{cases} (\omega_1)_{C1} = \dfrac{\mathrm{d}\,\Theta}{\mathrm{d}t} - \dfrac{\mathrm{d}\,\Theta_{C1}}{\mathrm{d}t}, \\[2mm] (\omega_2)_{C1} = \dfrac{\mathrm{d}\,\Theta}{\mathrm{d}t} - \dfrac{\mathrm{d}\,\Theta_{C1}}{\mathrm{d}t} + \dfrac{\mathrm{d}(|\,\Delta\phi\,|)}{\mathrm{d}t}. \end{cases} \tag{4.10}$$

由式（3.76）可知，针对第二套逆向解，棱镜Π_1和Π_2要求达到的转速可表示为

$$\begin{cases} (\omega_1)_{C2} = \dfrac{\mathrm{d}\,\Theta}{\mathrm{d}t} + \dfrac{\mathrm{d}\,\Theta_{C1}}{\mathrm{d}t}, \\[2mm] (\omega_2)_{C2} = \dfrac{\mathrm{d}\,\Theta}{\mathrm{d}t} + \dfrac{\mathrm{d}\,\Theta_{C1}}{\mathrm{d}t} - \dfrac{\mathrm{d}(|\,\Delta\phi\,|)}{\mathrm{d}t}. \end{cases} \tag{4.11}$$

将式（3.73）、（3.72）代入式（4.10）、（4.11），经过仔细推算可得到要求的两棱镜转速。具体的解析表达式较复杂，此处忽略。深入分析式（3.73）、（3.72）可知，对于一个给定的旋转双棱镜系统，由于棱镜的折射系数和顶角保持恒定，故Θ_{C1}和$\Delta\phi$仅取决于目标指向的偏转角Φ，而与极角Θ无关。

一、径向运动目标跟踪分析

径向运动的目标在平行于出射光束和系统光轴确定的平面内运动，目标指向的极角Θ保持恒定，即$\Delta\Theta=0$，$\dfrac{\mathrm{d}\,\Theta}{\mathrm{d}t}=0$，而其偏转角$\Phi$随时间变化，如图4.2。对比式（4.10）、（4.11）可知

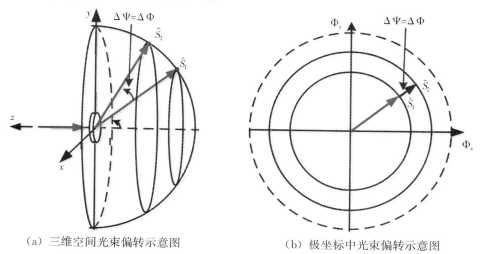

（a）三维空间光束偏转示意图　　　　（b）极坐标中光束偏转示意图

图 4.2　径向运动目标指向转向角 $\Delta\Psi$

99

$$\begin{cases} (\omega_1)_{C1} = -(\omega_1)_{C2} = -\dfrac{\mathrm{d}\,\Theta_{C1}}{\mathrm{d}t}, \\[2mm] (\omega_2)_{C1} = -(\omega_2)_{C2} = -\dfrac{\mathrm{d}\,\Theta_{C1}}{\mathrm{d}t} + \dfrac{\mathrm{d}(|\Delta\phi|)}{\mathrm{d}t}. \end{cases} \qquad (4.12)$$

其中的负号表示棱镜旋转方向相反。从式（4.12）可知，当系统跟踪径向运动目标时，针对两套解分析的棱镜转速大小要求相同，只是旋转方向相反。

由式（4.9）可知，由于 $\Delta\Theta = 0$，光束转向角可表示为

$$\Delta\Psi = \arccos\,(\cos\Delta\Phi) \rightarrow \Delta\Psi = \Delta\Phi. \qquad (4.13)$$

即光束转向角等于偏转角的改变量。这可以参照图 4.2，根据径向运动的特点理解。出射光束跟随径向运动目标偏转，是在光束与系统光轴确定的面（子午面）内偏转，其转向角直接等于光束偏转角的改变量。由式（4.1）可得光束转向率为

$$\omega_{slew} = \frac{\Delta\Psi}{\Delta t} = \frac{\mathrm{d}\,\Phi}{\mathrm{d}t}. \qquad (4.14)$$

将式（4.12）、（4.14）代入式（4.4）、（4.5）可得两棱镜转速与光束转向率之比可表示为

$$\begin{cases} (M_1)_{C1} = -(M_1)_{C2} = -\dfrac{\mathrm{d}\,\Theta_{C1}}{\mathrm{d}\,\Phi}, \\[2mm] (M_2)_{C1} = -(M_2)_{C2} = -\dfrac{\mathrm{d}\,\Theta_{C1}}{\mathrm{d}\,\Phi} + \dfrac{\mathrm{d}(|\Delta\phi|)}{\mathrm{d}\,\Phi}. \end{cases} \qquad (4.15)$$

对于任一径向路径，可由式（3.72）、（3.73）推算出 Θ_{C1} 和 $\Delta\phi$ 随光束偏转角 Φ 的变化关系，然后将其相对 Φ 求导，代入式（4.15）即可求得两棱镜转速与光束转向率之比。

图 4.3 展示了相同棱镜条件下棱镜转速与光束转向率之比。其中，实线和点线分别代表比值 $(M_1)_{C1}$ 和比值 $(M_2)_{C1}$ 随 Φ 的变化。图 4.3（a）对应的为玻璃棱镜系统，其折射系数为 $n = 1.5$，顶角为 $\alpha = 10°$，可计算系统的最大偏转角为 $\Phi_m = 10.268°$。可以看出，$(M_1)_{C1}$ 随着 Φ 的增加而增加。当 Φ 接近最大值 Φ_m，$(M_1)_{C1}$ 急剧增加直至趋向无穷，意味着棱镜对径向移动光束的能力减弱。分析 $(M_2)_{C1}$ 也可看到同样趋势，不同之处仅在其值为负值，即具有相反的旋转方向。图 4.3（b）对应的为锗棱镜系统，其折射系数为 $n = 4.0$，顶角为 $\alpha = 8°$，可计算系统的最大偏转角为 $\Phi_m = 67.489°$。同样，当系统跟踪目标到观测场边缘，即光束偏转角接近系统能达到的最大偏转角时，该比值也趋向于无穷。对比锗棱镜和玻璃棱镜分析结果可知，锗棱镜系统的棱镜转速与径向光束转向率之比比玻璃系统的要小得多。这是由于锗折射系数大，偏转力大，

同样的棱镜转速下，出射光束转向角大。

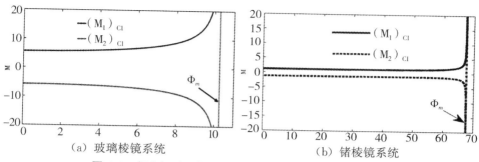

图 4.3 径向运动目标跟踪中棱镜转速与光束转向率之比

二、切向运动目标跟踪分析

对于切向运动的跟踪目标，即目标仅绕系统光轴旋转运动，目标指向的极角 Θ 随时间改变而偏转角 Φ 保持恒定，如图 4.4。则 Θ_{C1} 和 $\Delta\phi$ 不随时间改变，即 $\dfrac{\mathrm{d}\,\Theta_{C1}}{\mathrm{d}t}=0$，$\dfrac{\mathrm{d}(|\,\Delta\phi\,|)}{\mathrm{d}t}=0$。故由式（4.10）、（4.11）可知，无论针对哪套

解，棱镜 Π_1 和 Π_2 的转速都要求等于 $\dfrac{\mathrm{d}\,\Theta}{\mathrm{d}t}$，表示为

$$(\omega_1)_{C1}=(\omega_2)_{C1}=(\omega_1)_{C2}=(\omega_2)_{C2}=\mathrm{d}\,\Theta/\mathrm{d}t. \qquad (4.16)$$

该结果可以做如下解释：当光束跟随切向运动的目标偏转时，光束偏转角不变，两棱镜保持相对旋转方位不变，一起随目标旋转，因此两棱镜的转速均等于光束极角变化率。

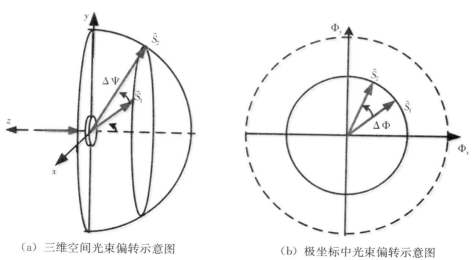

（a）三维空间光束偏转示意图 　　（b）极坐标中光束偏转示意图

图 4.4 切向运动目标指向转向角 $\Delta\Psi$

由式（4.9）可知，由于出射光束跟随切向运动目标偏转时偏转角Φ不变，即 $\Delta \Phi = 0$，则光束转向角可表示为

$$\cos \Delta \Psi = 1 - 2 \sin^2 \Phi \sin^2 \left(\frac{\Delta \Theta}{2} \right). \tag{4.17}$$

在分析出射光束瞬时转向率时，其极角及转向角改变量 $\Delta \Theta$、$\Delta \Psi$ 均很小，对式（4.17）中的正弦、余弦因子做小角近似，即让 $\cos \Delta \Psi \approx 1 - \dfrac{\Delta^2 \Psi}{2}$，$\sin \left(\dfrac{\Delta \Theta}{2} \right) \approx \dfrac{\Delta \Theta}{2}$，则可得

$$\frac{\Delta \Psi}{\Delta \Theta} = \sin \Phi. \tag{4.18}$$

即光束转向率可表示为

$$\omega_{slew} = \sin \Phi \cdot (d \Theta / dt). \tag{4.19}$$

将式（4.19）、（4.16）代入式（4.4）、（4.5）可得两棱镜转速与光束转向率之比可表示为

$$(M_1)_{C1} = (M_2)_{C1} = (M_1)_{C2} = (M_2)_{C2} = \frac{1}{\sin \Phi}. \tag{4.20}$$

因此，跟踪切向运动目标时，棱镜转速与光束转向率之比仅由光束的偏转角决定，与光束指向方位及系统结构等无关联。

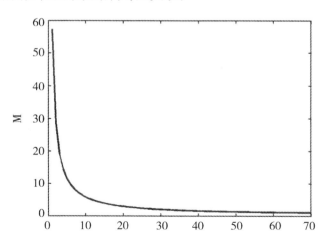

图 4.5　切向运动目标跟踪中棱镜转速与光束转向率之比

图 4.5 展示了切向运动目标跟踪中棱镜转速与光束转向率之比。目标光束偏转角越小，比值越大，连续平滑跟踪对棱镜驱动和控制的要求越高。对于在系统观测场中心，即系统光轴附近做切向运动的目标，由于系统出射光束偏转

角较小，导致很大的棱镜转速与光束转向率比值，棱镜驱动和控制面临困难。这可以参照图 4.4，根据切向运动的特点理解。当目标光束偏转角较小时，出射光束随目标沿着较小半顶角（即偏转角 Φ）的圆锥面绕系统光轴旋转。棱镜转速始终等于光束极角变化率，而光束转向角很小（最大仅为 2Φ），光束转向率小，导致较大的棱镜转速与光束转向率比值。

4.2.3　任意路径运动目标跟踪中光束转向率与棱镜转速间的关系

当系统出射光束跟随任意路径运动目标偏转时，要求的两棱镜转速与目标的当前指向、目标的运动方向均有关系。同样，光束转向率也与目标的当前指向、目标的运动方向均有关系。需要根据目标运动轨迹，分析轨迹上指向点在观测场中的位置以及此时目标运动方向来求解棱镜转速与光束转向率之比。

一、梯度法分析光束转向率与棱镜转速间的关系

分析任意路径运动目标跟踪对棱镜旋转驱动、控制要求时，可以将需要的棱镜旋转角位置处理为目标指向的函数（一个二元函数），在极坐标表示的圆形观测场内建立一个标量场。基于该标量场可以研究目标沿不同轨迹运动时，棱镜转速与光束转向率之比值的变化。在该标量场内，针对轨迹上某一具体指向点，沿该点处的轨迹切向，即目标在该点的运动方向上求棱镜旋转角位置函数的方向导数。该方向导数的大小反映了目标在该点沿轨迹运动时，要求的棱镜转速与光束转向率之比值。

梯度法只关注各场点处最大的棱镜转速/光束转向率比值，即用数值计算方法求各场点处棱镜旋转角位置函数的梯度。首先，针对给定的旋转双棱镜系统，基于极坐标系，在系统最大偏转角 Φ_m 界定的圆形观测区均匀密集设定光束指向采样点。然后，基于非近轴光线追迹，采用两步法准确地求出观测场内各采样点所对应的两棱镜的旋转角位置。即利用式（3.74）、（3.76），结合 3.4 节的其他有关公式推算出两棱镜的旋转角位置（ϕ_1）$_{C1}$、（ϕ_2）$_{C1}$、（ϕ_1）$_{C2}$、（ϕ_2）$_{C2}$，得到形如图 3.23 中描述的观测场内棱镜旋转角位置的分布图。最后，基于这些分布图计算棱镜旋转角位置的二维数值梯度，从而反映棱镜旋转角位置变化趋势的最大值和方向。在梯度矢量方向，要求棱镜的转速最大。其梯度的大小可使用来表示最大的棱镜转速/光束转向率之比。为能沿任意路径持续跟踪目标，两棱镜必须能对任意的目标移动方向提供足够的转速。因此，梯度的大小能被用来表示实现目标持续平稳跟踪所提出的最严厉的棱镜转速要求。

图 4.6 针对玻璃棱镜系统展示了观测场内两棱镜转角等值线及梯度矢量场。因为整个圆形观测场的等值线及梯度矢量场分布结构呈现旋转对称性，故

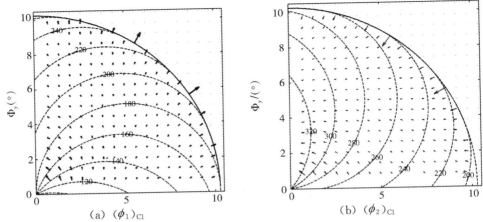

图 4.6 玻璃棱镜系统观测场内两棱镜转角等值线及梯度矢量场

图中只展出了一个象限的观测场区域，另外三个象限区的等值线及梯度矢量场与此类似。玻璃棱镜折射系数为 $n=1.5$，顶角为 $\alpha=10°$。图中实线箭头表示 $(\phi_1)_{C1}$ 及 $(\phi_2)_{C1}$ 的梯度矢量而点线描述了其等值线。分析梯度矢量场可知，当目标在观测场中间区域移动时，梯度矢量方向趋向切向，即当出射光束跟随系统光轴附近目标沿切向运动时，要求的棱镜转速最大。当目标到达观测场边缘区时，梯度矢量方向趋向径向，即当出射光束跟随观测场边缘目标沿径向运动时，要求的棱镜转速最大。

图 4.7 展示了玻璃棱镜系统中观测场内棱镜转角梯度值，其中图 4.7（a）和（b）中的等值线分别展示了 $(\phi_1)_{C1}$ 和 $(\phi_1)_{C2}$ 的梯度值。可以看出观测场内的梯度值分布呈现旋转对称性，即梯度值仅决定于光束的偏转角 Φ 而与极角 Θ 无关。图 4.7（c）描述了梯度随光束偏转角 Φ 的变化。描述 $(\phi_1)_{C1}$ 的梯度的

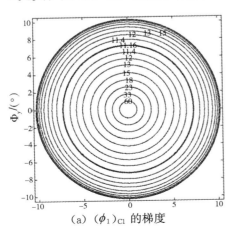

（a）$(\phi_1)_{C1}$ 的梯度

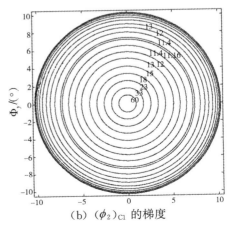

（b）$(\phi_2)_{C1}$ 的梯度

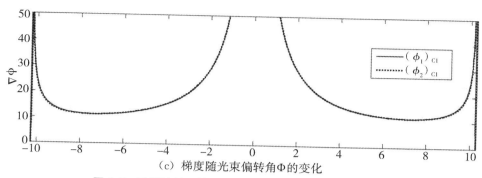

（c）梯度随光束偏转角Φ的变化

图 4.7　玻璃棱镜系统中观测场内棱镜旋转角位置梯度值

实线与描述 $(\phi_1)_{C2}$ 梯度的点线几乎重合，意味着两棱镜的最大转速要求几乎相同。当偏转角Φ达到 0 或者最大值 Φ_m，梯度值趋向无穷。

针对锗棱镜系统的类似曲线展示在图 4.8，可以看到同样的趋势。与玻璃棱镜系统相比较，锗棱镜在观测场内的大部分区域具有更小的梯度值。具体来

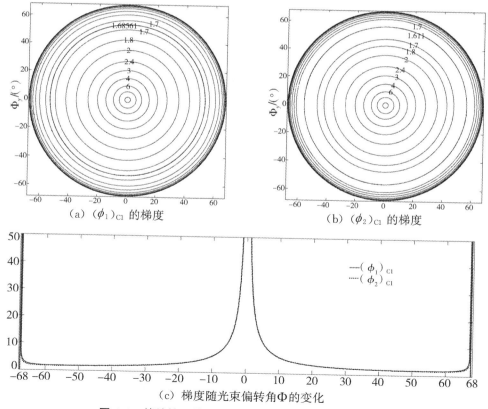

（a）$(\phi_1)_{C1}$ 的梯度　　　　　　　（b）$(\phi_2)_{C1}$ 的梯度

（c）梯度随光束偏转角Φ的变化

图 4.8　锗棱镜系统中观测场内棱镜旋转角位置梯度值

看，锗棱镜的最小梯度值仅仅约 1.6，而玻璃棱镜的最小梯度值则大于 11。对于确定的最大偏转角Φ_m，计算不同棱镜折射系数和顶角系统的棱镜转角梯度，发现结果趋向相同。故可得出结论，即棱镜转角梯度的分布主要决定于系统的最大偏转角。光束偏转力，即最大偏转角大的旋转双棱镜系统，在相同的光束指向下，其棱镜转角梯度小，用于目标跟踪时其棱镜旋转控制难度相对低。

值得提出的是，大的棱镜转速/光束转速比一方面意味着实现小角度的光束偏转需要的棱镜转速越大，系统的动态性能降低，另一方面也意味着可通过大的棱镜转角实现微小的光束转向，系统的光束转向分辨率能得以提高。

二、解析法分析光束转向率与棱镜转速间的关系

梯度法利用数值方法计算观测场内各场点处棱镜旋转角位置函数的梯度，能定性地反映观测场内各指向区域棱镜旋转驱动控制的难度差异。该方法得到的转角梯度大小虽能表示最大的棱镜转速/光束转向率之比，但两者却并不完全等同。另外，该方法只能描述各指向点处目标跟踪最严厉的棱镜转速要求及对应偏转方向，不可针对不同目标移动方向分析棱镜转速要求。解析法针对各指向点目标的不同移动方向分析棱镜转速/光束转向率之比，能较全面准确地研究目标跟踪对棱镜旋转驱动和控制要求。

不失一般性，研究出射光束跟随目标从一个指向 $\hat{s}_1$ 转向临近的另一指向 $\hat{s}_2$，光束偏转角和极角改变一个小角度 $\Delta\Phi$ 和 $\Delta\Theta$，如图 4.9。光束转向率可先由式（4.9）准确算出光束转向角 $\Delta\Psi$ 后，再由式（4.1）计算得到。可以看出，不同的光束偏转方向对应有不同的 $\Delta\Phi$、$\Delta\Theta$ 值，导致不同的光束转向率值。其光束瞬时转向率可定义为转向时间无穷小时的转向率，表示为

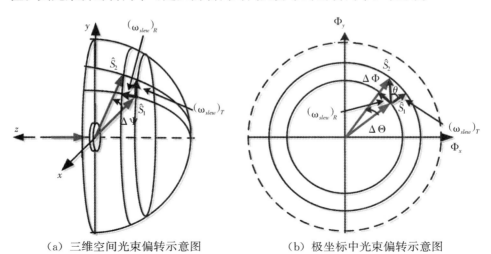

（a）三维空间光束偏转示意图　　（b）极坐标中光束偏转示意图

图 4.9　光束瞬时转向率的分解

$$\omega_{slew} = \lim_{\Delta t \to 0}\left(\frac{\Delta \Psi}{\Delta t}\right). \tag{4.21}$$

此时，光束转向角 $\Delta \Psi$ 以及光束偏转角和极角改变量 $\Delta \Phi$、$\Delta \Theta$ 均为无穷小。在式（4.9）中将这些角度的余弦值应用小角近似，即

$$\cos \Delta \Psi \approx 1 - \frac{\Delta^2 \Psi}{2}, \quad \cos \Delta \Phi \approx 1 - \frac{\Delta^2 \Phi}{2}, \quad \sin\left(\frac{\Delta \Theta}{2}\right) \approx \frac{\Delta \Theta}{2}, \tag{4.22}$$

可得

$$\Delta \Psi \approx \sqrt{\Delta^2 \Phi + (\sin \Phi \cdot \Delta \Theta)^2}. \tag{4.23}$$

分析式（4.23）、（4.21）可知，光束瞬时转向率可分解为光束径向转向率 $(\omega_{slew})_R$ 和光束切向转向率 $(\omega_{slew})_T$，其大小分别表示为

$$(\omega_{slew})_R = \frac{\mathrm{d}\Phi}{\mathrm{d}t}. \tag{4.24}$$

$$(\omega_{slew})_T = \sin \Phi \cdot \frac{\mathrm{d}\Theta}{\mathrm{d}t}. \tag{4.25}$$

即在径向和切向方向，存在以下关系：

$$\left(\frac{\mathrm{d}\Phi}{\mathrm{d}\Psi}\right)_R = 1, \quad （径向）. \tag{4.26}$$

$$\left(\frac{\mathrm{d}\Theta}{\mathrm{d}\Psi}\right)_T = \frac{1}{\sin \Phi}, \quad （切向）. \tag{4.27}$$

若目标在观察场中的移动方向与径向的夹角为 θ，系统出射光束跟随目标转向时，要求的棱镜转速/光束转向率之比即为棱镜旋转角位置函数在观测场内沿目标移动方向的方向导数，针对两套逆向解可表示为

$$(M_1)_{C1} = \frac{\mathrm{d}(\phi_1)_{C1}}{\mathrm{d}\Psi} = \frac{\partial(\phi_1)_{C1}}{\partial \Phi} \cdot \frac{\Delta \Phi}{\Delta \Psi} + \frac{\partial(\phi_1)_{C1}}{\partial \Theta} \cdot \frac{\Delta \Theta}{\Delta \Psi} = \frac{\partial(\phi_1)_{C1}}{\partial \Phi}$$
$$\cdot \cos \theta + \frac{\partial(\phi_1)_{C1}}{\partial \Theta} \cdot \frac{\sin \theta}{\sin \Phi}, \tag{4.28}$$

$$(M_2)_{C1} = \frac{\mathrm{d}(\phi_2)_{C1}}{\mathrm{d}\Psi} = \frac{\partial(\phi_2)_{C1}}{\partial \Phi} \cdot \frac{\Delta \Phi}{\Delta \Psi} + \frac{\partial(\phi_2)_{C1}}{\partial \Theta} \cdot \frac{\Delta \Theta}{\Delta \Psi} = \frac{\partial(\phi_2)_{C1}}{\partial \Phi}$$
$$\cdot \cos \theta + \frac{\partial(\phi_2)_{C1}}{\partial \Theta} \cdot \frac{\sin \theta}{\sin \Phi}, \tag{4.29}$$

$$(M_1)_{C2} = \frac{\mathrm{d}(\phi_1)_{C2}}{\mathrm{d}\Psi} = \frac{\partial(\phi_1)_{C2}}{\partial \Phi} \cdot \frac{\Delta \Phi}{\Delta \Psi} + \frac{\partial(\phi_1)_{C2}}{\partial \Theta} \cdot \frac{\Delta \Theta}{\Delta \Psi} = \frac{\partial(\phi_1)_{C2}}{\partial \Phi}$$
$$\cdot \cos \theta + \frac{\partial(\phi_1)_{C2}}{\partial \Theta} \cdot \frac{\sin \theta}{\sin \Phi}, \tag{4.30}$$

$$(M_2)_{C2} = \frac{\mathrm{d}(\phi_2)_{C2}}{\mathrm{d}\Psi} = \frac{\partial(\phi_2)_{C2}}{\partial \Phi} \cdot \frac{\Delta \Phi}{\Delta \Psi} + \frac{\partial(\phi_2)_{C2}}{\partial \Theta} \cdot \frac{\Delta \Theta}{\Delta \Psi} = \frac{\partial(\phi_2)_{C2}}{\partial \Phi}$$

$$\cdot \cos\theta + \frac{\partial(\phi_2)_{C2}}{\partial\Theta} \cdot \frac{\sin\theta}{\sin\Phi}. \tag{4.31}$$

对照式（3.74）、（3.76）并考虑到Θ_{C1}、$|\Delta\phi|$均只与Φ有关而与Θ无关，可知

$$\frac{\partial(\phi_1)_{C1}}{\partial\Phi} = -\frac{\partial(\phi_1)_{C2}}{\partial\Phi} = -\frac{d\Theta_{C1}}{d\Phi}, \quad \frac{\partial(\phi_1)_{C1}}{\partial\Theta} = \frac{\partial(\phi_1)_{C2}}{\partial\Theta} = 1. \tag{4.32}$$

$$\frac{\partial(\phi_2)_{C1}}{\partial\Phi} = -\frac{\partial(\phi_2)_{C2}}{\partial\Phi} = -\frac{d\Theta_{C1}}{d\Phi} + \frac{d(|\Delta\phi|)}{d\Phi}, \quad \frac{\partial(\phi_2)_{C1}}{\partial\Theta} = \frac{\partial(\phi_2)_{C2}}{\partial\Theta} = 1.$$
$$\tag{4.33}$$

仔细分析式（4.28）～（4.31）可知，$(M_1)_{C1}$、$(M_2)_{C1}$、$(M_1)_{C2}$、$(M_2)_{C2}$只与Φ、θ有关，而与Θ无关，说明对于相同偏转角而不同极角指向上的目标，目标跟踪对棱镜旋转驱动和控制的要求相同。目标指向的当前偏转角不同，或目标沿不同方向移动（即θ不同），目标跟踪对棱镜旋转驱动和控制的要求不同。

分析目标跟踪对棱镜旋转驱动和控制的要求时，可由式（3.72）、（3.73）推算出Θ_{C1}和$\Delta\phi$随光束偏转角Φ的变化关系。然后将其相对Φ求导，得到$\dfrac{d\Theta_{C1}}{d\Phi}$、$\dfrac{d(|\Delta\phi|)}{d\Phi}$的值，和$\theta$值一起先后代入式（4.32）、（4.33）以及（4.28）～（4.31），即可求出$(M_1)_{C1}$、$(M_2)_{C1}$、$(M_1)_{C2}$、$(M_2)_{C2}$值。由这些比值的大小可比较不同偏转角、不同移动方向目标跟踪对棱镜旋转驱动和控制的要求。

图4.10、图4.11分别针对第一套和第二套逆向解展示了玻璃棱镜系统用于目标跟踪时要求的棱镜转速/光束转向率之比（M_1）$_{C1}$、（M_2）$_{C1}$、（M_1）$_{C2}$、（M_2）$_{C2}$随目标指向偏转角Φ的变化。两图中的（a）～（l）子图展示了目标移动方向与径向夹角θ依次为$0°$、$180°$、$30°$、$210°$、$60°$、$240°$、$90°$、$270°$、$120°$、$300°$、$150°$、$330°$时的棱镜转速/光束转向率之比。

比较图4.10、图4.11展示的相应子图，可对比分析基于第一套和第二套逆向解的计算结果。可知各相应子图中实线和虚线相互对换，即基于第一套逆向解计算得出的$(M_1)_{C1}$与基于第二套逆向解计算得出的$(M_2)_{C2}$随目标指向偏转角Φ的变化大致相同，而基于第一套逆向解计算得出的$(M_2)_{C1}$与基于第二套逆向解计算得出的$(M_1)_{C2}$随目标指向偏转角Φ的变化也大致相同。因此，旋转双棱镜用于目标跟踪时，无论基于哪套逆向解来跟踪目标，对棱镜旋转驱动和控制的要求无显著差异，只是两块棱镜的转速与光束转向率比值要求相互切换。

针对子图（a）和（b）、（c）和（d）、（e）和（f）、（g）和（h）、（i）和（j）、（k）和（l）两两对照，θ值均相差$180°$，即目标移动方向彼此相反，类

似于图 4.12 中的方向 1 与方向 3、方向 2 与方向 4。此时，$(M_1)_{C1}$、$(M_2)_{C1}$ 或 $(M_1)_{C2}$、$(M_2)_{C2}$ 值在两对应子图中符号相反而绝对值相等，说明两种情况下对两棱镜旋转驱动和控制的要求相同，仅仅旋转方向相反。

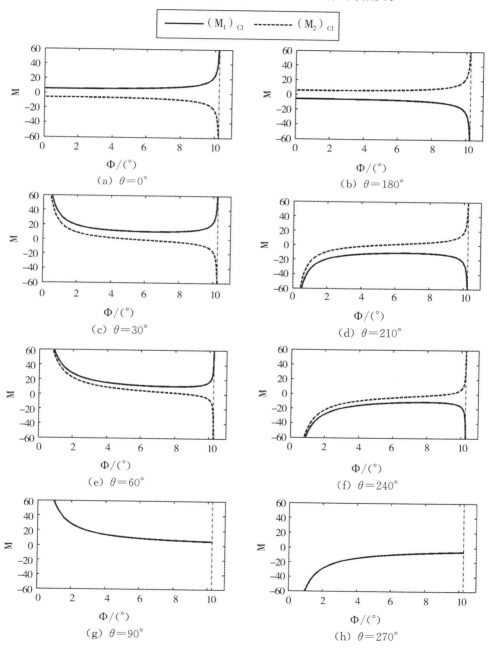

（a）$\theta = 0°$　　　　　　　　（b）$\theta = 180°$

（c）$\theta = 30°$　　　　　　　　（d）$\theta = 210°$

（e）$\theta = 60°$　　　　　　　　（f）$\theta = 240°$

（g）$\theta = 90°$　　　　　　　　（h）$\theta = 270°$

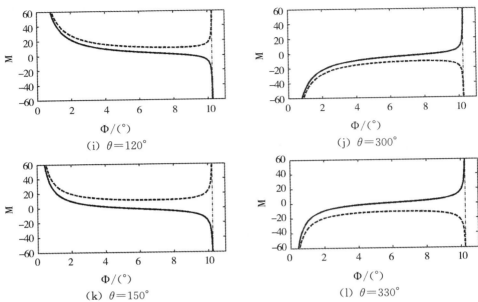

图 4.10 玻璃棱镜系统用于目标跟踪时要求的棱镜转速/光束转向率之比
(对于第一套逆向解)

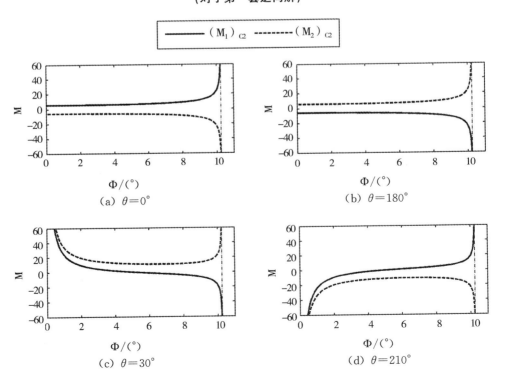

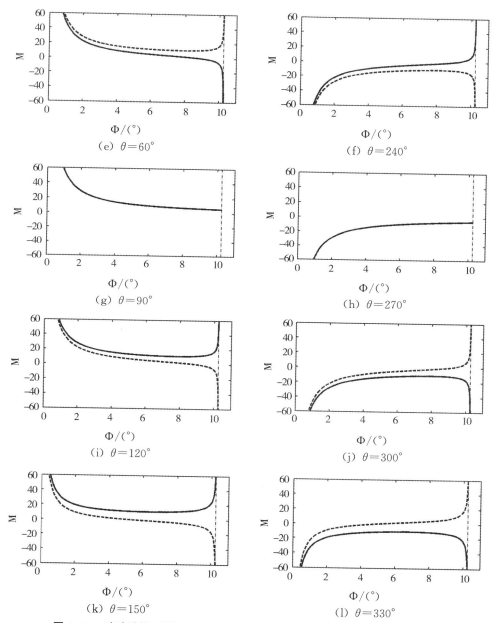

图 4.11　玻璃棱镜系统用于目标跟踪时要求的棱镜转速/光束转向率之比
（对于第二套逆向解）

　　子图（a）和（b）中 θ 为 0° 和 180°，即目标沿径向移动，结果与图 4.3（a）相同，即 $(M_1)_{C1}$、$(M_2)_{C1}$、$(M_1)_{C2}$、$(M_2)_{C2}$ 的绝对值随目标指向偏转

角Φ的增加而增加。当Φ接近最大值Φ_m，其值急剧增加直至趋向无穷，即系统观测场边缘区域存在控制奇点。

子图（g）和（h）中θ为90°和270°，即目标沿切向移动，结果与图 4.5 类似，即$(M_1)_{C1}$、$(M_2)_{C1}$、$(M_1)_{C2}$、$(M_2)_{C2}$的绝对值随目标指向偏转角Φ的减小而增加。对于在系统观测场中心附近区域，即系统光轴附近做切向运动的目标，由于系统出射光束偏转角Φ趋于零，导致棱镜转速与光束转向率比值趋向无穷，即系统观测场中央区域存在控制奇点。

在其他子图中，目标运动包含径向和切向分量。当目标在系统观测场边缘区域时，径向运动分量导致棱镜转速与光束转向率比值急剧增加。当目标在系统观测场中心附近区域时，切向运动分量导致棱镜转速与光束转向率比值急剧增加。系统观测场边缘区域和中央区域均存在控制奇点。

比较子图（c）（$\theta=30°$）和（k）（$\theta=150°$）、（e）（$\theta=60°$）和（i）（$\theta=120°$）、（d）（$\theta=210°$）和（l）（$\theta=330°$）、（f）（$\theta=240°$）和（j）（$\theta=300°$）可知，对比的两图中实线和虚线相互对换，即一子图中的$(M_1)_{C1}$值与另一子图中的$(M_2)_{C2}$值随目标指向偏转角Φ的变化大致相同。虽然图 4.10、图4.11 只针对几种夹角θ值展示了以上变化规律，但大量的计算结果表明，若目标移动方向与径向夹角θ相同，类似于图 4.12 中的方向 1 与方向 4、方向 2 与方向 3，以上规律均成立。因此，旋转双棱镜用于目标跟踪时，对于相等偏转角Φ的指向上目标，在与径向夹角相同的目标运动方向（如图 4.12 中的方向

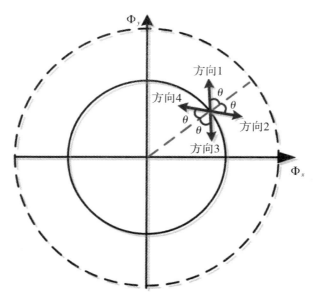

图 4.12　与径向夹角θ相同的目标运动方向

1、方向 2、方向 3、方向 4)，对棱镜旋转驱动和控制的要求是大致相同的，只是两块棱镜的转速与光束转向率比值要求相互切换，或者棱镜的旋转方向相反。

归纳上述研究结果，可对旋转双棱镜目标跟踪应用中棱镜转速与光束转向率比值随目标指向及运动方向的变化做总体分析。显然，只需计算目标指向偏转角 Φ 在 $0\sim\Phi_m$ 间变化、目标移动方向与径向夹角 θ 在 $0°\sim360°$ 变化时棱镜转速与光束转向率比值的变化。需要关注的是该比值的大小，故只需比较其绝对值。图 4.13 针对玻璃棱镜系统，以等值线展示了 $(M_1)_{C1}$、$(M_2)_{C1}$、$(M_1)_{C2}$、$(M_2)_{C2}$ 的绝对值随目标指向偏转角 Φ 及运动方向相对径向夹角 θ 的变化。子图（a）展示的 $(M_1)_{C1}$ 与子图（d）展示的 $(M_2)_{C2}$ 的等值线大致相

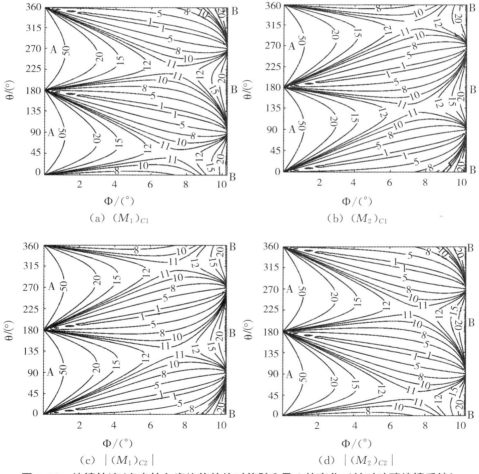

图 4.13　棱镜转速/光束转向率比值的绝对值随 Φ 及 θ 的变化（针对玻璃棱镜系统）

同，而子图（b）展示的 $(M_2)_{C1}$ 与子图（c）展示的 $(M_1)_{C2}$ 的等值线大致相同。这再次说明，无论基于哪套逆向解来跟踪目标，对棱镜旋转驱动和控制的要求相近，只是两棱镜的转速与光束转向率比值要求相互切换。

在各子图中的 A 点附件区域，棱镜转速与光束转向率比值较大。这是因为该区域目标指向偏转角 Φ 较小，目标在系统观测场中央区，即系统光轴附近，而目标运动方向相对径向夹角 θ 趋向 $90°$ 和 $270°$，即运动方向趋向切向，导致棱镜旋转驱动和控制的难度提升。在各子图中的 B 点附件区域，棱镜转速与光束转向率比值也较大。这是由于该区域目标指向偏转角 Φ 较大，目标在系统观测场边缘，而夹角 θ 趋向 $0°$、$180°$ 和 $360°$，即运动方向趋向径向，从而提升了棱镜旋转驱动和控制的难度。

通过对比子图（a）和（b），或比较子图（c）和（d），可整体比较两棱镜的旋转和驱动控制要求。将子图（b）展示的 $(M_2)_{C1}$ 等值线图上下颠倒，即与图（a）展示的 $(M_1)_{C1}$ 等值线图大致相同。同样，将子图（d）展示的 $(M_2)_{C2}$ 等值线图上下颠倒，即与图（c）展示的 $(M_{1C2}$ 等值线图类似。这说明，目标以与径向夹角 θ 移动时一棱镜的转速/光束转向率比值，与目标以与径向夹角 $360°-\theta$ 移动时另一棱镜的转速/光束转向率比值大小相等。总体来看，为在整个系统观测场内跟踪目标，对两棱镜旋转驱动和控制要求是相同的。

图 4.14（a）针对玻璃棱镜系统展示了旋转双棱镜用于目标跟踪时要求的最大棱镜转速/光束转向率比值，图 4.14（b）展示了对应的目标运动方向相对

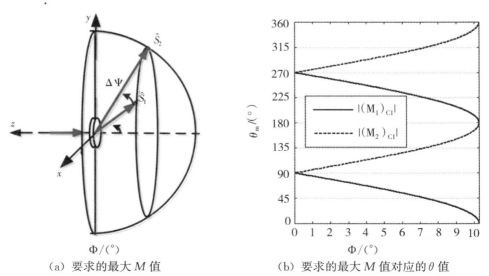

（a）要求的最大 M 值　　　　　（b）要求的最大 M 值对应的 θ 值

图 4.14　目标跟踪时要求的最大棱镜转速/光束转向率比值及其对应的 θ 值
（针对玻璃棱镜系统）

径向的夹角 θ。图 4.14（a）所展示的最大棱镜转速/光束转向率比值随目标指向偏转角 Φ 的变化与图 4.7（c）展示的观测场内棱镜转角梯度值随 Φ 的变化规律一致。对于 $(M_1)_{C1}$、$(M_2)_{C1}$，两者随 Φ 的变化曲线重合，即目标跟踪对两棱镜旋转驱动和控制要求相同。当 Φ 趋向 $0°$，即目标靠近系统光轴，或者当 Φ 趋向系统最大偏转角，即目标靠近系统观测场边缘，要求的棱镜转速/光束转向率比值趋向无穷，棱镜旋转驱动和控制面临困难。由图 4.14（b）可以看出，当 Φ 值较小时，最大棱镜转速/光束转向率比值出现在夹角 θ 趋近 $90°$ 和 $270°$ 的目标运动方向，即切向。随着 Φ 值增大，对应的夹角 θ 逐渐趋向 $0°$、$180°$ 和 $360°$，即径向。

图 4.15 针对锗棱镜系统（折射系数为 $n=4.0226$，顶角为 $\alpha=7.8°$，可计

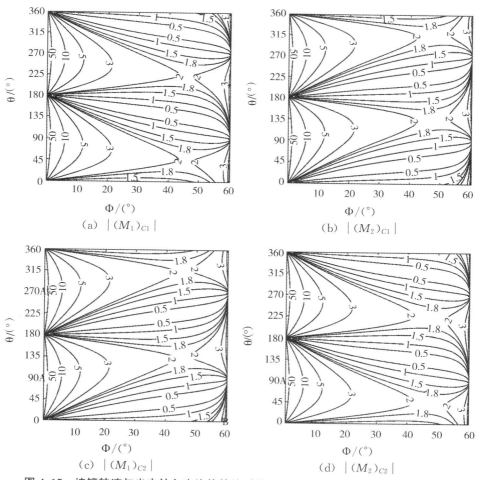

图 4.15　棱镜转速与光束转向率比值的绝对值随 Φ 及 θ 的变化（针对锗棱镜系统）

算系统的最大偏转角为 $\Phi_m = 60.1893°$）展示了 $(M_1)_{C1}$、$(M_2)_{C1}$、$(M_1)_{C2}$、$(M_2)_{C2}$ 的绝对值随目标指向偏转角 Φ 及运动方向相对径向夹角 θ 的变化，可以看到与玻璃棱镜系统类似的变化趋势。仔细比较图 4.15 与图 4.13 可知，相对玻璃棱镜系统，锗棱镜系统在观测场内的大部分区域具有更小的棱镜转速/光束转向率比值。这是由于锗棱镜系统的偏转力强（最大偏转角大），观测场大，棱镜旋转同样的角度，其出射光束转向角比玻璃棱镜系统大。因此，除了观测场中央和边缘的控制奇点区外，大偏转角的旋转双棱镜系统的棱镜旋转驱动和控制难度要比小偏转角的系统小。另外，相对于图 4.13，图 4.15 中的子图（a）与子图（d），子图（b）与子图（c）的差异变大，子图（a）、子图（c）与等值线图上下颠倒的子图（b）、子图（d）的差异也变大。这是由于大偏转角的旋转双棱镜系统光束指向结果偏离近轴近似分析结果的缘故。

　　图 4.16 针对锗棱镜系统展示了要求的最大棱镜转速/光束转向率比值及对应的目标运动方向相对径向的夹角 θ。由图可知，目标跟踪要求的最大棱镜转速/光束转向率比值随目标指向偏转角 Φ 的变化与图 4.8（c）展示的观测场内棱镜转角梯度值随 Φ 的变化规律一致。两子图中的曲线显示了与玻璃棱镜系统类似的变化趋势。即当目标指向偏转角 Φ 较小时（观测场中央区），切向运动（θ 趋近 90°和 270°）导致棱镜转速/光束转向率比值急剧上升。当 Φ 趋向最大偏转角时（观测场边缘区），径向运动（θ 趋近 0°、180°和 360°）导致棱镜转速/光束转向率比值急剧上升。除中央和边缘区域外，对观测场其他指向区域，

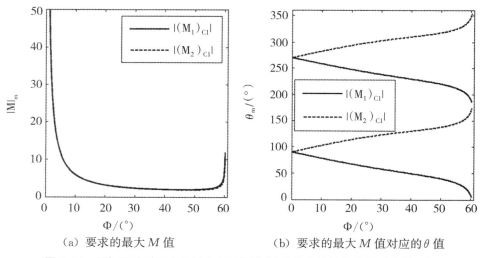

（a）要求的最大 M 值　　　　　　（b）要求的最大 M 值对应的 θ 值

图 4.16　目标跟踪时要求的最大棱镜转速/光束转向率比值及其对应的 θ 值

（针对锗棱镜系统）

锗棱镜系统要求的最大棱镜转速/光束转向率比值比玻璃棱镜系统小得多。

4.3　奇异性问题分析

　　由图 4.7、图 4.8 所示的梯度法分析结果可知，当光束偏转角 Φ 接近 0 或最大值 Φ_m 时，棱镜转角梯度值急剧增大。由图 4.14、图 4.16 所示的解析法分析结果可知，当 Φ 接近 0 或最大值 Φ_m 时，目标跟踪要求的最大棱镜转速/光束转向率比值也急剧增大。即两种方法的分析结果都说明，这两种情况下均要求棱镜旋转驱动电机能实现强劲加速，实现高速旋转。但对于给定的电机，棱镜旋转速度是有限的，因此在观测场中央和边缘存在一定指向区域不能实现目标的持续稳定跟踪，限制了目标跟踪的可行性，此即棱镜旋转控制的奇异性问题。显然，受限区域的偏转角 Φ 的范围取决于电机的最大转速及目标跟踪要求的跟踪速度。本节利用梯度法分析两受限区域的偏转角范围。解析法的分析结果与梯度法的分析结果类似，在此不做赘述。

4.3.1　观测场中央限制区分析

　　图 4.17（a）和（b）针对玻璃棱镜和锗棱镜系统，分别展示了观测场中间和边缘受限区内两棱镜转角梯度。对于确定的旋转双棱镜系统，两棱镜转角的梯度几乎相同，即两棱镜的转速要求几乎同样。

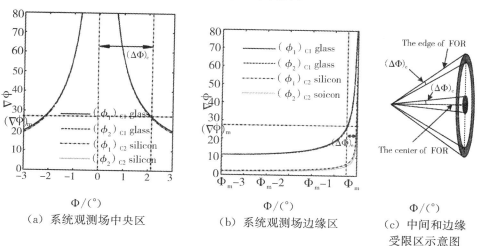

（a）系统观测场中央区　　（b）系统观测场边缘区　　（c）中间和边缘受限区示意图

图 4.17　玻璃棱镜系统和锗棱镜系统观测场中间和边缘受限区内两棱镜转角梯度

如图 4.17（a），在观测场中央，锗棱镜系统和玻璃棱镜系统有几乎相同的棱镜转角梯度，故中间限制区的偏转角范围几乎不依赖于棱镜参数，即不依赖于棱镜的折射系数及顶角。这可以做如下解释：在观测场中心附近，梯度矢量方向趋向于切向，即目标跟踪要求的最大棱镜转速/光束转向率比值出现在切向移动目标跟踪之时，如图 4.14（b）、图 4.16（b）。由式（4.20）可知，两棱镜转速与光束转向率之比只决定于光束偏转角 Φ 而与其他因素无关。基于图 4.17（a）中的曲线，由驱动电机的最大转速及目标跟踪要求的光束转向率可估算观测场中间受限区范围。对于一给定的光束转向率，系统能达到的最大梯度值 $(\nabla\phi)_m$ 决定于电机的最大转速，这能用来估算中间限制区的角半径 $(\Delta\Phi)_c$，其示意图见图 4.17（c）中的中间角锥区域。

图 4.18 中的曲线展示了不同的光束转向率 ω_s 要求下观测场中央限制区角半径 $(\Delta\Phi)_c$ 随电机最大转速 ω_m 的变化。$(\Delta\Phi)_c$ 随 ω_m 的增加而减小，但随 ω_s 的增加而增加。例如，对于最大转速分别为 $\omega_m = 1000°/s$、$2000°/s$ 和 $3000°/s$ 的电机，若要求系统能沿任意路径以 $40°/s$ 的束转速率跟踪目标，从图 4.18 可以看到，中央限制区的角半径分别为 $2.29°$，$1.15°$，$0.76°$。另外，对于最大转速为 $\omega_m = 2000°/s$ 的电机，若要求跟踪束转速率分别为 $\omega_s = 20°/s$、$60°/s$ 和 $100°/s$，则在观测场中间角半径分别为 $0.57°$、$1.72°$、$2.87°$ 的角锥范围外才可实现目标的持续稳定跟踪。

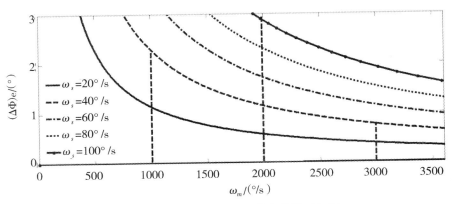

图 4.18　观测场中央限制区的角半径 $(\Delta\Phi)_c$

4.3.2　观测场边缘限制区分析

如图 4.17（b），在观测场边缘存在另外一个限制区。其原因是，在观测场边缘，梯度矢量趋向径向，即目标跟踪要求的最大棱镜转速/光束转向率比值出现在径向移动目标跟踪之时，如图 4.14（b）、图 4.16（b）。当光束偏转

角 Φ 接近最大值 Φ_m，最大的棱镜转速/光束转速比趋向于无穷（见图 4.3）。该限制区示意图如图 4.17（c）中的空心角锥区域，其偏转角宽度 $(\Delta\Phi)_c$ 可用同样的方法估算。

图 4.19 展示了玻璃棱镜和锗棱镜系统观测场边缘限制区的偏转角宽度 $(\Delta\Phi)_e$。与中央限制区的角半径相同，边缘限制区的偏转角宽度 $(\Delta\Phi)_e$ 也随 ω_m 的增加而减小，但随 ω_s 的增加而增加，但在同样的条件下，其值要比中央限制区角半径小得多。与玻璃棱镜相比，锗棱镜在给定的 ω_m 和 ω_s 下呈现更小的角宽度。例如，如电机最大角速率为 $\omega_m = 1000°/s$，要求的束速率为 $40°/s$，则锗棱镜的边缘限制区的角宽度仅为 $0.015°$，而玻璃棱镜达到 $0.26°$。

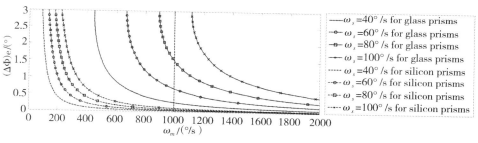

图 4.19　观测场边缘限制区的偏转角宽度 $(\Delta\Phi)_e$

接着本研究开始聚焦于观测场中心的控制奇异点上，即表示系统光轴指向的坐标原点。该点对应的偏转角为 $\Phi = 0°$。对于两棱镜完全相同的系统来说，即 $n_1 = n_2$，$\alpha_1 = \alpha_2$，由式（3.72）可知，棱镜 Π_1 和棱镜 Π_2 之间的相对方位夹角 $\Delta\phi$ 为 $180°$。但由于该点对应的方位角 Θ 不可定义，无法由式（3.74）和（3.76）计算两棱镜最终的旋转角位置。实际上，只要其中一个棱镜相对另一个棱镜旋转 $180°$，出射光束便指向观测场中心，即中心点存在无数组可能的棱镜方位。在目标跟踪应用中，探讨目标跨越观测场中心时棱镜方位的改变是有意义的。如前所述，对于目标的径向运动，两棱镜的角速率不依赖于其方位角 Θ，故只需分析跨中心的任意路径。

图 4.20 针对玻璃棱镜系统，展示了沿 X 轴方向跟踪目标经过观测场中心时棱镜旋转角的变化。由于跨中心运动产生了一个 $180°$ 的方位跃变，故当系统跟踪目标通过观测场中心点时，棱镜方位的两组解 $((\phi_1)_{C1}, (\phi_2)_{C1})$ 和 $((\phi_1)_{C2}, (\phi_2)_{C2})$ 也会经历一个 $180°$ 的跃变。然而，由图也注意到，在 0 位置，两组解恰好相互重合，意味着通过两套解的切换，可避免跟踪目标跨观测场中心出现的棱镜旋转控制奇异点问题。

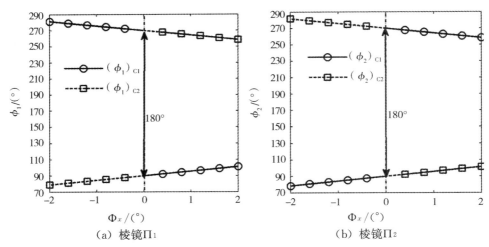

（a）棱镜Π_1　　　　　　　　　（b）棱镜Π_2

图 4.20　利用玻璃棱镜系统沿 X 轴方向跟踪目标经过观测场中心时棱镜旋转角的两组解的变化

4.4　本章小结

　　针对旋转双棱镜目标跟踪应用中的棱镜旋转驱动控制问题，分析光束转向率与相应的棱镜旋转速度之间的内在联系。针对系统观测场内不同指向位置、不同移动方向的目标，通过分析棱镜转速与光束转向率的比值及棱镜角位置梯度变化来研究目标跟踪对棱镜驱动电机驱动能力及棱镜旋转控制的要求。在此基础上探讨系统观测场中央和边缘目标跟踪限制区及控制奇异点问题。

　　基于两步法反解得到的两套棱镜角位置逆向解，根据目标径向、切向、任意方向移动的光束偏转特点，研究光束转向速率与棱镜的转速要求之间内在的非线性关系。对径向和切向运动目标跟踪分析结果表明，当系统跟踪径向移动目标到观测场边缘，或跟踪切向移动目标到观测场中央，棱镜转速与光束转向率之比均急剧增加甚至趋向于无穷，导致棱镜驱动和控制面临困难。对于切向运动目标的跟踪，棱镜转速与光束转向率之比仅决定于光束的偏转角，而与系统本身无关联。

　　应用梯度法和解析法分析任意路径运动目标的跟踪。梯度法分析观测场内棱镜旋转角位置二维数值积分，通过其梯度来研究光束转向率与棱镜转速要求间的关系。结果表明，当目标在系统光轴附件移动时，对两棱镜转速要求最快的目标移动方向为切向；当目标在观测场边缘移动时，对两棱镜转速要求最快的目标移动方向为径向。系统中两棱镜的最大转速要求几乎是一致的，只依赖于光束的偏转角而与方位角无关。在观测场内大部分区域，通过使用大角度偏转棱镜可降低对棱镜的角速率要求。

解析法通过计算棱镜角位置的方向导数来推算和分析棱镜转速与光束转向率的比值，探讨目标跟踪对棱镜旋转驱动和控制要求。结果表明，对于确定的旋转双棱镜系统，目标跟踪对棱镜旋转驱动和控制的要求只决定于目标指向的当前偏转角以及目标的移动方向，而与目标指向的当前方位极角无关。对于相同偏转角指向上的目标，目标跟踪对棱镜旋转驱动控制要求只取决于目标移动方向与径向的夹角大小。系统跟踪目标靠近观测场中心和边缘时，目标的切向、径向移动将分别导致棱镜转速与光束转向率比值急剧增加直至无穷，棱镜旋转驱动控制出现奇异性。研究还发现，基于两套逆向解的分析结果无显著差异。为在整个系统观测场内跟踪目标，对两棱镜旋转驱动和控制要求相同。

本章还用梯度法探讨了观测场中央和边缘限制区域。结果表明，中央限制区的大小几乎不依赖于棱镜参数，其主要取决于棱镜能达到的最大转速以及目标跟踪需要的转向速率。与中央限制区相比较，在同样条件下边缘限制区要小得多。最后，分析了观测场中心奇异点，发现通过切换棱镜的两套解可避免目标跨中心移动时的控制奇异点问题。

本章的研究方法和结果能在旋转双棱镜的目标跟踪应用中为系统驱动控制设计提供参考。

第5章　旋转双棱镜光束指向误差分析

指向精度是评价光束指向控制及扫描机构性能的一个重要参数。本工作利用旋转双棱镜移动成像视轴实现扫描成像，视轴的指向精度将影响目标跟踪及图像的拼接的准确性，因此，有必要研究旋转双棱镜系统的指向精度及其影响因素。

系统中存在的很多误差源都将影响视轴的指向精度。目前已有的文献很少报道相关研究。Horng 等[76] 研究了光楔元件误差导致的扫描图形畸变及装调误差对系统指向精度的影响。本研究系统深入地研究了旋转双棱镜系统的指向精度及其对不同误差源的敏感性。

影响系统指向精度的误差源主要包括：（1）元件误差。即棱镜的实际结构参数和光学参数与标称值间存在的偏差。典型的有棱镜加工中产生的顶角误差及复杂工作环境导致的棱镜材料折射系数误差。（2）棱镜方位误差。即在棱镜旋转控制中棱镜旋转角度的实际值与标称值之间的误差。该误差源可能来源于棱镜旋转驱动及控制机构的性能限制，也可能来源于棱镜角位置的标定误差。（3）装调误差。例如棱镜安装中的倾斜、旋转轴的倾斜等。

对于装调精确的系统，利用本报告第3章的理论和方向可有效地得出任意指向位置与相应的棱镜方位之间的关系。因此，可利用第3章的有关式子来计算元件误差及棱镜方位误差引起的指向误差。对于装调误差，可基于厚棱镜理论，在系统中对光线进行逐面追迹来计算实际出射光线的指向位置并与理想指向相比较得到指向误差。对于所有的误差源，只要给出目标指向精度，便可估计相应的误差容限。

5.1　光学元件加工误差导致的光束指向误差

由于加工误差不可避免，棱镜顶角不可能做到与标称值完全一致。一些应用场合系统的工作环境复杂，剧烈变化的环境温度可能导致棱镜材料折射率发生变化。本研究着重研究顶角误差及折射系数误差引起的系统指向误差。

5.1.1　折射系数误差引起的系统指向误差

棱镜材料，诸如光学玻璃或红外材料，其折射系数都将随环境温度而改变。在空间光通信等一些应用中，系统需要工作于较大的温度范围，因此，探究折射系数误差引起的指向误差是有必要的。

在多数应用中，两个棱镜用同种材料制成且处在同样的工作环境，因此可认为两者具有同样的折射系数误差$|\Delta n|$。利用本报告第 3 章的有关公式可容易地得到误差系统出射光线的最终偏转。首先，在整个观测场内按适当步长均匀选择采样指向位置用于估计指向误差分布。针对标称参数的理想系统，采用式（3.66）～（3.74）计算两棱镜的旋转角度（ϕ_1，ϕ_2）。然后基于棱镜的旋转角度计算光经过误差系统后出射光的实际指向位置。比较实际指向和理想指向即可容易得到元件误差引起的指向误差。

两个系统被考虑作为典型例子。第一个系统为可见光光束指向系统。棱镜材料为光学玻璃，折射系数为 $n=1.5$。两棱镜顶角为 $\alpha=10°$。第二个系统为红外光束指向系统。棱镜材料为锗玻璃，折射系数 $n=4$。两棱镜顶角为 $\alpha=8°$。图 5.1（a）展示了光学玻璃棱镜折射系数误差导致的指向误差在观测场内的分布，折射系数误差值$|\Delta n|=0.001$。可知指向误差 Δ 仅决定于出射光束偏转角 Φ 而与光束的方位角 Θ 无关。图 5.1（b）展示了光学玻璃系统的指向误差 Δ 随偏转角 Φ 的变化。Δ 随 Φ 增加而增大，当出射光束达到最大偏转角 Φ_m 时，指向误差达到最大值 Δ_m，故当系统将光束从观测场中间转向边缘时，指向精度将急剧下降。针对锗玻璃系统也能得到类似趋势。图 5.1（c）展示了光学玻璃系统及锗玻璃系统的最大指向误差 Δ_m 随折射系数误差$|\Delta n|$的变化。

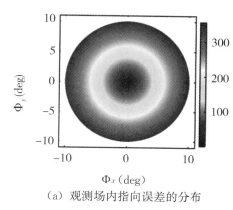

（a）观测场内指向误差的分布

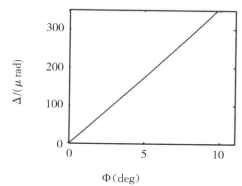

（b）光学玻璃系统的指向误差随偏转角 Φ 的变化，折射系数误差 $|\Delta n|=0.001$

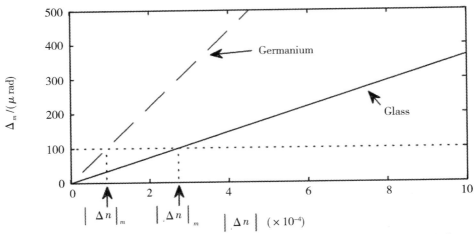

（c）光学玻璃系统及锗玻璃系统的最大指向误差 Δ_m 随折射系数误差 $|\Delta n|$ 的变化

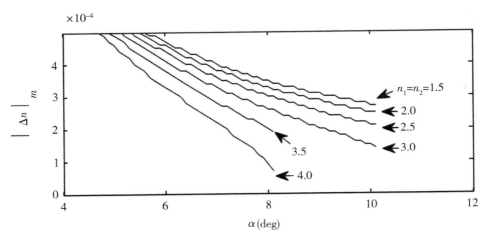

（d）$100\mu rad$ 指向精度下折射系数误差容限，棱镜材料折射系数为 $n=1.5，2.0，\cdots，4.0$

图 5.1　折射系数误差引起的指向误差

可以看出 Δ_m 随 $|\Delta n|$ 几乎呈线性变化。如先确定一个指向精度指标，便能估计对应的折射系数容限。对于 $100\mu rad$ 指向精度，光学玻璃及锗玻璃系统的折射系数容限分别为 0.00027 和 0.00009。图 5.1（d）针对 $100\mu rad$ 指向精度展示了棱镜材料折射系数分别为 $n=1.5，2.0，\cdots，4.0$ 时对应的折射系数误差容限。明显可知，随着棱镜折射系数或顶角的增加，误差容限急剧减少。这些研究结果能为宽温度变化范围应用场合的旋转双棱镜光束指向系统设计提供基础技术支撑。例如，在温度范围 250～295K、波长范围 3.5～5.5μm 内，锗玻

璃的热光系数约 $4.0 \times 10^{-4}/℃$，如果要求系统达到 100μrad 的指向精度，则能得到环境温度的变化容许上限为 $(\Delta t)_m = 0.00009/0.0004 = 0.225℃$。

5.1.2　棱镜顶角误差引起的系统指向误差

由于加工误差，两棱镜的实际顶角值与标称值间将存在误差，从而导致系统指向误差。为达到给定的指向精度，棱镜顶角误差需限制在相应的误差容限下。给出棱镜顶角的误差容限能为棱镜的加工精度提出恰当要求。

为区别研究两棱镜，研究设定其中一个顶角保持为标称值而另一个顶角与标称值间存在微小差异。同样，采用式（3.66）～（3.74）来计算棱镜顶角引起的指向误差。图 5.2（a）展示了棱镜 Π_1 的顶角误差为 0.01°时光学玻璃系统在观测场内的指向误差 Δ 分布。同样，Δ 不依赖于光束方位角 Θ 而仅随光束偏

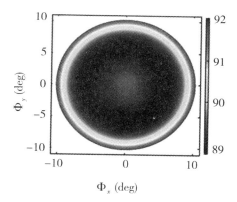

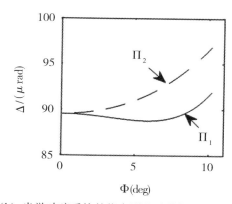

（a）光学玻璃系统观测场内指向误差的分布，其中棱镜 Π_1 的顶角误差为 0.01°

（b）光学玻璃系统的指向误差随偏转角 Φ 的变化，棱镜 Π_1 和 Π_2 的顶角误差 $|\Delta\alpha| = 0.01°$

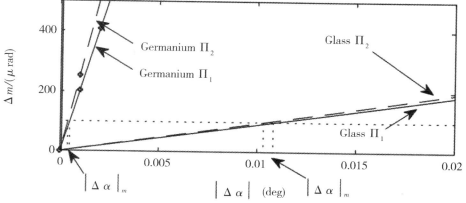

（c）光学玻璃系统及锗玻璃系统的最大指向误差 Δ_m 随棱镜 Π_1、Π_2 的顶角误差的变化

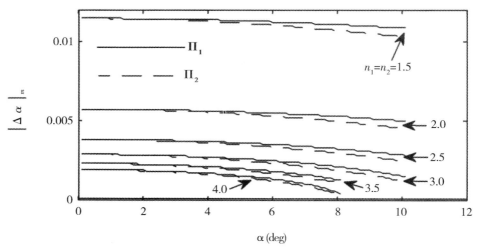

(d) 100μrad 指向精度下棱镜顶角误差容限，棱镜材料折射系数为 $n=1.5$，2.0，$\cdots$，4.0

图 5.2　棱镜顶角误差引起的指向误差

转角 Φ 而变化。棱镜 Π_2 顶角存在误差时，也可得到类似的结果。图 5.2（b）中的两曲线分别描述了两棱镜顶角误差为 $0.01°$ 时光束指向误差随光束偏转角的变化。在最大光束偏转角 Φ_m 处，系统指向误差达到最大值 Δ_m。以上结果同样适用于锗玻璃系统。图 5.2（c）针对两个系统在不同的顶角误差下比较了两棱镜顶角误差导致的最大指向误差。棱镜 Π_2 的顶角误差引起的最大指向误差比棱镜 Π_1 的略大。要达到 100μrad 的指向精度，光学玻璃棱镜 Π_1 和 Π_2 的顶角误差容限 $|\Delta\alpha|_m$ 分别为 $0.0108°$ 和 $0.0103°$，而锗玻璃棱镜的顶角误差容限分别为 $0.0005°$ 和 $0.0004°$。图 5.2（d）比较了两棱镜在不同的折射系数下，100μrad 指向精度的顶角误差容限 $|\Delta\alpha|_m$ 随棱镜顶角的变化。该折射系数范围覆盖了目前几乎所有可能的应用。容易看到，大的棱镜折射系数和顶角为棱镜加工提出了很高要求。

5.2　棱镜转角方位误差导致的光束指向误差

由于棱镜回转控制系统的性能限制及棱镜旋转角度标定的误差，棱镜方位误差，即棱镜旋转角偏离标称值，是不可避免的，最终将对系统的指向精度带来影响。为区分两棱镜方位误差带来的影响，本研究分别单独探讨单个棱镜方位误差导致的系统指向误差。即设定其中一个棱镜的顶角轻微偏离标称值而另一个棱镜顶角保持精确。同样，针对观测场内的采样方向反向解算出理想系统的反解，得到两棱镜对应的旋转角度标称值ϕ_1和ϕ_2。然后，小的偏差量$\triangle\phi_1$或$\triangle\phi_2$被叠加到标称值ϕ_1或ϕ_2上。基于棱镜的实际旋转角度$\phi_1\pm\triangle\phi_1$、$\phi_2\pm\triangle\phi_2$推导出实际出射光束的指向。最后，通过比较实际光束指向及理想光束指向可得系统的指向误差。

图 5.3（a）展示了棱镜Π_1的旋转角误差为$0.01°$时光学玻璃系统在观测场内的指向误差$\triangle$分布。$\triangle$依赖于光束偏转角而与光束方位角无关。两棱镜旋转角误差为$0.01°$时光束指向误差随光束偏转角的变化曲线被展示在图 5.3（b）中。对于不同的棱镜旋转角误差，容易得到最大的系统指向误差$\triangle_m$。图 5.3（c）针对两个系统在不同的旋转角误差下比较了两棱镜顶角误差导致的最大指向误差。同样，棱镜Π_2的旋转角误差引起的最大指向误差比棱镜Π_1的略大。要达到$100\mu rad$的指向精度，光学玻璃棱镜Π_1和Π_2的旋转角误差容限$|\triangle\phi|_m$分别为$0.064°$和$0.063°$，而锗玻璃棱镜的顶角误差容限分别为$0.0103°$和$0.0099°$。图 5.3（d）比较了两棱镜在不同的折射系数下，$100\mu rad$指向精度的旋转角误差容限$|\triangle\theta|_m$随棱镜顶角的变化。随着棱镜折射系数和顶角的增加，其旋转角误差容限急剧减小。

分析以上结果可知，棱镜Π_1和Π_2的顶角误差及旋转角误差所产生的系统指向误差存在差异。这主要是由于两者在光束传播路径上的位置差异导致的。入射到两个棱镜上的光线具有不同的入射角，影响了棱镜对光束的角偏转值及其对两个误差源的依赖关系。对于薄棱镜系统，入射光方向的影响可以忽略。但随着棱镜顶角及折射系数的增加，棱镜对光束的角偏转越来越明显地受到入射光方向的影响。因此，从图 5.3（c）和图 5.3（d）可明显看到大顶角下两棱镜的误差容限产生较大差异。

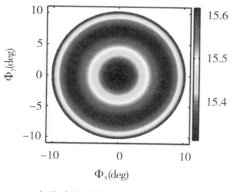

（a）光学玻璃系统观测场内指向误差的分布，其中棱镜Π_1的旋转角误差为$0.01°$

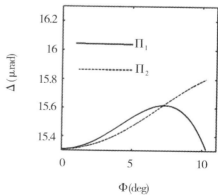

（b）光学玻璃系统的指向误差随偏转角Φ的变化，棱镜Π_1和Π_2的旋转角误差为$0.01°$

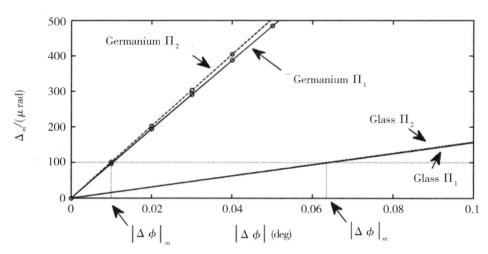

（c）光学玻璃系统及锗玻璃系统的最大指向误差 Δ_m 随棱镜Π_1、Π_2 的旋转角误差的变化

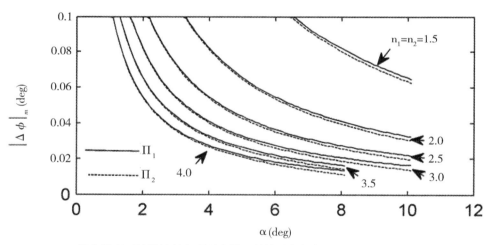

（d）$100\mu rad$ 指向精度下棱镜旋转角误差容限，棱镜材料折射系数为 n＝1.5，2.0，…，4.0

图5.3　棱镜旋转角误差引起的指向误差

5.3　系统装配误差导致的光束指向误差

对于一个理想的旋转双棱镜光束转向系统，两棱镜的旋转轴与系统光轴共线，且棱镜的两个直角面相互平行且与光轴垂直。实际中这种理想装调难以实

现，不可避免产生装调误差。装调中两棱镜元件可能倾斜，两棱镜的旋转轴可能与系统光轴间存在对准误差。这两种装调误差示意图如图 5.4。

棱镜的两个直角面，即棱镜Π_1的第二个表面和棱镜Π_2的第二个表面分别标记为面 12 和面 21。在棱镜倾斜中（见图 5.4（a）），两棱镜均绕系统光轴（即 Z 轴）旋转，但棱镜Π_1或Π_2相对理想方位发生了小角度δ的倾斜，即其法线与系统光轴间的夹角为δ。在旋转轴倾斜中（见图 5.4（b）），棱镜Π_1或Π_2的旋转轴发生倾斜，一轴系统变为两轴系统，即两棱镜不再共轴旋转。由于旋转双棱镜系统属于非旋转对称系统，故需要注意的是，在探讨系统装调误差对指向精度的影响时，不但需要考虑倾斜角对光束指向的影响，还需要考虑倾斜方向的影响。

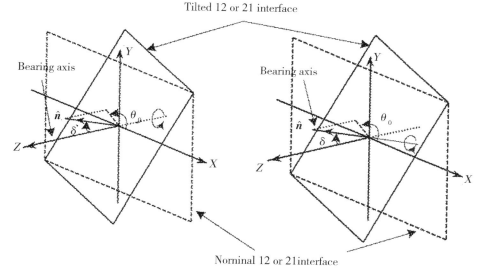

图 5.4　两种装调误差

（a）棱镜倾斜：棱镜直角面与系统光轴不垂直　　（b）旋转轴倾斜：棱镜的旋转轴与系统光轴不共线

5.3.1　棱镜倾斜引起的指向误差

棱镜倾斜示意图展示在图 5.4（a），倾斜角和倾斜方向分别用δ和θ_0描述。当倾斜棱镜的旋转角为 0°时，相当于棱镜以单位矢量$(u_x, u_y, u_z) = (-\sin\theta_0, \cos\theta_0, 0)$为轴旋转了$\delta$。基于用于描述绕任意轴旋转的罗德里格斯（Rodrigues）旋转方程可得旋转方程M_p的转置矩阵为

$$\boldsymbol{M}_p^T = \boldsymbol{A}_p + \cos\boldsymbol{\delta}\cdot(\boldsymbol{I}-\boldsymbol{A}_p) + \sin\boldsymbol{\delta}\cdot\boldsymbol{B}_p. \tag{5.1}$$

其中，I 为单位矩阵，A_P 和 B_p 分别有下式给出

$$A_p = \begin{bmatrix} u_x^2 & u_x u_y & u_x u_z \\ u_y u_x & u_y^2 & u_y u_z \\ u_z u_x & u_z u_y & u_z^2 \end{bmatrix} = \begin{bmatrix} \sin^2 \boldsymbol{\theta}_0 & -\sin \boldsymbol{\theta}_0 \cos \boldsymbol{\theta}_0 & 0 \\ -\sin \boldsymbol{\theta}_0 \cos \boldsymbol{\theta}_0 & \cos^2 \boldsymbol{\theta}_0 & 0 \\ 0 & 0 & 0 \end{bmatrix}.$$

$$\tag{5.2}$$

$$B_p = \begin{bmatrix} 0 & -u_z & u_y \\ u_z & 0 & -u_x \\ -u_y & u_x & 0 \end{bmatrix} = \begin{bmatrix} 0 & 0 & \cos \boldsymbol{\theta}_0 \\ 0 & 0 & \sin \boldsymbol{\theta}_0 \\ -\cos \boldsymbol{\theta}_0 & -\sin \boldsymbol{\theta}_0 & 0 \end{bmatrix}. \tag{5.3}$$

考虑第一种情况，即棱镜 Π_1 发生倾斜而棱镜 Π_2 安装理想，当棱镜 Π_1 的旋转角为 $0°$ 时，其第一面（11 面）和第二面（12 面）的单位法向矢量可表示为

$$\hat{n}_{110} = (\sin \boldsymbol{\alpha}_1,\ 0,\ \cos \boldsymbol{\alpha}_1) \cdot \boldsymbol{M}_p, \quad \hat{n}_{120} = (0,\ 0,\ 1) \cdot \boldsymbol{M}_p. \tag{5.4}$$

当棱镜 Π_1 的旋转角为 ϕ_1 时，11 面和 12 面的单位法向矢量可表示为

$$\hat{n}_{11} = \hat{n}_{110} \cdot \begin{bmatrix} \cos \phi_1 & \sin \phi_1 & 0 \\ -\sin \phi_1 & \cos \phi_1 & 0 \\ 0 & 0 & 1 \end{bmatrix}, \tag{5.5}$$

$$\hat{n}_{12} = \hat{n}_{120} \cdot \begin{bmatrix} \cos \phi_1 & \sin \phi_1 & 0 \\ -\sin \phi_1 & \cos \phi_1 & 0 \\ 0 & 0 & 1 \end{bmatrix}. \tag{5.6}$$

当棱镜 Π_2 的旋转角为 ϕ_2 时，其第一面（21 面）和第二面（22 面）的单位法向矢量可表示为

$$\hat{n}_{21} = (0,\ 0,\ 1), \tag{5.7}$$

$$\hat{n}_{22} = (-\sin \alpha_2 \cos \phi_2,\ -\sin \alpha_2 \sin \phi_2,\ \cos \alpha_2). \tag{5.8}$$

入射光线矢量 $\hat{s}_1^i = (0,\ 0,\ -1)$ 射入 11 面中心进入系统，可用矢量形式的斯涅尔定律求得 11 面、12 面、21 面和 22 面上的折射光线矢量，分别表示为

$$\hat{s}_{11}^r = \frac{1}{n_1} \left[\hat{s}_1^i - (\hat{s}_1^i \cdot \hat{n}_{11}) \hat{n}_{11} \right] - \hat{n}_{11} \sqrt{1 - \frac{1}{n_1^2} + \frac{1}{n_1^2} (\hat{s}_1^i \cdot \hat{n}_{11})^2}, \tag{5.9}$$

$$\hat{s}_{12}^r = n_1 \left[\hat{s}_{11}^r - (\hat{s}_{11}^r \cdot \hat{n}_{12}) \hat{n}_{12} \right] - \hat{n}_{12} \sqrt{1 - n_1^2 + n_1^2 (\hat{s}_{11}^r \cdot \hat{n}_{12})^2}, \tag{5.10}$$

$$\hat{s}_{21}^r = \frac{1}{n_2} \left[\hat{s}_{12}^r - (\hat{s}_{12}^r \cdot \hat{n}_{21}) \hat{n}_{21} \right] - \hat{n}_{21} \sqrt{1 - \frac{1}{n_2^2} + \frac{1}{n_2^2} (\hat{s}_{12}^r \cdot \hat{n}_{21})^2}, \tag{5.11}$$

$$\hat{s}_{22}^r = n_2 \left[\hat{s}_{21}^r - (\hat{s}_{21}^r \cdot \hat{n}_{22}) \hat{n}_{22} \right] - \hat{n}_{22} \sqrt{1 - n_2^2 + n_2^2 (\hat{s}_{21}^r \cdot \hat{n}_{22})^2}. \tag{5.12}$$

首先，在观测场内按一定步长均匀选择系列指向位置，对每一指向位置均

计算其方向矢量 $\hat{s}^r$，采用式（3.66）～（3.74）计算每一个指向位置对应的两棱镜的旋转角度（ϕ_1，ϕ_2）。将这些量代入式（5.5）～（5.12）可得实际出射光线矢量 $\hat{s}_{22}^r$。然后，棱镜倾斜引起的系统指向误差可表示为下列形式：

$$\Delta = \arccos(\hat{s} \cdot \hat{s}_{22}^r). \tag{5.13}$$

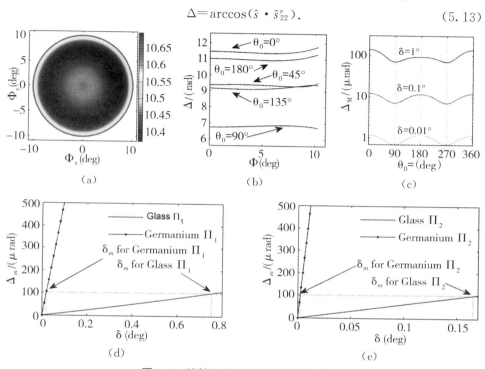

图 5.5　棱镜倾斜误差引起的指向误差

（a）光学玻璃系统观测场内指向误差的分布，其中棱镜Π_1 的倾斜角为 0.01°，倾斜方向表示为 $\theta_0 = 30°$；（b）倾斜角为 0.01°，不同倾斜方向下光学玻璃系统的指向误差随偏转角Φ的变化；（c）不同倾斜角下，光学玻璃系统的最大指向误差 Δ_m 随倾斜方向的变化；（d）光学玻璃和锗玻璃系统的最大指向误差随棱镜Π_1 的倾斜角的变化；（e）光学玻璃和锗玻璃系统的最大指向误差随棱镜Π_2 的倾斜角的变化。

图 5.5（a）展示了光学玻璃系统观测场内棱镜Π_1 倾斜误差引起的系统指向误差分布。其中棱镜Π_1 的倾斜角 $\delta = 0.01°$，倾斜方向 $\theta_0 = 30°$。可知指向误差在观测场内的分布呈现旋转对称特点，即棱镜倾斜引起的光束指向误差与光束方位角无关。图 5.5（b）展示了棱镜Π_1 倾斜角为 0.01°时，不同倾斜方向下光学玻璃系统的指向误差随偏转角Φ的变化。可知光束指向误差及其对光束偏转角的依赖关系与棱镜的倾斜方向有关。图 5.5（c）展示了不同倾斜角下，光学玻璃系统在观测场内的最大指向误差 Δ_M 随倾斜方向的变化。有趣的是，

131

当 $\theta_0 = 0°$ 或 $180°$ 时，即棱镜 Π_1 向棱镜最薄或最厚端倾斜时，Δ_M 达到最大值 Δ_m。故可就这两种情况来估算一定指向精度要求下棱镜倾斜角的容限。图 5.5 (d) 展示了光学玻璃和锗玻璃系统的最大指向误差 Δ_m 随棱镜 Π_1 的倾斜角的变化。若要求的光束指向精度为 $100\ \mu\mathrm{rad}$，光学玻璃棱镜 Π_1 的倾斜角容限 δ_m 为 $0.7523°$，而相应锗玻璃棱镜的倾斜角容限为 $0.0191°$。

接着考虑第二种情况，即棱镜 Π_2 发生倾斜而棱镜 Π_1 安装理想。11 面及 12 面的单位法向矢量为

$$\hat{n}_{11} = (\sin\alpha_1\cos\phi_1,\ \sin\alpha_1\sin\phi_1,\ \cos\alpha_1), \tag{5.14}$$

$$\hat{n}_{21} = (0,\ 0,\ 1), \tag{5.15}$$

采用式（5.4）～（5.6）可推算 21、22 面的单位法向矢量 $\hat{n}_{21}$ 和 $\hat{n}_{22}$。追迹光线通过系统中的 11、12、21、22 面，按与棱镜 Π_1 类似的解决步骤可得到棱镜 Π_2 的倾斜引起的光束指向误差。所得结果也与棱镜 Π_1 的结果相类似，即指向误差分布呈现旋转对称特点，当棱镜 Π_2 向棱镜最薄或最厚端倾斜时，光束指向误差达到最大值 Δ_m。图 5.5（e）展示了光学玻璃和锗玻璃系统的最大指向误差 Δ_m 随棱镜 Π_2 的倾斜角的变化。对于 $100\ \mu\mathrm{rad}$ 的指向精度，两种系统棱镜 Π_2 的倾斜角容限 δ_m 分别为 $0.1653°$ 和 $0.0023°$。

5.3.2　旋转轴倾斜引起的指向误差

旋转轴倾斜示意图展示在图 5.4（b），倾斜的旋转轴方向表示为下列单位矢量

$$(u'_x,\ u'_y,\ u'_z) = (\sin\delta\cos\theta_0,\ \sin\delta\sin\theta_0,\ \cos\delta). \tag{5.16}$$

再次应用罗德里格斯旋转方程，可得绕旋转轴的旋转矩阵 M_b 的转置为

$$M_b^T = A_b + \cos\phi \cdot (I - A_b) + \sin\phi \cdot B_b. \tag{5.17}$$

其中 ϕ 为棱镜 Π_1 或 Π_2 的旋转角，I 为单位矩阵且利用了下述定义

$$A_b = \begin{bmatrix} u'_x u'_x & u'_x u'_y & u'_x u'_z \\ u'_y u'_x & u'_y u'_y & u'_y u'_z \\ u'_z u'_x & u'_z u'_y & u'_z u'_z \end{bmatrix} = \begin{pmatrix} \sin^2\delta\cos^2\theta_0 & \sin^2\delta\sin\theta_0\cos\theta_0 & \sin\delta\cos\delta\cos\theta_0 \\ \sin^2\delta\sin\theta_0\cos\theta_0 & \sin^2\delta\sin^2\theta_0 & \sin\delta\cos\delta\sin\theta_0 \\ \sin\delta\cos\delta\cos\theta_0 & \sin\delta\cos\delta\sin\theta_0 & \cos^2\delta \end{pmatrix}, \tag{5.18}$$

$$B_b = \begin{bmatrix} 0 & -u'_z & u'_y \\ u'_z & 0 & -u'_x \\ -u'_y & u'_x & 0 \end{bmatrix} = \begin{pmatrix} 0 & -\cos\delta & \sin\delta\sin\theta_0 \\ \cos\delta & 0 & -\sin\delta\cos\theta_0 \\ -\sin\delta\sin\theta_0 & \sin\delta\cos\theta_0 & 0 \end{pmatrix}. \tag{5.19}$$

装调误差不可避免，两棱镜都可能发生旋转轴倾斜。为分开探讨每个棱镜

旋转轴倾斜的影响并互相比较，研究中设定系统中仅有一个棱镜的旋转轴发生倾斜而另一个保持理想安装。因此，当分析棱镜Π_1的旋转轴倾斜时，仍能采用式（5.7）和（5.8）来表示棱镜Π_2两个表面的法向单位矢量；当分析棱镜Π_2的旋转轴倾斜时，仍能采用式（5.14）和（5.15）来表示棱镜Π_1两个表面的法向单位矢量。

当棱镜Π_1的旋转轴倾斜时，对于$0°$的旋转角，式（5.4）描述的$\hat{n}_{110}$和$\hat{n}_{120}$仍能表示其两个表面的法向单位矢量。绕倾斜旋转轴（用式（5.16）表示的单位矢量描述）旋转棱镜Π_1，两表面的法向矢量将改变方向。应用式（5.17）~（5.19）定义的旋转方程，最终的法向矢量能写作如下形式

$$\hat{n}_{11} = \hat{n}_{110} \cdot M_b, \tag{5.20}$$

$$\hat{n}_{12} = \hat{n}_{120} \cdot M_b \tag{5.21}$$

当棱镜Π_2的旋转轴倾斜时，对于$0°$的旋转角，其两表面的法向单位矢量可表示为

$$\hat{n}_{210} = (0,\ 0,\ 1) \cdot M_p \tag{5.22}$$

$$\hat{n}_{220} = (-\sin\alpha_2,\ 0,\ \cos\alpha_2) \cdot M_p \tag{5.23}$$

应用式（5.17）~（5.19）定义的旋转方程，旋转角为θ_2时的法向矢量能写作如下形式：

$$\hat{n}_{21} = \hat{n}_{210} \cdot M_b, \tag{5.24}$$

$$\hat{n}_{22} = \hat{n}_{220} \cdot M_b. \tag{5.25}$$

基于系统四个表面的法向矢量，对系统中的光线进行追迹。在分析棱镜Π_1的旋转轴倾斜时，可将式（5.20）、（5.21）、（5.7）、（5.8）描述的法线矢量$\hat{n}_{11}$、$\hat{n}_{12}$、$\hat{n}_{21}$、$\hat{n}_{22}$代入式（5.9）~（5.12）可得出射光线矢量$\hat{s}_{22}'$。在分析棱镜Π_2的旋转轴倾斜时，可将式（5.14）、（5.15）、（5.24）、（5.25）描述的法线矢量$\hat{n}_{11}$、$\hat{n}_{12}$、$\hat{n}_{21}$、$\hat{n}_{22}$代入式（5.9）~（5.12）可得出射光线矢量$\hat{s}_{22}'$。根据上面提到的类似方法可推算出棱镜Π_1和Π_2旋转轴倾斜引起的系统光束指向误差。

图 5.6 针对光学玻璃系统，展示了棱镜旋转轴倾斜引起的光束指向误差Δ在观测场内的分布。其中棱镜旋转轴的倾斜角为$\delta = 0.01°$，倾斜方向分别为$\theta_0 = 30°$和$120°$。针对两个棱镜的指向误差分布呈现差异。另外，棱镜Π_2旋转轴倾斜引起的系统光束指向误差比棱镜Π_1的大的多。该差异主要来源于两棱镜在光路中的位置差异，导致射入两者的入射线方向不同。两个倾斜方向对应的指向误差分布呈现相似特点。实际上，通过分别绕观测场中心旋转图 5.6（a）和（c）即可得图 5.6（b）和（d）。

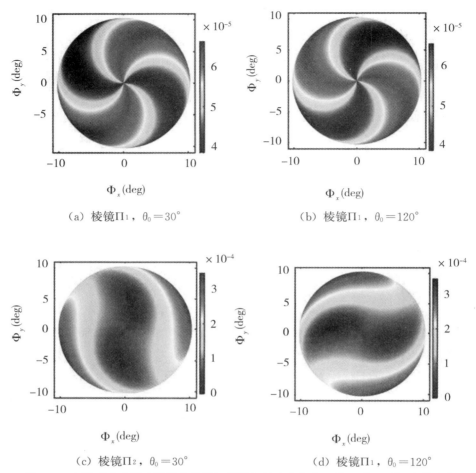

（a）棱镜Π_1，$\theta_0=30°$ （b）棱镜Π_1，$\theta_0=120°$

（c）棱镜Π_2，$\theta_0=30°$ （d）棱镜Π_1，$\theta_0=120°$

图 5.6 光学玻璃系统中棱镜旋转轴倾斜引起的光束指向误差 Δ 在观测场内的分布。棱镜旋转轴的倾斜角为 $\delta=0.01°$，倾斜方向为 $\theta_0=30°$ 和 $120°$

通过计算和比较观测场内不同指向位置对应的最终光束指向误差，可得到最大的指向误差 Δ_m。图 5.7 展示了光学玻璃及锗玻璃系统的 Δ_m 随倾斜角 δ 的变化。值得注意的是，图 5.7（a）和（b）中的曲线与图 5.5（d）和（e）中的曲线几乎相同，说明两种装调误差源对应的最大的指向误差 Δ_m 随倾斜角 δ 的变化关系几乎相同。因此，对于确定的目标指向精度，两种装调误差容限 δ_m 相同，其结果展示在图 5.8 中。可以看出，大的折射系数和顶角将导致更小的装调误差容限。在相同的指向精度要求下，与棱镜Π_1 相比，棱镜Π_2 的装调误差容限更小。

Horng 等[76] 也研究了装调误差对光束指向精度的影响。和他们的工作相比较，本研究考虑了棱镜元件或旋转轴的倾斜方向的影响。另外，他们主要探讨了棱镜倾斜和旋转轴倾斜对圆形扫描或线扫描图形的影响，而本研究针对所有误差源揭示了光束指向误差在整个观测场内的分布。

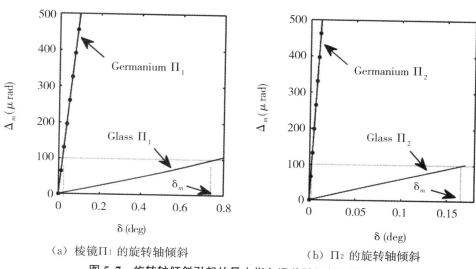

（a）棱镜Π_1 的旋转轴倾斜　　　　　　（b）Π_2 的旋转轴倾斜

图 5.7　旋转轴倾斜引起的最大指向误差随倾斜角的变化

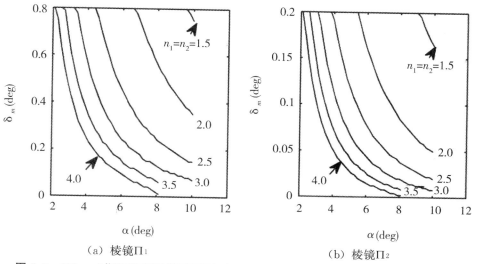

（a）棱镜Π_1　　　　　　　　　　（b）棱镜Π_2

图 5.8　100μrad 指向精度要求下不同折射系数和顶角的双棱镜系统旋转轴误差容限。

5.4 本章小结

针对旋转双棱镜束转系统，基于矢量形式的斯涅尔定律对光线进行追迹，深入研究了棱镜元件误差、棱镜方位误差及系统装调误差引起的光束指向误差。列出具体例子描述了各种误差源下观测场内的指向误差分布并在一定的指向精度要求下估算了各误差源的误差容限，结果见表 5.1。从以上分析中可得出如下结论：

1. 对于棱镜元件误差、棱镜方位误差及棱镜倾斜，最终导致的光束指向误差与光束方位角无关，仅仅只与光束偏转角有关。

2. 对于确定的指向精度要求，锗玻璃系统的所有误差源误差容限均远小于光学玻璃系统对应的误差容限。大的棱镜折射系数和顶角将导致更小的误差容限。

3. 与第一个棱镜相比，第二个棱镜的装调误差将引起更明显地指向误差。

4. 对于确定的指向精度要求，棱镜倾斜和旋转轴倾斜对应的误差容限是相同的。

5. 棱镜倾斜引起的指向误差依赖于棱镜的倾斜方向。当棱镜偏向棱镜最薄或最厚端时，导致的光束指向误差最大。

表 5.1 100μrad 精度要求下各误差源的误差容限

Case example	Index error	Opening angle error		Prism orientation error		Prism tilt or bearing tilt	
		Π_1	Π_2	Π_1	Π_2	Π_1	Π_2
Glass	0.00027	0.0108°	0.0103°	0.0640°	0.0630°	0.7523°	0.1653°
Ge	0.00009	0.0005°	0.0004°	0.0103°	0.0099°	0.0191°	0.0023°

第6章 旋转双棱镜光束扫描研究

在一些应用中，旋转双棱镜常被用作扫描装置。其扫描应用可分为两类：一是控制激光光束实现扫描。即通过两棱镜的连续旋转，使激光光束按一定路径连续偏转，投射到系列不同空间指向点，在系统观测场内实现激光光斑的整体覆盖，其典型应用是成像激光雷达。二是控制成像视轴实现扫描。即在系统观测场内按一定路径转动视轴，使视场历遍待观察区域以搜索目标。为实现无盲区的激光光斑覆盖或目标搜索，减小扫描时间，需要分析激光光束/成像视轴扫描路径、扫描图案与系统结构、棱镜回转动态特性之间的内在联系，探究和优化扫描模式，提升扫描覆盖度和扫描速度，为旋转双棱镜扫描机构以及棱镜旋转控制方案的设计提供参考。

6.1 旋转双棱镜光束扫描分析方法

本章主要研究旋转双棱镜的光束扫描，其分析方法和结果同样适用于视轴扫描应用。研究针对理想的 $21-12$ 型结构的旋转双棱镜系统，即系统结构参数准确，无元件误差、控制误差及安装误差，系统结构坐标和各参数按图 3.4 描述和标识。为了直观地呈现光束指向位置、扫描路径和扫描模型，采用二维极坐标表示光束指向。让光束沿系统光轴入射系统，分析两棱镜在不同旋转方式、不同旋转速度下，系统出射光束指向极坐标点的移动路径以及在二维极坐标面上形成的图案。

基于第 3 章介绍的旋转双棱镜光束偏转理论研究光束扫描。这显然属于正向问题的求解，可以用近轴近似及非近轴光线追迹理论模型分析方法进行探讨。近轴近似方法虽然在分析大角度光束偏转系统时，对系统出射光束指向的解算存在误差，但它在分析光束扫描轨迹特点、扫描帧周期等方面却是准确的，其分析结果与非近轴追迹方法的分析结果契合。该方法数形结合，分析简单，能直观分析光束扫描特性，便于扫描各方面规律的分析及其含义的理解。

非近轴追迹方法分析光束扫描，其过程复杂，不便于扫描规律的分析理解，但其分析结果准确。故在分析光束扫描时，适宜两种方法相结合来探讨。

在激光雷达等应用中，为提高光束扫描速度，通常通过适合的电机驱动两棱镜高速旋转。为准确有效地控制棱镜的高速旋转，光束扫描时通常采用适合的控制算法使两棱镜都以恒定的角速度旋转。棱镜 Π_1、Π_2 的旋转角位置随时间 t 的变化关系为

$$\phi_1 = 2\pi f_1 t + \phi_{10}, \tag{6.1}$$

$$\phi_2 = \pm 2\pi f_2 t + \phi_{20}. \tag{6.2}$$

其中 f_1、f_2 为两棱镜的旋转频率，ϕ_{10}、ϕ_{20} 为两棱镜的初始角位置。当两棱镜以同样的旋转方向旋转时，式（6.2）中的第一项取正号，若反向旋转，则取负号。

采用近轴近似方法时，将式（6.1）、式（6.2）代入式（3.23）～（3.24），即可得到各时刻系统出射光束水平偏转角 Φ_x 和竖直偏转角 Φ_y。将 Φ_x、Φ_y 代入式（3.25）～（3.27）可得出射光束的极坐标值（Φ，Θ）。在激光雷达等应用中，要求无光束指向盲区，设计系统时通常要求两棱镜的偏转力相同，即 $\delta_1 = \delta_2 = \delta$。则 Φ_x、Φ_y 表示为

$$\Phi_x = -\delta \left[\cos\left(2\pi f_1 t + \phi_{10}\right) + \cos\left(\pm 2\pi f_2 t + \phi_{20}\right) \right], \tag{6.3}$$

$$\Phi_y = -\delta \left[\sin\left(2\pi f_1 t + \phi_{10}\right) + \sin\left(\pm 2\pi f_2 t + \phi_{20}\right) \right]. \tag{6.4}$$

由式（(6.3)）、（(6.4)）可知，系统出射光束水平偏转角 Φ_x 和竖直偏转角 Φ_y 为两余弦或正弦函数之和，两三角函数的周期分别为两棱镜的旋转周期，表示为 $T_1 = \dfrac{1}{f_1}$，$T_2 = \dfrac{1}{f_2}$。其坐标值（Φ_x，Φ_y）也将随时间 t 周期性变化，变化周期 T_s 为两棱镜旋转周期 T_1、T_2 的最小正周期。令其之比为 k，并将该比值表示为两互为质数的整数（记为 m、n）之比，表示为

$$k = \frac{T_1}{T_2} = \frac{f_2}{f_1} = \frac{m}{n}, \tag{6.5}$$

则坐标值（Φ_x，Φ_y）的变化周期为

$$T_s = nT_1 = mT_2. \tag{6.6}$$

显然，两互质整数 m、n 决定于两棱镜旋转周期之比 k，而 T_s 则由 m、n 及 T_1、T_2 决定。即出射光束指向坐标值（Φ_x，Φ_y）变化周期 T_s 的大小取决于两棱镜旋转周期及它们的比值。比值 k 对应的互质整数 m、n 越大，坐标值（Φ_x，Φ_y）变化周期 T_s 越长。同样的比值 k 下，棱镜转速越快，即旋转周期越小，则完成一个周期的扫描时间越短。

也可用极坐标（Φ，Θ）表示出射光束指向。由式（3.34），出射光束偏

转角Φ及方位极角Θ分别为

$$\Phi = 2\delta \cdot \left| \cos\left(\pi(f_1 \mp f_2)t + \frac{\phi_{10} - \phi_{20}}{2}\right) \right|. \tag{6.7}$$

$$\Theta = \begin{cases} \pi(f_1 \pm f_2)t + \dfrac{\phi_{10} + \phi_{20}}{2} + 180°, & (\phi_1 + \phi_2 < 360°), \\ \pi(f_1 \pm f_2)t + \dfrac{\phi_{10} + \phi_{20}}{2} - 180°, & (\phi_1 + \phi_2 \geqslant 360°). \end{cases} \tag{6.8}$$

由式（6.7）、式（6.8）可知，若两棱镜同向旋转，偏转角Φ、方位极角Θ的变化周期为

$$T_\Phi = \frac{1}{|f_1 - f_2|}, \tag{6.9}$$

$$T_\Theta = \frac{2}{|f_1 + f_2|}. \tag{6.10}$$

若两棱镜反向旋转，偏转角Φ、方位极角Θ的变化周期为

$$T_\Phi = \frac{1}{(f_1 + f_2)}, \tag{6.11}$$

$$T_\Theta = \frac{2}{|f_1 - f_2|}. \tag{6.12}$$

由式（6.6）、式（6.9）、式（6.10）可知，两棱镜同向旋转时，T_s 与 T_Φ、T_Θ 间的关系可表示为

$$T_s = |n - m| T_\Phi, \tag{6.13}$$

$$T_s = \frac{|n + m|}{2} T_\Theta, \tag{6.14}$$

两棱镜反向旋转时，由式（6.6）、式（6.11）、式（6.12）可知，T_s 与 T_Φ、T_Θ 间的关系可表示为

$$T_s = |n + m| T_\Phi. \tag{6.15}$$

$$T_s = \frac{|n - m|}{2} T_\Theta. \tag{6.16}$$

　　采用非近轴光线追迹方法分析系统出射光束指向随时间 t 的变化时，只需将式（6.1）、式（6.2）代入式（3.58）～（3.67），可求得出射光束极坐标（Φ，Θ）表示的准确指向。在分析光束扫描时，可利用近轴近似方法分析扫描的周期频率特性，而用非近轴光线追迹方法分析其扫描的准确路径轨迹。

6.2　光束一维线扫描及圆周扫描

按照近轴近似方法，当两棱镜反向等速旋转时，即 f_1 与 f_2 大小相等（令其均为 f），由式（6.7）、式（6.8）可得

$$\Phi = 2\delta \cdot \left| \cos\left(2\pi ft + \frac{\phi_{10}-\phi_{20}}{2}\right) \right|, \tag{6.17}$$

$$\Theta = \begin{cases} \dfrac{\phi_{10}+\phi_{20}}{2} + 180°, & (\phi_1+\phi_2 < 360°), \\ \dfrac{\phi_{10}+\phi_{20}}{2} - 180°, & (\phi_1+\phi_2 \geqslant 360°). \end{cases} \tag{6.18}$$

可知，出射光束的方位极角 Θ 不随时间 t 变化，说明此时光束沿着过系统观测场中心的直线方向实现一维扫描。线扫描的方向由初始角位置 ϕ_{10}、ϕ_{20} 决定，为两棱镜初始方位的角平分线方向。图 6.1（a）有助于对线扫描的理解。由基于近轴近似的偏转矢量叠加法，两棱镜的偏转矢量长度相等，表示系统出射光束偏转的合矢量在两分矢量夹角的角平分线上。当两棱镜逆向等速旋转时，任何时刻两棱镜旋转的角度 $\Delta\phi$ 大小相等，由图可知，出射光束始终沿着角平分线方向做一维线性扫描。由式（6.17）可知，光束偏转角 Φ 随时间 t 按余弦规律变化，即为简谐运动式扫描，光束扫过中间指向时扫描较快，而扫到两端指向时扫描较慢。这可以结合图 4.7 得到解释。线扫描为一维径向扫描，光束扫过观测场中央时，棱镜转速与光束转向率之比较小，恒定转速下，则光束转向率较大。而当光束扫过观测场边缘时，棱镜转速与光束转向率之比急剧增加，导致光束转向率减小。

由于两棱镜为等速旋转，其转速比 k 值大小为 1，即 $m=n=1$，由式（6.6）可知，光束扫描周期 $T_s=T_1=T_2$，即扫描周期频率与两棱镜的旋转周期频率相等。由式（6.11）可知，偏转角 Φ 的变化周期 $T_\Phi = \dfrac{1}{(2f)}$，其变化频率为 $2f$。由式（6.12）可知，方位极角 Θ 的变化周期为无穷大，表示方位极角 Θ 不随时间变化。

图 6.1（b）、图 6.1（c）分别针对玻璃棱镜系统（折射系数为 1.5，棱镜顶角为 10°）、锗棱镜系统（折射系数为 4.0，棱镜顶角为 8°），展示了两棱镜逆向等速旋转时出射光束的线扫描路径，其中实线为近轴近似方法的计算结

果，而虚线为非近轴光线追迹法的计算结果。内外虚线圆分别表示近轴近似方法和非近轴光线追迹方法计算的系统最大偏转角。比较实线和虚线的轨迹可知，虽然近轴近似方法分析出光束偏转路径为一维线扫描，但非近轴光线追迹结果却显示扫描会偏转直线。这说明，两棱镜逆向等速旋转时，系统出射光束并非精确的一维线扫描，其扫描路径会轻微偏离直线，呈现"8"字形扫描轨迹。对于图 6.1（b）针对的玻璃系统，系统最大偏转角相对较小，路径偏离不明显。但对于图 6.1（c）针对的锗系统，系统最大偏转角超过 $60°$，出现明显路径偏离，且越往扫描路径两端（系统观测场边缘），路径偏离越明显。

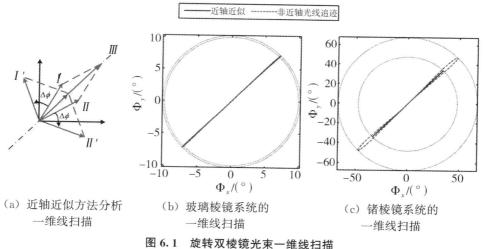

（a）近轴近似方法分析　　　（b）玻璃棱镜系统的　　　（c）锗棱镜系统的
　　　一维线扫描　　　　　　　　一维线扫描　　　　　　　一维线扫描

图 6.1　旋转双棱镜光束一维线扫描

当两棱镜同向等速旋转时，f_1 与 f_2 大小相等（令其均为 f）。按照近轴近似方法，由式（6.7）、式（6.8）可得

$$\Phi = 2\delta \cdot \left| \cos\left(\frac{\phi_{10} - \phi_{20}}{2}\right) \right|, \tag{6.19}$$

$$\Theta = \begin{cases} 2\pi f t + \dfrac{\phi_{10} + \phi_{20}}{2} + 180°, & (\phi_1 + \phi_2 < 360°), \\ 2\pi f t + \dfrac{\phi_{10} + \phi_{20}}{2} - 180°, & (\phi_1 + \phi_2 \geqslant 360°). \end{cases} \tag{6.20}$$

由式（6.19）可知，出射光束偏转角 Φ 不随时间 t 变化，说明此时系统出射光束指向极坐标点围绕观测场中心按圆形轨迹旋转，即光束沿着以系统光轴为旋转轴，半顶角为 Φ 的圆锥面旋转，呈现圆周扫描。Φ 的大小取决于两棱镜的相对转角 $|\phi_{10} - \phi_{20}|$。当相对转角为 $0°$ 时，Φ 达到最大，为 $\Phi = 2\delta$，而当其为 $180°$ 时，Φ 最小为 $0°$。由式（6.20）可知，出射光束的方位极角 Θ 随时间 t

线性变化，说明扫描为匀速圆周扫描。扫描频率为 f，与两棱镜的旋转频率相同。这与第 3 章中图 3.12 的分析结果相契合，即保持两棱镜相对角位置不变，共同旋转两棱镜，则系统出射光束偏转角不变，指向方位随两棱镜旋转做同样的旋转。

同样，两棱镜转速相同，转速比 $k=1$，导致 $m=n=1$，由式（6.6）可知，光束扫描周期 $T_s = T_1 = T_2$，即扫描周期频率等于两棱镜的旋转周期频率。由式（6.9）可知，偏转角 Φ 的变化周期为无穷大，表示偏转角 Φ 不随时间变化。由式（6.10）可知，方位极角 Θ 的变化周期 $T_\Theta = \dfrac{1}{f}$，即其变化频率为 f。

图 6.2（a）、图 6.2（b）分别针对上述玻璃棱镜系统、锗棱镜系统，展示了两棱镜同向等速旋转时出射光束的额扫描路径。比较实线和虚线的轨迹可知，两种方法的分析结果均显示系统出射光束做圆周扫描，但它们推算出的光束偏转角 Φ 存在差异，用近轴近似法计算的结果偏小。对于图 6.2（a）针对的玻璃系统，系统最大偏转角相对较小，两种结果差异不明显。但对于图 6.2（b）针对的锗系统，两结果出现明显偏离。

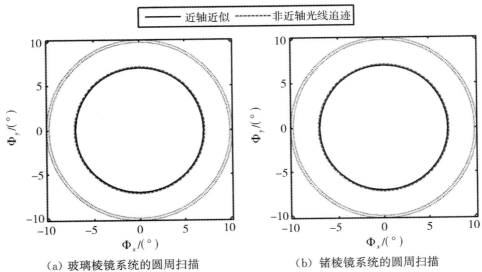

（a）玻璃棱镜系统的圆周扫描　　　　（b）锗棱镜系统的圆周扫描

图 6.2　旋转双棱镜光束圆周扫描

6.3　光束二维面扫描

当两棱镜以不同角速度同向或逆向恒速旋转时，系统出射光束将按照一定扫描路径轨迹实现二维面扫描，即光束指向极坐标点在二维极坐标面上扫描出一定模式图案。在激光成像雷达等光束扫描应用中，最常见的扫描模式是螺旋线扫描和花瓣型扫描。在二维极坐标平面分析出射光束指向极坐标点的扫描轨迹图案，能直观定量描述这两种扫描模式。螺旋线扫描，是指极坐标点的扫描轨迹为螺旋线。该类扫描中，光束方位极角 Θ 每变化 2π，对应光束扫过一圈螺旋线。光束偏转角 Φ 在 $0°$ 到最大偏转角的一轮变化中，即在半个偏转角变化周期内，光束至少扫过一圈螺旋线，表示为 $\dfrac{T_\Phi}{2} \geqslant T_\Theta$。花瓣型扫描，是指极坐标点的扫描轨迹呈现多个花瓣形状。该类扫描中，光束偏转角 Φ 每完成一个周期变化，对应光束扫过一个花瓣。在光束方位极角 Θ 变化 2π 的一轮周期变化中，光束至少扫过一个花瓣，表示为 $T_\Theta \geqslant T_\Phi$。本节假定棱镜 Π_2 的转速小于棱镜 Π_1，即 $f_2 < f_1$、$m < n$，两棱镜转速比 k 值大小小于 1，分别分析两棱镜同向和逆向旋转时光束二维面扫描特点。对于棱镜 Π_2 转速大于棱镜 Π_1 转速的情况，研究方法和结果与此类似。

6.3.1　两棱镜同向旋转时光束二维面扫描

当两棱镜以不同角速度同向恒速旋转时，若要实现螺旋线扫描，需使 $\dfrac{T_\Phi}{2}$ $\geqslant T_\Theta$，则由式（6.9）～（6.10）可得

$$\frac{T_\Phi}{2} \geqslant T_\Theta \to k = \frac{f_2}{f_1} \geqslant 0.6. \tag{6.21}$$

即两棱镜转速大小趋向相等时，扫描轨迹图案趋向螺旋线型。若要实现花瓣型扫描，需使 $T_\Theta \geqslant T_\Phi$，由式（6.9）～式（6.10）可得

$$T_\Theta \geqslant T_\Phi \to k = \frac{f_2}{f_1} \leqslant \frac{1}{3}. \tag{6.22}$$

即两棱镜转速大小差异较大时，扫描轨迹图案趋向花瓣型。

一、光束螺旋线扫描

（一）螺旋线圈数和帧扫描周期

先分析两棱镜转速比 $k > 0.6$ 时的螺旋线扫描。光束偏转角 Φ 在 $0°$ 到最大

偏转角的一轮变化中，即在偏转角变化周期的一半时间内，由式（6.9）～式（6.10），光束扫描的螺旋线圈数为

$$N_{spiral}=0.5\,\frac{T_\Phi}{T_\Theta}=\frac{(f_1+f_2)}{4(f_1-f_2)}=\frac{1+k}{4(1-k)}. \tag{6.23}$$

图 6.3（a）展示了螺旋线圈数随 k 值变化的曲线，可知 k 值越大，即越接近 1，在偏转角变化周期的一半时间内的螺旋线圈数越多。

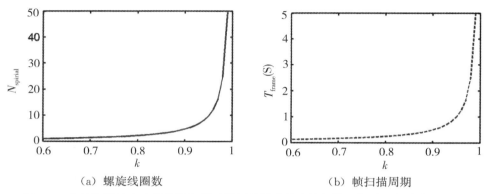

（a）螺旋线圈数　　　　　　　（b）帧扫描周期

图 6.3　旋转双棱镜光束螺旋线扫描时的螺旋线圈数及帧扫描周期随 k 值的变化曲线

　　图 6.4 展示了玻璃棱镜系统（折射系数为 1.5，棱镜顶角为 10°）在不同 k 值下螺旋线扫描轨迹。实线表示的近轴近似方法分析轨迹与虚线表示的非近轴光线追迹分析轨迹几乎重合，说明对于小角度光束偏转系统，近轴近似方法能在一定精度允许范围内用于分析光束扫描轨迹。由式（6.23）可得 k 值为（a）0.6、（b）0.7、（c）0.8、（d）0.9、（e）0.95 时，光束扫描的螺旋线圈数分别为 1、1.4167、2.25、4.75、9.75 条。

　　在激光束扫描成像应用中，为减小激光束扫描盲区，应使扫描轨迹能以足够密集度布满系统的整个观测场，故期望尽可能多的得螺旋线圈数，即应该使 k 值尽可能接近 1，如图 6.4（d）与（e）。此时，在偏转角变化周期的一半时间内，扫描轨迹已以一定密集度布满系统观测场，即可认为完成了完整一帧的光束扫描，帧扫描周期为

$$T_{frame}=0.5T_\Phi=\frac{1}{2(f_1-f)}=\frac{1}{2(1-k)f_1}. \tag{6.24}$$

图 6.3（b）展示了帧扫描周期随 k 值变化的曲线，可知 k 值越接近 1，帧扫描周期越大。实际应用中，为实现快速扫描，应期望尽可能短的帧扫描周期。因此，增加扫描轨迹密集度与提升扫描速度是相互制约的。高密集度光束扫描往往导致扫描时间增加，而光束扫描速度的提升则往往以牺牲扫描线密集度为代

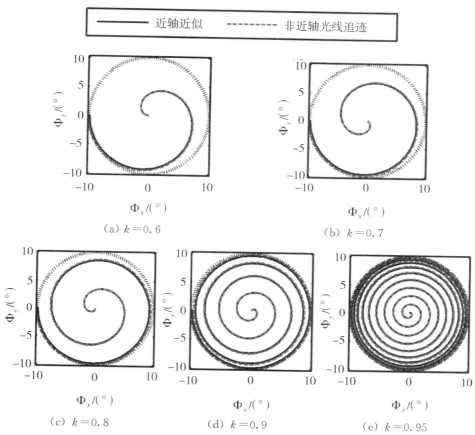

图 6.4　旋转双棱镜（玻璃棱镜）光束螺旋线扫描

价。实际应用中应根据应用需求在两者之间做适当权衡。

（二）螺旋扫描线密集度分析

由于近轴近似方法分析的扫描轨迹位置存在误差，故分析扫描轨迹密集度时应采用非近轴光线追迹方法。由图 6.4 各子图中的虚线轨迹可知，螺旋线扫描时系统观测场中间区域扫描轨迹稀疏而观测场边缘区域扫描轨迹密集。为定量分析扫描轨迹密集度，可计算相邻螺旋线的角间距，由角间距的大小表示扫描轨迹疏密。图 6.5（a）为相邻螺旋线角间距示意图，图中的 $\Delta\Phi_1$、$\Delta\Phi_2$、$\Delta\Phi_3$、$\Delta\Phi_4$ 等表示从观测场中间到边缘相邻螺旋线的角间距。由于在系统出射光束方位极角 Θ 的一个变化周期内，将扫描一圈螺旋线，故只需从观测场中心开始，计算各个方位极角 Θ 变化周期末时刻系统出射光束的偏转角 Φ_N（其中整数 N 为螺旋线圈序号）。然后将相邻螺旋圈数对应的 Φ_N 值相减即可得到相邻螺旋线角间距 $\Delta\Phi_N$。

由式（6.10）可知，第 N 个 Θ 变化周期末时刻 t_N 为

$$t_N = NT_\Theta = \frac{2N}{|f_1 + f_2|} = \frac{2N}{f_1(1+k)} = \frac{2N}{f_2\left(1 + \dfrac{1}{k}\right)}. \qquad (6.25)$$

在观测场中心，可令 $\phi_{10} = 0$、$\phi_{20} = \pi$。将式（6.25）分别代入式（6.1）、式（6.2）可得两棱镜的旋转方位角，将其相减即可得两者的相对旋转角 $\Delta\phi$，计算结果为

$$\Delta\phi = \phi_2 - \phi_1 = \pi - \frac{4N\pi(1-k)}{(1+k)}. \qquad (6.26)$$

将 $\Delta\phi$ 代入式（3.67）、式（3.65）可计算第 N 个 Θ 变化周期末时刻 t_N，即第 N 圈螺旋线末端的偏转角 Φ_N。将后一圈螺旋线末端偏转角减去前一圈螺旋线末端偏转角，即可得相邻螺旋线的角间距 $\Delta\Phi_N$。由各角间距值可分析扫描轨迹在系统观测场内的疏密分布。图 6.5（b）针对玻璃棱镜系统，展示了不同 k 值下相邻螺旋线角间距 $\Delta\Phi_N$ 随偏转角 Φ 的变化关系。在 k 分别为 0.9、0.92、0.94、0.96、0.98 五种情况下，由式（6.23）可算出螺旋线圈数分别为 4.75、6、8.08、12.25、24.75，则它们分别对应有 4、6、8、12、24 个角间距值，用阶梯线表示在图 6.5（b）中。

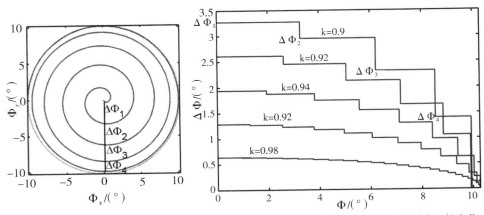

（a）$k = 0.9$ 时的螺旋线扫描图样　（b）不同 k 值下相邻螺旋线角间距 $\Delta\Phi$ 随偏转角 Φ 的变化

图 6.5　旋转双棱镜（玻璃棱镜）光束螺旋线扫描轨迹密集度分析

显然，随着出射光束偏转角增加，相邻螺旋线角间距 $\Delta\Phi$ 逐渐减小，即系统观测场中螺旋线扫描轨迹中间疏而边缘密。两棱镜转速比 k 值越接近 1，角间距 $\Delta\Phi$ 越小，螺旋线扫描轨迹越密。另外，k 值越接近 1，角间距 $\Delta\Phi$ 变化越平缓，即螺旋线扫描轨迹分布越均匀。

为在整个观测场内实现光束无盲区扫描成像，成像瞬时角视场宽度应不小于最大螺旋线角间距，即要求不小于系统观测场中心螺旋线（即中心第一圈螺旋线）间距 $\Delta\Phi_1$。图 6.6 针对玻璃棱镜和锗棱镜系统，展示了相邻螺旋线角间距的最大值 $\Delta\Phi_m$ 随棱镜转速比 k 的变化关系。可知 $\Delta\Phi_m$ 值随棱镜转速比 k 的增加而线性减小，k 值接近 1，$\Delta\Phi_m$ 值减小趋向于 0。相对玻璃棱镜系统，锗棱镜的 $\Delta\Phi_m$ 值大得多，是因为后者的观测场比前者大的缘故。

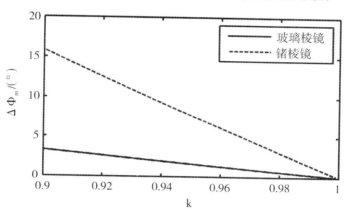

图 6.6　旋转双棱镜光束螺旋线扫描相邻螺旋线角间距的最大值随棱镜转速比 k 的变化

在激光雷达等光束扫描成像应用中，整个观测场内扫描轨迹越密集，扫描成像分辨率将越高。故从提升成像分辨率的角度分析，若采用螺旋线扫描，则应该使两棱镜同向旋转的转速比尽量接近 1，但不可等于 1，即应该控制两棱镜旋转使其转速有较小差异但不可等速。另外，从图 6.3（a）可知，当两棱镜转速比 k 值接近 1 时，单帧扫描的螺旋线圈数急剧增加，而从图 6.6 可知，相邻螺旋线角间距急剧减小。这说明螺旋线扫描轨迹的密集度对转速比 k 的变化很敏感。实际棱镜旋转控制中为了保持稳定的成像分辨率，应当提升棱镜旋转转速控制精度。较小的转速变化或误差将导致成像分辨率的较大变动和差异。

（三）扫描整体模式图样及多帧扫描分析

螺旋线扫描时，当一个帧扫描周期的扫描完成后，将继续下一轮的帧扫描。在出射光束指向坐标值（Φ_x，Φ_y）变化周期 T_S 的时间内，将完成多帧扫描。由式（6.13）、式（6.23）可知：

$$T_s = 2(n-m)T_{frame} = 2n(1-k)T_{frame}. \tag{6.27}$$

即在一个变化周期 T_S 的时间内，可扫描 $2n(1-k)$ 帧。图 6.7 针对玻璃棱镜系统展示了一个变化周期 T_S 内光束螺旋线扫描整体模式图样，描述了这种多帧扫描特性。

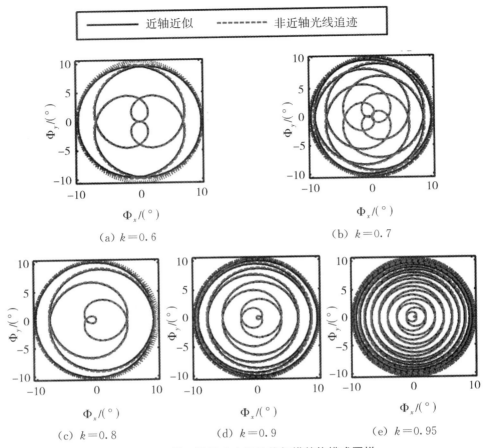

（a）$k=0.6$ 　　　　　　　　　　　　　（b）$k=0.7$

（c）$k=0.8$ 　　　　　　（d）$k=0.9$ 　　　　　　（e）$k=0.95$

图 6.7　旋转双棱镜光束螺旋线扫描整体模式图样

在图 6.7（a）～（e）中，两棱镜转速比 k 值依次为 0.6、0.7、0.8、0.9、0.95。易知各图对应的 m、n 值为：（a）$n=5$；（b）$n=10$；（c）$n=5$；（d）$n=10$；（e）$n=20$。由式（6.27）可知一个变化周期 T_S 内，可完成的帧数分别为 4、6、2、2、2 帧。一个变化周期 T_S 内完成的各帧扫描轨迹形状相同，但存在方位差异。

在激光束扫描成像应用中，若两棱镜转速比 k 值设置较小，如图 6.4（a）与（b），则单帧扫描螺旋线圈数少，不能覆盖系统扫描场。为了实现一定密集度的满场扫描，只可采用多帧扫描，应在一个变化周期 T_S 的时间内使扫描帧数 $2n(1-k)$ 尽可能多。因此，设定 k 值时还需考虑 n 值，使扫描帧数多。例如，比较图 6.7（b）和（c），虽然前者的 k 值小于后者，但由于时间 T_S 内前者的帧数（6 帧）远多于后者的帧数（2 帧），导致其整体模式图样中的轨迹明显比后者密集，即前者更适于满场扫描。

这种多帧扫描特性在实际应用中具有优势，可以被用来实现多分辨率光束扫描成像。在帧扫描周期 T_{frame} 较小的情况下，完成单帧扫描。得到的单帧扫描轨迹较稀疏，可在较短时间内实现低分辨率光束扫描成像，能用于场景初步呈现以及目标搜索和初步识别。然后多帧扫描叠加，扫描轨迹逐渐变密集，扫描成像分辨率逐帧提升，场景细节能被逐渐辨识。一个变化周期 T_S 后，已叠加 $2|n-m|$ 帧，扫描轨迹已达到该棱镜转速比下能实现的最大密集度，扫描成像分辨率达到最高。继续扫描将重复以上过程。图 6.8 针对玻璃棱镜展示了一个变化周期 T_S 内 6 帧扫描轨迹的叠加图，扫描轨迹逐帧叠加，逐渐密集。

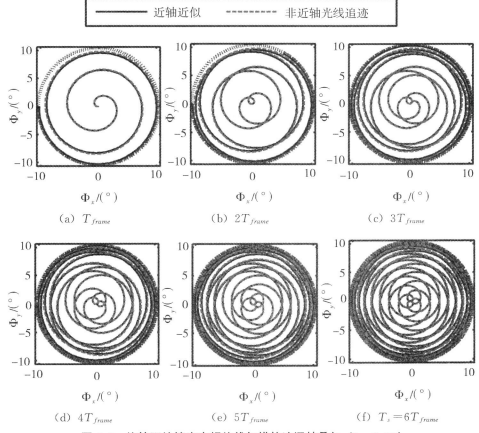

图 6.8　旋转双棱镜光束螺旋线扫描轨迹逐帧叠加（$k=0.85$）

需要注意的是，n、m 值与 k 值之间的关系是非线性的，使扫描帧数 $2|n-m|$ 相对 k 值变化异常敏感，实际应用中将导致整场扫描轨迹密集度不

稳定。采用接近1的棱镜转速比可避免这一问题。k 值接近1时单帧扫描周期内扫描圈数多，不必依赖一个变化周期 T_S 内的扫描帧数来增加扫描轨迹密集度。故即使扫描帧数相对 k 值敏感，也能保证扫描轨迹足够密地布满系统观测场。当然，这样扫描得到密集扫描轨迹的代价是帧扫描周期变长，降低了光束扫描效率。

二、光束花瓣型扫描

由式（6.22）可知，若两棱镜同向旋转转速大小差异较大，光束扫描轨迹图案趋向花瓣型。两棱镜转速比 k 小于 $\frac{1}{3}$ 时，$T_\Theta \geqslant T_\Phi$，即出射光束的方位极角尚未完成一轮变化时，其偏转角已完成一轮增大减小的完整周期变化，完成一瓣花瓣形轨迹扫描。图 6.9 针对玻璃棱镜系统，展示了棱镜转速比 k 值分别为 $\frac{1}{3}$、0.3、0.2、0.1、0.05 时花瓣形轨迹形状（图 6.9 上部分）以及一个完整变化周期 T_S 内扫描整体模式图样（图 6.9 下部分）。

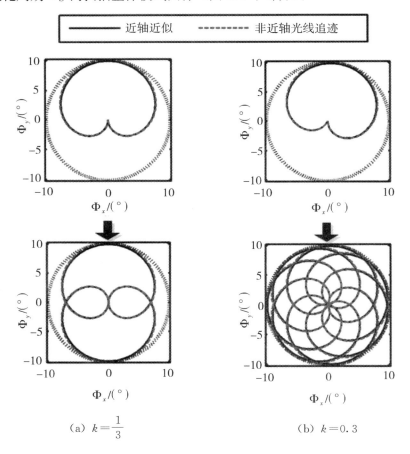

（a）$k=\dfrac{1}{3}$ （b）$k=0.3$

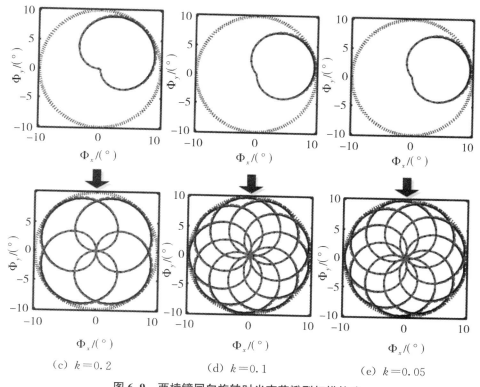

图 6.9　两棱镜同向旋转时光束花瓣型扫描轨迹

　　单瓣花瓣轨迹外形存在一处微小凹陷，且 k 值越小，凹陷越小。扫描整体模式图样由多瓣花瓣轨迹构成，花瓣数目越多，扫描线越密集。由式（6.13）可知，一个完整变化周期 T_S 为偏转角变化周期 T_Φ 的 $n-m$ 倍，故整体扫描模式图样中共有 $n-m$ 瓣花瓣轨迹。例如，图 6.9（a）～（e）中，k 值分别为 $\frac{1}{3}$、0.3、0.2、0.1、0.05，其 $n-m$ 的值分别为 2、7、4、9、19，这就是整体扫描模式图样中的花瓣轨迹数。由于 $n-m=n(1-k)$，故扫描花瓣轨迹数取决于棱镜转速比 k 以及整数 n。n 值越大，则花瓣轨迹数越多。例如，比较图 6.9 中的子图（b）和（c），虽然后者的 k 值小于前者的 k 值，但后者对应的 n 值只有 5，而前者对应的 n 值达到 10，导致后者的花瓣轨迹数比前者少。由式（6.6）可知，在楔镜 Π_1 旋转周期 T_1 一定时，扫描轨迹一个完整变化周期 T_S 仅取决于 n。故对于确定的扫描周期 T_s（即 n 固定），转速比 k 值越小，花瓣轨迹数越多。例如，比较图 6.9 中的子图（b）和（d），两者对应的 n 值均为 10，后者对应的 k 值比前者小，其花瓣轨迹数比前者多。

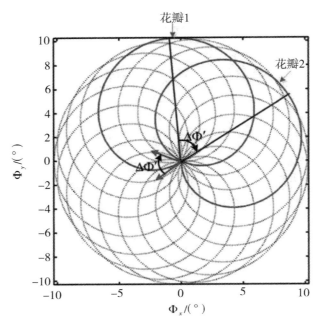

图 6.10　两棱镜同向旋转时光束花瓣型扫描流程（$k=0.15$）

图 6.10 针对玻璃棱镜系统，展示了棱镜转速比 k 值为 0.15 时光束花瓣型扫描流程。当光束扫描完花瓣 1 时，所用的时间为 T_Φ。将式（6.9）代入式（6.8），可得出射光束方位极角改变量为

$$\Delta\Theta=\frac{(1+k)\pi}{1-k}. \tag{6.28}$$

在开始扫描花瓣 2 时，光束扫过系统光轴，其方位极角突变 π。故在时间上前后扫描的两花瓣开始扫描时，光束方位极角改变量为

$$\Delta\Theta'=\Delta\Theta-\pi=\frac{2k\pi}{1-k}=\frac{2m\pi}{n-m}. \tag{6.29}$$

该值就是时间上前后扫描的两花瓣的方位夹角。显然，空间上两相邻花瓣的方位夹角为 $\Delta\Theta''=\dfrac{2\pi}{(n-m)}$，故 $\Delta\Theta'$ 值为 $\Delta\Theta''$ 的 m 倍，即花瓣轨迹的扫描流程为每隔 m 瓣扫描下一瓣。若 k 值对应的 m 值为 1，为逐瓣扫描。若 m 值大于 1，则为隔瓣扫描。例如，在图 6.10 中，$k=0.15$，则 $n=20$，$m=3$，则每隔 3 瓣扫描下一瓣。

这种隔瓣扫描特点在光束扫描成像应用中可用于多帧扫描。一个完整变化周期 T_S 内扫描整体模式图样可通过 m 帧逐帧叠加形成。图 6.11 针对玻璃棱镜系统，展示了 k 值为 0.15 时光束花瓣型扫描在一个变化周期 T_S 内 $m=3$ 帧

扫描轨迹的叠加图，扫描轨迹逐帧叠加，逐渐密集。在实际光束扫描成像应用中，这种多帧扫描特性可用来实现多分辨率成像。

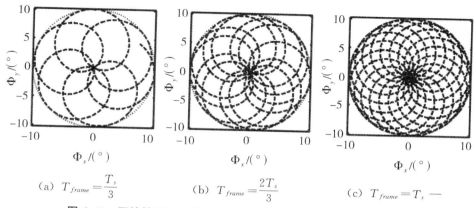

$$(a) \quad T_{frame}=\frac{T_s}{3} \qquad (b) \quad T_{frame}=\frac{2T_s}{3} \qquad (c) \quad T_{frame}=T_s —$$

图 6.11　两棱镜同向旋转时花瓣型扫描轨迹逐帧叠加（$k=0.15$）

6.3.2　两棱镜反向旋转时光束二维面扫描

当两棱镜以不同角速度反向恒速旋转时，若要实现螺旋线扫描，需使 $\frac{T_\Phi}{2}\geqslant T_\Theta$，则由式（6.11）~式（6.12）可知，两棱镜转速比 k 值应满足：$k\leqslant-0.6$。k 值不可能为负值，故以上条件不能满足，即两棱镜反向旋转时不可能实现螺旋线扫描。若要实现花瓣型扫描，需使 $T_\Theta\geqslant T_\Phi$，由式（6.11）~式（6.12）可知，两棱镜转速比 k 值应满足：$k\geqslant-\frac{1}{3}$。显然，此条件总是能满足，即两棱镜以不同角速度反向恒速旋转时，出射光束扫描轨迹图样呈现花瓣形。

一、光束花瓣型扫描特点

系统出射光束偏转角每完成一轮增大减小的完整周期变化，即完成一瓣花瓣形轨迹扫描，即扫描一瓣花瓣形轨迹的时间为 T_Φ，可由式（6.11）计算。由式（6.15）可知，扫描轨迹一个完整变化周期 T_s 的值为 T_Φ 值的 n+m 倍，说明两棱镜以不同角速度反向恒速旋转时，扫描整体模式图样中包含的花瓣轨迹数目为 $n+m=n(1+k)$。故和两棱镜同向旋转时的花瓣型扫描一样，棱镜反向旋转时花瓣型扫描的花瓣轨迹数也取决于棱镜转速比 k 以及整数 n，设置较大的 n 值将获得较多的花瓣轨迹数。与两棱镜同向旋转时的花瓣型扫描不同的是，楔镜 Π_1 旋转周期 T_1 一定时，对于确定的扫描周期 T_s，n 确定，反向旋转的棱镜转速比 k 值越大，花瓣轨迹数越多。

图 6.12 针对玻璃棱镜系统，展示了不同 n 值和 k 值下，用非近轴光线追

迹法推算的花瓣型扫描模式图样。子图（a）中各图的 k 值分别为 0.05、0.15、0.35、0.45、0.55、0.65、0.85、0.95，显然其 n 值均为 20，对应的花瓣轨迹数依次为 21、23、27、29、31、33、37、39，恰好为 $n(1+k)$。子图（b）中各图的 k 值分别为 0.1、0.3、0.7、0.9，n 值均为 10，花瓣轨迹数依次为 11、13、17、19，恰好为 $n(1+k)$。子图（c）中各图的 k 值分别为 0.2、0.4、0.6、0.8，n 值均为 5，花瓣轨迹数依次为 6、7、8、9，恰好为 $n(1+k)$。子图（d）中各图的 k 值分别为 0.25、0.75，n 值均为 2，花瓣轨迹数依次为 5、7，恰好为 $n(1+k)$。子图（e）的 k 值为 0.5，n 值为 2，花瓣轨迹数为 3，也恰好为 $n(1+k)$。在激光雷达等光束扫描成像应用中，为获得足够的扫描轨迹密集度，期望扫描模式图样中包含足够多的花瓣轨迹数。因此，通过反向旋转的两棱镜实现光束扫描时，应设置合适的棱镜转速比 k 值，使对应的 n 值足够大。例如，图 6.12（e）中 n 值仅为 2，只有 3 瓣花瓣轨迹，远不够扫描轨迹的全场覆盖。子图（d）、（c）、（b）、（a）对应的 k 值增大，花瓣轨迹数逐渐增加，扫描线逐渐密集，扫描成像分辨率也将逐渐提升。

另外需要注意的是，由于扫描轨迹完整变化周期 $T_s = nT_1$，n 值的增加将导致 T_s 的正比例增加，即完成满场扫描线扫描的时间越长。故和螺旋线扫描一样，花瓣型扫描时，扫描轨迹密集度的增加与扫描速度的提升是相互制约的。高密集度光束扫描往往导致扫描时间增加。实际应用中应根据应用需求在两者之间做适当权衡。

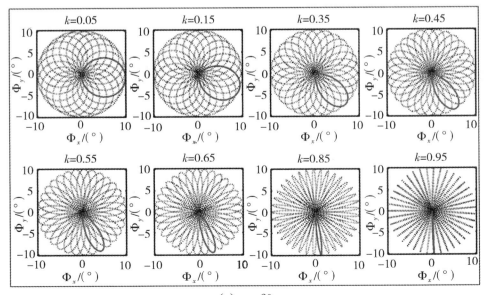

（a）$n=20$

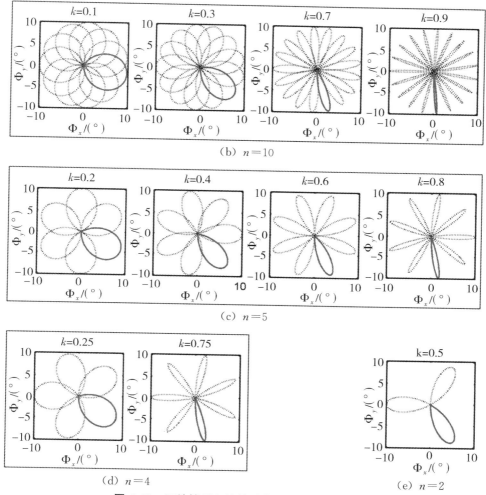

(b) $n=10$

(c) $n=5$

(d) $n=4$

(e) $n=2$

图 6.12　两棱镜反向旋转时花瓣型扫描模式图样

综合分析图 6.12 中各子图可以看出，通过反向旋转的两棱镜实现光束花瓣型扫描时，系统观测场中 $n(1+k)$ 瓣花瓣轨迹在方位上均匀分布。随着两棱镜转速比 k 值增大，即转速差减小，单瓣花瓣（图 6.12 各子图中以实线描出）的切向角宽度越小。转速比 k 值接近 1 时，花瓣轨迹趋向径向直线，如子图（a）中 $k=0.95$ 时的花瓣轨迹。与两棱镜同向旋转时的螺旋扫描线中间稀边缘密的特性相反，棱镜反向旋转时的扫描线呈现中间密边缘稀的特点。两棱镜转速越接近，即转速比 k 值越接近 1，这种分布特点表现越明显。

二、光束花瓣型多帧扫描分析

图 6.13 针对转速比 k 值为 0.15 的两反向恒速旋转玻璃棱镜系统，展示了

其光束花瓣型扫描流程。光束在 T_Φ 时间内扫描完花瓣 1，故将式（6.11）代入式（6.8），得射光束方位极角改变量为

$$\Delta\Theta=\frac{(1-k)\pi}{1+k}. \tag{6.30}$$

然后光束扫过系统光轴开始扫描花瓣 2，方位极角突变 π。故在时间上前后扫描的两花瓣开始扫描时，光束方位极角改变量为

$$\Delta\Theta'=|\Delta\Theta-\pi|=\frac{2k\pi}{1+k}=\frac{2m\pi}{n+m}. \tag{6.31}$$

此即时间上前后扫描的两花瓣的方位夹角。而空间上两相邻花瓣的方位夹角为 $\Delta\Theta''=\dfrac{2\pi}{n+m}$，即 $\Delta\Theta'$ 值为 $\Delta\Theta''$ 的 m 倍，故每隔 m 瓣扫描下一瓣。若 m 值为 1，为逐瓣扫描。若 m 值大于 1，则为隔瓣扫描。以图 6.13 为例，k 值为 0.15，对应的 n、m 值分别为 20、3，则扫描流程为每隔 3 瓣扫描下一瓣。

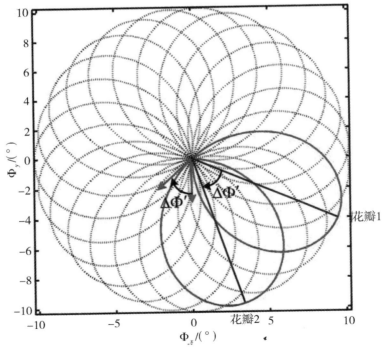

图 6.13　两棱镜反向旋转时光束花瓣型扫描流程（$k=0.15$）

利用 m 值大于 1 时的这种隔瓣扫描特点，合理设置 k 值可在光束扫描成像应用中实现多帧扫描。在一个变化周期 T_s 内，m 帧逐帧叠加，扫描线逐渐密集，形成整体扫描模式图样。图 6.14（a）和（b）针对玻璃棱镜系统，展

示了 k 值分别为 $0.15=\dfrac{3}{20}$、$\dfrac{2}{21}$ 时光束花瓣型扫描在一个变化周期 T_s 内扫描轨迹的叠加图。子图（a）对应的 m 值为 3，帧扫描周期可分别设为 $T_{frame}=\dfrac{T_s}{3}$、$T_{frame}=\dfrac{2T_s}{3}$、$T_{frame}=T_s$。扫描轨迹逐帧叠加，逐渐密集。子图（b）对应的 m 值为 2，T_{frame} 分别设为 $\dfrac{T_s}{2}$、T_s，后帧扫描轨迹的密集度比前帧增加一倍。这种多帧扫描特性在实际应用中可以被用来实现多分辨率光束扫描成像。

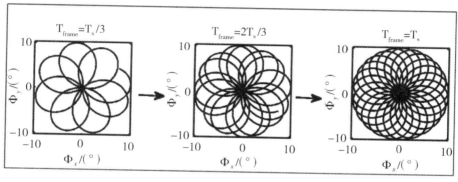

（a）$k=0.15=\dfrac{3}{20}$

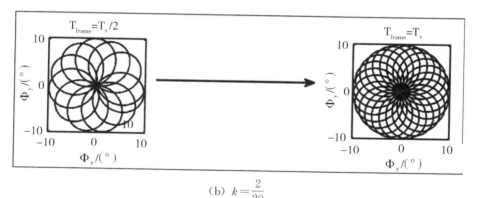

（b）$k=\dfrac{2}{20}$

图 6.14　两棱镜反向旋转时花瓣型扫描轨迹逐帧叠加（$k=0.15$）

值得注意的是，若要实现多帧扫描，为了保证每帧能覆盖整个观测场，则 m 值不可太大，即 $k=\dfrac{m}{n}$ 的值应为较小值。对于较大的 k 值，对应的 m 值也较大，叠加的帧数太多，单帧难以覆盖观测场。图 6.15 展示了 $k=0.85$ 时的扫描流程，可知单帧花瓣数少，不可覆盖观测场，多帧扫描无法实现。

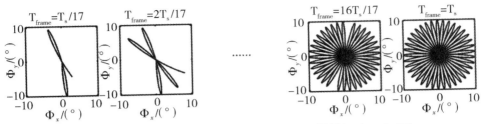

图 6.15　两棱镜反向旋转时花瓣型扫描轨迹逐帧叠加（$k = 0.85$）

6.4　旋转双棱镜多种扫描的综合分析

　　本章针对两棱镜的旋转方向及转速比的各种不同情况，利用近轴近似方法和非近轴光线追迹方法，分析旋转双棱镜恒速旋转时光束或视轴扫描方式、特点和性能。

一、两棱镜相对旋转方向、转速比与光束扫描方式之间的关系分析

　　由于旋转双棱镜通过两棱镜的旋转来扫描光束，其扫描呈现旋转扫描特性，可在极坐标空间中分为径向扫描和切向扫描。两棱镜的相对方位夹角改变时，出射光束沿径向扫描，而两者保持方位夹角不变而共同旋转时，出射光束沿切向扫描。两棱镜的相对转向、转速比决定其相对方位夹角及两者共同旋转角，故其决定了系统出射光束的扫描方式、扫描轨迹模式图样、扫描周期及扫描特点。而棱镜的折射系数、棱镜顶角、系统结构决定了系统观测场（扫描场）的角度范围。

　　系统出射光束的扫描方式取决于两棱镜的相对转向和转速比。当两棱镜反向等速旋转时，出射光束沿径向执行一维线扫描。这可理解为，反向等速旋转的两棱镜相对方位夹角变化，而两者无共同旋转，故光束沿径向扫描而无切向扫描，径向扫描的方位决定于两棱镜的初始方位。当两棱镜同向等速旋转时，出射光束执行圆周扫描。可理解为，同向等速旋转的两棱镜相对方位夹角不变，两者仅有共同旋转，故光束沿切向扫描而无径向扫描，圆周扫描的角半径决定于两者恒定的方位夹角。

　　当两棱镜转速不一致，即两者转速比不为 1 时，不管是同向旋转还是反向旋转，两者的相对方位夹角会发生变化，且两者也存在共同旋转。因此，系统出射光束将同时沿径向和切向扫描，即呈现二维面扫描。分析二维面扫描时，通过系统出射光束偏转角Φ的变化周期 T_Φ 分析径向扫描快慢，通过其方位极角Θ的变化周期 T_Θ 分析切向扫描快慢，利用光束扫描轨迹变化周期 T_S 表示扫描整体模式图样的完成时间。光束扫描轨迹的位置和分布情况通过近轴近似方法和非近轴光线追迹方法分析。

　　当两棱镜以不大的转速差同向旋转时，两棱镜相对方位夹角变化较慢，两者的共同旋转占主导。故出射光束径向扫描较慢而切向扫描较快，光束偏转角Φ的变化周期 T_Φ 大于其方位极角Θ的变化周期 T_Θ，呈现螺旋线扫描。当两棱镜反向旋转，或以较大的转速差同向旋转时，两棱镜相对方位夹角变化较快，故出射光束径向扫描较快而切向扫描相对较慢。光束偏转角Φ的变化周期 T_Φ 小于其方位极角Θ的变化周期 T_Θ，呈现花瓣型扫描。

二、光束螺旋线和花瓣型二维面扫描性能分析与比较

　　旋转双棱镜的二维面扫描在激光成像雷达、成像目标搜索等领域具有应用前景。这些领域对光束或成像视轴扫描的应用需求之一是无盲区扫描，即要求扫描轨迹能以一定的密集度覆盖整个系统观测场。应用需求之二是高扫描效率，即要求周期扫描时间尽量短。围绕以上应用需求，二维面扫描研究需关注光束扫描轨迹在整个系统观测场内的分布情况、扫描轨迹密集度以及完成单帧全场扫描的时间。

　　对于螺旋线扫描，光束偏转角Φ从 0°到最大的一轮变化中，可扫描完多圈螺旋线轨迹，扫描轨迹以一定密集度布满系统观测场，可认为完成了单帧的光束扫描。帧扫描周期等于 $0.5T_\Phi$。两棱镜转速相差越小，即转速比越接近 1，两者相对方位夹角变化越慢，偏转角Φ的变化周期 T_Φ 越大，径向扫描越慢，帧扫描周期越长，单帧扫描的螺旋线圈数越多，扫描轨迹越密集。螺旋线扫描轨迹在系统观测场中间稀疏，而在边缘密集。螺旋线扫描具有多帧扫描特性。在光束扫描轨迹的整个变化周期 T_S 内，$2n(1-k)$ 帧螺旋线轨迹不同方位叠加，扫描轨迹逐帧密集，实现多种分辨率成像。

　　对于花瓣型扫描，棱镜转速比 k 值对应的 n 值越大，光束扫描轨迹变化周期 T_S 越长，则扫描整体模式图样中包含的花瓣轨迹数越多。在同样的 n 值下，对于棱镜以较大转速差同向旋转时形成的花瓣型扫描，转速比 k 值越小，即两棱镜转速相差越大，两者相对方位夹角变化越快，光束偏转角Φ的变化周期 T_Φ 越小，导致花瓣轨迹数越多。在同样的 n 值下，对于棱镜反向旋转时形成的花瓣型扫描，转速比 k 值越大，两者相对方位夹角变化越快，光束偏转角Φ的变化周期 T_Φ 越小，也导致花瓣轨迹数越多，花瓣切向角宽度越小。花瓣型扫描轨迹在系统观测场中间密集，而在边缘稀疏。棱镜转速比 k 值不大的花瓣型扫描也可实现多帧扫描。在光束扫描轨迹的整个变化周期 T_S 内,可叠加 $m = nk$ 帧花瓣型扫描轨迹,扫描线密集度逐帧增加。

综合分析两种扫描方式,其相同点概括为:

(1)扫描轨迹密集度的增加与扫描速度的提升相互制约。螺旋线圈数多,或者花瓣型轨迹数目多,扫描线密集,其代价是帧扫描周期长,即完成单帧全场扫描的时间长。

(2)具有多帧扫描特性。可叠加多帧扫描轨迹,使扫描线密集度逐帧增加,可用来实现多分辨率光束扫描成像。

对比两种扫描方式,其不同点概括为:

(1)径向和切向扫描线密集度差异。螺旋线扫描切向扫描快于径向扫描,径向扫描线密集而切向扫描线稀疏。花瓣型扫描径向扫描快于切向扫描,切向扫描线密集而径向扫描线稀疏。

(2)扫描线分布差异。在系统观测场内,螺旋线扫描轨迹中间稀疏边缘密集,而花瓣型扫描线中间密集边缘稀疏。

(3)多帧扫描条件差异。螺旋线扫描两棱镜转速比 k 值不可太小,否则叠加帧数 $2n(1-k)$ 太大导致单帧扫描线稀疏。花瓣型扫描两棱镜转速比 k 值不可太大,否则叠加帧数 $m = nk$ 太大导致单帧难以覆盖观测场。

三、近轴近似方法和非近轴光线追迹方法分析结果对比

上述研究的玻璃棱镜系统,棱镜折射系数为 1.5,顶角为 10°,系统最大偏转角约 10°。对于该玻璃棱镜系统,由图 6.4、图 6.7、图 6.8、图 6.9 可知,表示非近轴光线追迹方法分析结果的虚线与表示近轴近似方法分析结果的实像几乎重合。这说明对于这样较小偏转力的旋转双棱镜,两种方法的分析结果相近。为了针对大偏转力系统比较两种方法的分析结果,以锗棱镜为例分析不同 k 值下的扫描轨迹图样。锗棱镜系统棱镜折射系数为 4.0,棱镜顶角设为 8°,则系统最大偏转角超过 60°。图 6.16 展示了该系统在不同 k 值下螺旋线扫描轨迹图样。利用近轴近似方法分析得出的扫描轨迹(实线)与非近轴光线追迹分析轨迹(虚线)明显错开,即存在显著误差。然而,从图 6.16 中各子图仍可看出,近轴近似方法分析得到的螺旋线圈数与非近轴光线追迹分析法的分析结果相同,子图(a)~(e)中光束扫描的螺旋线圈数仍然为 1、1.4167、2.25、4.75、9.75 条,与图 6.4 中的玻璃棱镜系统分析结果相同。仿真结果也表明,两种方法分析得到的帧扫描周期也相同。因此,式(6.23)和式(6.24)虽然由近轴近似方法导出,但仍可用来准确计算螺旋线圈数和帧扫描周期。

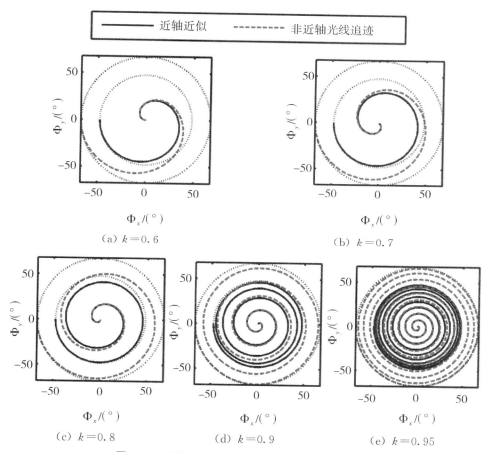

图 6.16　旋转双棱镜（锗棱镜）光束螺旋线扫描

图 6.17 针对锗棱镜系统，展示了两棱镜反向旋转时，不同棱镜转速比 k 值下花瓣型扫描轨迹图样。同样，实线表示的近轴近似方法分析轨迹明显偏离了虚线表示的非近轴光线追迹分析轨迹，近轴近似方法分析的轨迹位置存在显著误差。然而，从图 6.17 中各子图仍可看出，近轴近似方法分析得到的花瓣型轨迹数目与非近轴光线追迹分析法的分析结果相同，子图（a）～（d）中花瓣型轨迹数目仍然为 6、7、8、9 个，与图 6.12（c）中的玻璃棱镜系统分析结果相同。仿真结果也表明，两种方法分析得到的轨迹变化周期 T_S 也相同。因此，上述花瓣轨迹数、扫描周期等的计算公式虽然由近轴近似方法导出，但仍可用来准确计算花瓣轨迹数和扫描周期。

归纳以上分析结果可知，对于较小偏转力的旋转双棱镜，近轴近似方法和非近轴光线追迹方法的分析结果相近。对于大角度光束偏转的旋转双棱镜，近

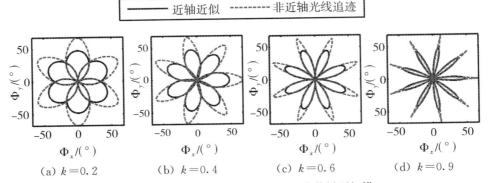

图 6.17　旋转双棱镜（锗棱镜）光束花瓣型扫描

轴近似方法推导的螺旋线圈数、花瓣轨迹数、光束扫描周期等结果仍然适用，只是其分析的轨迹位置存在误差。

6.5　本章小结

　　本章围绕激光成像雷达、成像目标搜索等领域光束或成像视轴扫描的应用需求，结合近轴近似方法和非近轴光线追迹方法，研究研究两棱镜旋转方向、转速比与光束扫描方式、扫描模式图样、扫描特点、扫描周期、扫描轨迹密集度等性能之间的关系。基于近轴近似方法，推算得出光束扫描轨迹变化周期、光束偏转角变化周期、光束方位极角变化周期的解析计算式。基于这些式子，利用近轴近似方法和非近轴光线追迹方法分析了两棱镜等速旋转时光束一维线扫描、圆周扫描轨迹特点。针对两棱镜同向和反向旋转的两种情况，分析了两棱镜不等速旋转时的螺旋线、花瓣型二维面扫描的扫描模式图样、扫描特点、扫描周期、扫描轨迹密集度。

　　棱镜等速旋转的光束扫描研究结果表明，两棱镜反向等速旋转时，光束执行近一维线扫描但非精确的一维线扫描。其扫描路径会轻微偏离直线，呈现"8"字形扫描轨迹。对于较小偏转力的系统，其扫描路径偏离不明显。但对于大偏转力的系统，出现明显路径偏离，且越往扫描路径两端，路径偏离越明显。两棱镜同向等速旋转时，光束执行圆周扫描，其扫描角半径取决于两棱镜的相对转角。

　　棱镜不等速旋转的光束扫描研究结果表明，不管棱镜同向还是反向旋转，光束将执行二维面扫描，光束扫描线密集度与扫描速度相互制约。当两棱镜以不大的转速差同向旋转时，呈现螺旋线扫描。当两棱镜以较大的转速差同向旋转，或两棱镜反向旋转时，呈现花瓣型扫描。螺旋线扫描切向扫描快于径向扫描，径向扫描线密集而切向扫描线稀疏，扫描轨迹在系统观测场中间稀疏，而在边缘密集。两棱镜转速相差越小，螺旋扫描轨迹越密集，帧扫描周期越长。花瓣型扫描径向扫描快于切向扫描，切向扫描线密集而径向扫描线稀疏，扫描轨迹在系统观测场中间密集，而在边缘稀疏。棱镜转速比 k 值对应的 n 值越大，花瓣轨迹数越多，光束扫描轨迹变化周期越长。在同样的 n 值下，对于棱镜以较大转速差同向旋转时形成的花瓣型扫描，转速比 k 值越小，花瓣轨迹数越多，对于棱镜反向旋转时形成的花瓣型扫描，转速比 k 值越大，花瓣轨迹数越多，花瓣切向角宽度越小。

　　棱镜转速比 k 值较大的螺旋线扫描以及 k 值较小的花瓣型扫描具有多帧扫描特性。在光束扫描轨迹的整个变化周期内，螺旋线扫描可叠加 $2n(1-k)$ 帧螺旋线轨迹，花瓣型扫描可叠加 $m=nk$ 帧花瓣型扫描轨迹，使轨迹密集度多帧逐渐增加，可用来实现多分辨率光束扫描成像。

第7章 旋转双棱镜的成像视轴指向控制应用

旋转双棱镜的典型应用有两类：一类如图 2.1（a）所示用来偏转和控制激光光束的指向，应用于自由空间激光通信、激光雷达等领域；另一类如图 2.1（b）所示用来偏转和控制成像视轴指向，在空间监测、定向红外对抗、机器视觉等领域实现大范围目标搜索捕获、指向、跟踪等。

在第二类应用，即成像视轴偏转控制应用中，最常见的是光电成像跟踪系统。该类系统通常由光学成像传感设备，如可见或红外相机以及光束偏转机构组成。相机成像设备通常由面阵探测器和成像镜头组成，用来观察场景，搜索感兴趣的物体，识别目标，产生目标所在区域图像。一旦捕获到目标，相机探测器能被用来收集目标信息，提供场景成像中目标的空间指向位置数据。光束偏转机构被用来偏转相机的视轴，即成像视场中心对应的空间指向。在目标捕获阶段，该机构能移动相机成像视场使其扫描不同场景以搜寻目标。目标捕获后，基于相机探测器提供的目标指向位置信息，可通过控制光束偏转机构实行成像目标跟踪或目标稳定指向。

在光电成像跟踪系统中通常使用的光束偏转机构是两轴机架和两轴反射镜，通过旋转相机或反射镜来改变成像视轴。两轴机架结构简单，技术成熟。但由于其通常尺寸重量大、转动惯量大，导致其消耗功率大、动态性能差、对载体振动敏感、可靠性和灵活性差。两轴反射镜会产生像旋，视轴偏转对机械误差敏感，且难以用于大通光孔径成像。在空间受限或飞行载体平台，如卫星、机载或其他飞行器，需要结构紧凑、能与载体平台共形安装的光束偏转机构。而两轴机架和两轴反射镜难以满足这一需求。

在此类载体平台中，旋转双棱镜能显示其应用优势。旋转双棱镜以其共轴结构特点，能实现紧凑结构并适宜载体平台共形安装。在基于旋转双棱镜的光电成像跟踪系统中，相机放置于旋转双棱镜后方并与其共轴安装。物方场景发出的光线通过两棱镜折射偏转，射入相机的成像物镜，会聚到探测器感光靶面上获得物方场景的像。当驱动两棱镜旋转改变其角位置时，相机的成像视场相应移动，成像视轴指向相应偏转，可在旋转双棱镜能达到的最大偏转角为半顶角的圆锥空间范围内指向任意预定方向。相对于传统的两轴机架、两轴反射镜等束转机构，旋转双棱镜具有紧凑轻便、功率消耗小、视轴偏转角度范围大、动态性能好、可靠性好等优点。在目前已有的扫描成像系统中，旋转双棱镜已被用于控制窄视场相机成像视轴来获得场景细节[128, 160]，或实现高分辨率成像和视场扩展[165, 166, 174]，或用于成像目标跟踪[60, 175, 176]。

　　由于旋转双棱镜是通过折射偏转成像光束，相对反射型束转系统，利用它来偏转和控制成像视轴会面临更多需要研究和解决的系列问题。首先，在成像光束传输光路中插入旋转双棱镜将带来成像色差问题。在旋转双棱镜的光束偏转应用中，偏转的光束通常为激光光束，单色性好，色散不明显。旋转双棱镜用于成像视轴偏转时，由于成像光束通常宽波带光束，色散现象明显，将为成像带来不可忽略的色差。色差问题已被许多研究者深入研究，结果表明，通过设计衍射光学结构或者胶合不同折射系数和色散参数的棱镜材料可以有效地校正成像色差。该问题不在本章的讨论范围，有兴趣的读者可参考文献[12, 90]。然后，棱镜折射对光线偏转的非一致性将导致成像畸变。被观察物上各物点发出的光线以不同入射方向射入旋转双棱镜，即入射角度不一致。而旋转双棱镜对光线的偏转依赖于入射角度，故当旋转两个棱镜将成像视轴移动到一个给定的指向位置时，来自整个视场的光线不可能得到一致的偏转，最终产生成像畸变。对于较小角度的视轴偏转，成像畸变不明显。但当成像视轴偏转较大时，棱镜导致的成像畸变变得显著，最终可导致成像目标不可识别。对于旋转双棱镜引起的成像畸变问题的研究较少，值得对其系统分析并设法予以校正。最后，当旋转双棱镜用于目标成像跟踪时，由于棱镜折射对成像光线偏转是非线性的，导致目标像点脱靶量、目标指向相对成像视轴的偏离量、视轴调节需要的棱镜旋转量之间的非线性关系。有必要深入分析这些非线性关系，建立视轴调节和目标跟踪模型并估算不同目标指向下成像跟踪对棱镜旋转驱动与控制的要求。

　　本章利用非近轴光线追迹方法，分析和解决旋转双棱镜导致的成像畸变问题以及成像目标跟踪问题。7.1 节通过逐面正向追迹成像光线，分析旋转双棱镜引起的成像畸变及其在各个视轴指向上的变形特点。7.1 节介绍逆向光线追迹法，对旋转双棱镜引起的成像畸变进行校正。7.3 节设计实验对成像畸变特点及其校正方法进行了验证。7.4 节介绍旋转双棱镜目标成像跟踪的视轴调节模型，探讨目标像点脱靶量与目标指向相对成像视轴的偏离量之间的非线性关系。7.5 节分析旋转双棱镜的成像跟踪性能及其对棱镜驱动控制的要求。

7.1 旋转双棱镜引起的成像畸变

旋转双棱镜引起的成像畸变与镜头畸变不同。镜头畸变是相机成像物镜导致的畸变,可用成熟的标定模型来有效校正。对于旋转双棱镜引起的成像畸变,目前还没有完整成熟的模型来描述其特点,传统的畸变校正方法无法用来校正这种畸变。Lavigne 等[115] 针对成像镶嵌拼接应用提出了一种单映射变换校正方法。该变换是一种线性校正方法,能实现实时快速畸变校正。然而,畸变校正精度还可以通过非线性变换得到进一步改善。本研究针对物空间光线簇,逐面进行非近轴光线追迹,得到像空间对应光线指向,从而研究两棱镜带来的成像畸变特点。由于本研究主要关心旋转双棱镜引起的成像畸变,故研究中我们采用简单的针孔相机模型。即整个研究中忽略成像中的镜头畸变。

7.1.1 物空间入射光线描述

不失一般性,我们设定相机坐标系与世界坐标系重合。当成像视轴与系统光轴(即 Z 轴)一致时,物空间中入射光线矢量能通过针孔相机模型无畸变地投影到理想像面上,这是一个透视投影过程,其入射光线矢量 $\hat{s}_0^i = (K_0^i, L_0^i, M_0^i)$ 与其像平面上理想像点 $P_0 = (x, y)$ 之间的关系为

$$(K_0^i, L_0^i, M_0^i)^T = \frac{1}{\sqrt{x^2 + y^2 + f^2}} (x, y, f)^T, \qquad (7.1)$$

$$(x, y, f)^T = \frac{f}{M_0^i} (K_0^i, L_0^i, M_0^i)^T, \qquad (7.2)$$

其中 f 为镜头焦距。通过下列映射可将像面坐标 (x, y) 转为像素坐标 (u, v):

$$\binom{u}{v} = \begin{pmatrix} \dfrac{1}{dx} & \gamma \\ 0 & \dfrac{1}{dy} \end{pmatrix} \binom{x}{y} + \binom{u_0}{v_0}, \qquad (7.3)$$

其中 dx 和 dy 分别为像素实际的宽度和高度,(u_0, v_0) 为光轴与像面交点的像素坐标,γ 描述了两成像坐标的歪斜偏离。

当旋转双棱镜将成像视轴转到任何别的指向位置,描述为偏转角 Φ 和方位角 Θ,光线矢量围绕单位矢量 $(u_x, u_y, u_z) = (-\sin\Theta, \cos\Theta, 0)$ 确定的轴

旋转Φ。基于罗德里格斯（Rodrigues）旋转矩阵 M_1 可得其转置为

$$M_1^T = A_1 + (I - A_1) \cdot \cos \Phi + B_1 \cdot \sin \Phi, \tag{7.4}$$

其中 I 为单位矩阵，A_1 和 B_1 表示为

$$A_1 = \begin{bmatrix} u_x^2 & u_x u_y & u_x u_z \\ u_y u_x & u_y^2 & u_y u_z \\ u_z u_x & u_z u_y & u_z^2 \end{bmatrix}, \quad B_1 = \begin{bmatrix} 0 & -u_z & u_y \\ u_z & 0 & -u_x \\ -u_y & u_x & 0 \end{bmatrix} \tag{7.5}$$

则视场中的入射光线矢量可表示为

$$s^i = s_0^i \cdot M_1. \tag{7.6}$$

7.1.2　旋转双棱镜中成像光线的追迹

棱镜Π_1 第一个表面的法向单位矢量为表示为

$$\hat{n}_1 = (\sin \alpha_1 \cos \phi_1, \ \sin \alpha_1 \sin \phi_1, \ -\cos \alpha_1), \tag{7.7}$$

其中ϕ_1 为棱镜Π_1 的旋转角。利用矢量形式的斯涅尔定律可得折射光线矢量为

$$s_1^r = \frac{1}{n_1} \left[s^i - (s^i \cdot n_1) n_1 \right] - n_1 \sqrt{1 - \frac{1}{n_1^2} + \frac{1}{n^2}(s^i \cdot n_1)^2}. \tag{7.8}$$

由于两棱镜内表面相互平行，两棱镜间的间隙不将改变光线的方向。故入射到棱镜Π_2 第二表面的光线矢量为

$$\hat{s}_2^i = \hat{s}_1^r, \tag{7.9}$$

其单位法向矢量为

$$\hat{n}_2 = (-\sin\alpha_2 \cos \phi_2, \ -\sin\alpha_2 \sin \phi_2, \ -\cos\alpha_2), \tag{7.10}$$

其中 θ_2 为棱镜Π_2 的旋转角。再次利用矢量形式的斯涅尔定律可得系统出射光线矢量 $\hat{s}_2^r$ 的方向余弦(K_2^r, L_2^r, M_2^r)：

$$\hat{s}_2^r = (K_2^r, L_2^r, M_2^r) = n_2 \left[\hat{s}_2^i - (\hat{s}_2^i \cdot \hat{n}_2) \hat{n}_2 \right] - \hat{n}_2 \sqrt{1 - n_2^2 + n_2^2 (\hat{s}_2^i \cdot \hat{n}_2)^2} \tag{7.11}$$

因此，成像点最终坐标可表示为

$$x' = \frac{K_2^r}{M_2^r} f, \quad y' = \frac{L_2^r}{M_2^r} f \tag{7.12}$$

同样，采用式（7.3）所列的成像转换可得最终的像素坐标 (u', v')。

7.1.3　成像畸变分析

通过光线追迹可针对任意单个像素点计算两棱镜引起的像点位置偏移。针对任意给定的视轴指向，首先可应用式（3.66）～（3.76）准确计算两棱镜的旋转角ϕ_1 和ϕ_2。基于理想的针孔模型，可利用传感器像素数、像素尺寸及视场

尺寸（以水平视场 θ_h 表示）确定镜头焦距及像面坐标 $(x，y)$。通过从理想像素坐标 $(u，v)$ 到最终实际像素坐标 $(u'，v')$ 的像素逐个映射，可针对任何给定视轴指向模拟展示整个视场内的图像变形。

作为例子，我们分析锗棱镜系统。其棱镜顶角为 $\alpha=5°$，折射系数 $n=4.00$。由式（3.65）～（3.67），令 $\Delta\phi=0°$ 可求得系统的最大偏转角为 32.49°。针孔相机的横向视场值为 $\theta_h=5°$，传感器的像素数为 $480×640$。针对棋盘方格标靶，就不同的视轴方向模拟成像。图 7.1 展示了不同视轴方向对应的成像畸变。其余象限视轴指向对应的成像畸变为图 7.1 展示图的镜像。由图可知，当视轴与系统光轴共线时（即 $\Phi=0°$），旋转双棱镜没有产生明显成像畸变。然而，在其他的视轴指向上，图像沿偏离光轴的方向呈现畸变压缩。随着视轴偏转角 Φ 的增大，压缩畸变变得更加突出。当视轴的偏转角 Φ 达到最大值 Φ_m 时，压缩畸变最明显。

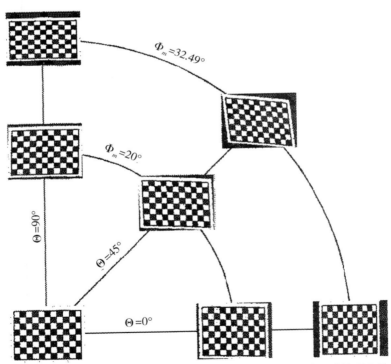

图 7.1　不同视轴方向对应的成像畸变。旋转双棱镜系统为锗系统，棱镜顶角为 $\alpha=5°$，折射系数 $n=4.00$。视轴的偏转角 Φ 分别为 20° 和最大值 Φ_m。方位角分别为 0°、45° 和 90°

值得注意的是，棱镜引起的成像畸变实际上依赖于两棱镜的旋转角位置。然而，对于一个给定的视轴指向，存在两套棱镜旋转角的解。这两套旋转角解将导致不同的图像变形。图 7.2 针对同一视轴指向，比较了两套棱镜旋转角解对应的成像畸变。两种情况下的畸变大体相同，即沿着偏离光轴的方向图像出现畸变压缩。

$$(a)\ \Theta=0° \qquad\qquad (b)\ \Theta=45° \qquad\qquad (c)\ \Theta=90°$$

图 7.2　同一视轴指向下两套棱镜旋转角解对应的成像畸变比较。视轴的偏转角为 $\Phi=20°$，方位角 Θ 分别为 $0°$、$45°$、$90°$

图 7.3 比较了同一视轴指向下不同成像视场所对应的成像畸变。视轴的偏转角为 $\Phi=30°$，方位角 $\Theta=45°$。对于小视场（如图 7.3（a）），变形图像呈现出简单的平行四边形。然而，随着成像视场的增大，图形边缘变得弯曲（如图 7.3（b）和图 7.3（c））。

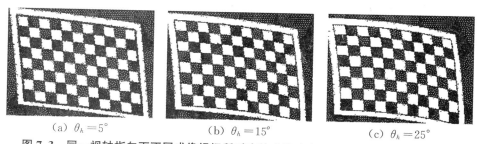

$$(a)\ \theta_h=5° \qquad\qquad (b)\ \theta_h=15° \qquad\qquad (c)\ \theta_h=25°$$

图 7.3　同一视轴指向下不同成像视场所对应的成像畸变。视轴的偏转角为 $\Phi=30°$，方位角 $\Theta=45°$。成像视场分别为 $50°$、$15°$、$25°$

为定量描述旋转双棱镜引起的成像畸变程度，分析实际像点位置与对应理想像点位置之间的均方根差（RMSE），其表达式为

$$\text{RMSE}=\sqrt{\frac{1}{N}\sum_{I=1}^{N}((u'-u)^2+(v'-v)^2)},\qquad(7.13)$$

其中 N 为传感器的像素数。图 7.4 展示了均方根差随视轴偏转角Φ及视场的改变。明显可见，均方根差随偏转角Φ增加而增加，同时也依赖于方位角Θ及成像视场。

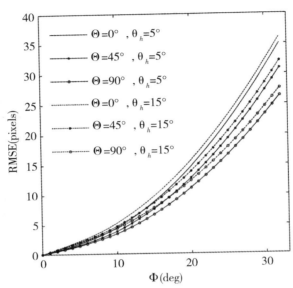

图 7.4 实际像点位置与对应理想像点位置之间的均方根差（RMSE）随视轴偏转角Φ的改变。视轴的方位角分别为Θ＝0°，45°，90°。水平视场分别为 θ_h＝5°，15°

7.2 逆向光线追迹实现成像畸变校正

7.2.1 逆向光线追迹方法及成像畸变仿真

根据光线可逆定律，可通过反向光线追迹来校正旋转双棱镜引起的成像畸变。从成像面上的像素点投射光线，然后反向追迹光线通过系统，投射出射光线在一虚拟屏上得到畸变校正的图像。

从成像面上的像素点投射光线的光线矢量可表示为

$$(\hat{s}^i)_{Back} = -\hat{s}_0^i. \tag{7.14}$$

棱镜Π_2的第二表面及棱镜Π_1的第一表面的法向单位矢量为

$$(\hat{n}_2)_{Back} = -\hat{n}_2, \quad (\hat{n}_1)_{Back} = -\hat{n}_1. \tag{7.15}$$

然后，基于矢量形式的斯涅尔定律反向执行光线追迹，棱镜 Π_2 的第二表面上的折射光线矢量为

$$(\hat{s}_2^r)_{Back} = \frac{1}{n_2}\left[(\hat{s}^i)_{Back} - ((\hat{s}^i)_{Back} \cdot (\hat{n}_2)_{Back})(\hat{n}_2)_{Back}\right]$$
$$- (\hat{n}_2)_{Back}\sqrt{1 - \frac{1}{n_2^2} + \frac{1}{n_2^2}((\hat{s}^i)_{Back} \cdot (\hat{n}_2)_{Back})^2}. \quad (7.16)$$

同样，棱镜 Π_1 的第一表面的入射光线可以表示为

$$(\hat{s}_1^i)_{Back} = (\hat{s}_2^r)_{Back}, \quad (7.17)$$

再次基于矢量形式的斯涅尔定律可得从棱镜 Π_1 的第一表面出射的光线可表示为

$$(\hat{s}_1^r)_{Back} = n_1\left[(\hat{s}_1^i)_{Back} - ((\hat{s}_1^i)_{Back} \cdot (\hat{n}_1)_{Back})(\hat{n}_1)_{Back}\right]$$
$$- (\hat{n}_1)_{Back}\sqrt{1 - n_1^2 + n_1^2((\hat{s}_1^i)_{Back} \cdot (\hat{n}_1)_{Back})^2}. \quad (7.18)$$

为了得到校正的图像，需要以单位矢量 $(sin\,\Theta, -cos\,\Theta, 0)$ 为轴将出射光线旋转 Φ。这样成像视轴被旋转到与系统光轴共线，便于得到最终的像素校正位置。明显可知，该旋转矩阵 M_2 为矩阵 M_1 的逆矩阵，其转置矩阵可表示为

$$M_2^T = A_1 + (I - A_1) \cdot \cos\Phi - B_1 \cdot \sin\Phi. \quad (7.19)$$

出射光线矢量分量可表示为

$$((K_1^r)_{Back}, (L_1^r)_{Back}, (M_1^r)_{Back}) = (\hat{s}_1)_{Back} \cdot M_2 \quad (7.20)$$

故校正的像点坐标可表示为

$$(x')_{Back} = \frac{(K_1^r)_{Back}}{(M_1^r)_{Back}}f, \quad (y')_{Back} = \frac{(L_1^r)_{Back}}{(M_1^r)_{Back}}f. \quad (7.21)$$

对于畸变图像上任何单个的像素点，可通过反向光线追迹得到正确的坐标位置。采用式（7.3）所列的成像转换可得校正的像素坐标 $((u')_{Back}, (v')_{Back})$。因此，在实际操作时，通过逐个像素点的映射对应可实现成像畸变的校正。为校正一个给定的图像，仅需提供棱镜的旋转角、相机的视场及系统元件参数（主要包括顶角及折射系数）。

针对不同视轴指向下模拟的畸变图像，应用反向追迹方法分别逐个校正图像，结果展示于图 7.5。可以看到，逆向光线追迹法能准确地校正棱镜引起的成像畸变，有效地改善成像质量。校正的图像与理想未畸变的图像一致。然而，应该注意的是，反向的像素-像素映射填充拓宽了图像的尺寸（或成像视场）。由于图像被压缩，校正图像里的一些像素点没被相应地填充。因此，在实际图像校正中，可先用插值来正确地扩展畸变图像，再实施反向像素填充，最后将校正的图像裁剪到最初的尺寸。

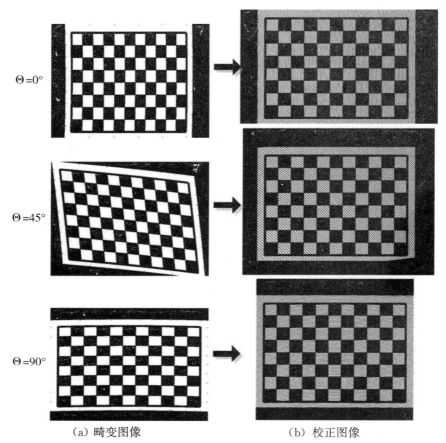

$\Theta = 0°$

$\Theta = 45°$

$\Theta = 90°$

（a）畸变图像   （b）校正图像

图 7.5　逆向光线追迹法对不同视轴指向下的畸变图像校正的结果。
视轴的偏转角为最大，方位角分别为 0°，45°和 90°

应该提出的是，逆向光线追迹方法仅能校正棱镜引起的成像畸变，因此，在实施逆向光线追迹校正前，需先标定相机并校正镜头畸变。

7.3　成像畸变及其校正的实验验证和分析

为验证以上成像畸变分析结果及其逆光线追迹校正方法，我们利用自己设计的旋转双棱镜成像系统在不同的视轴指向采集了系列图像并用逆光线追迹方法对这些真实畸变图像实施校正。

　　实验方案、实验系统场景照片分别展示在图 7.6（a）和（b）。摄像机安装在旋转双棱镜后面并调整使其视轴与棱镜旋转轴共线。旋转两棱镜,可实现视轴的扫描。在实验中,仔细调节两棱镜方位使成像视轴偏向最大,并让视轴分别偏向最左边和最右边,以便捕获左侧和右侧视野角度。棋盘状目标标靶包

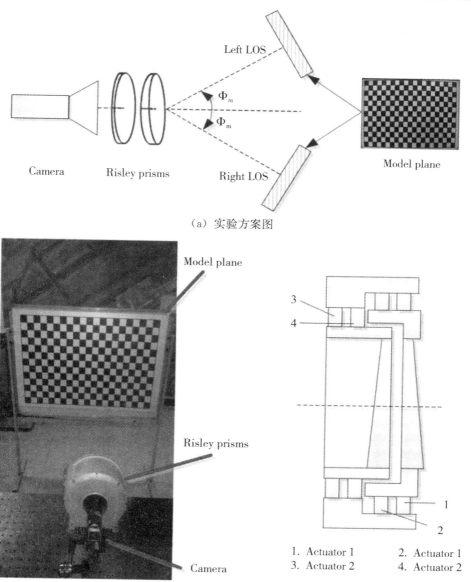

（a）实验方案图

（b）实验现场场景

（c）旋转双棱镜扫描系统的设计

1. Actuator 1　　2. Actuator 1
3. Actuator 2　　4. Actuator 2

图 7.6　旋转双棱镜成像系统示意图

含 21×13 个黑白相间的正方形图样,仔细调整其方位使其余视轴方向垂直。CCD 摄像机传感器像素数为 640×480。调节镜头视场,使水平视场值 $\theta_h = 38°$。图 7.6(c)展示了旋转双棱镜扫描系统的结构。系统由两相同的 $K9$ 玻璃棱镜组成,棱镜顶角为 $\alpha = 10°$。对于 $\lambda = 555$nm 的成像波长,其折射系数为 $n = 1.5187$。容易算出该系统对视轴的最大偏转角为 $\Phi_m = 10.66°$。采用 RENISHAW 编码器来测量棱镜旋转角度,该编码器每旋一周可产生 720,000 个脉冲,故其测量精度可达 $0.0005°$。为减小传动误差,棱镜旋转采用力矩电机直驱。为精确控制棱镜的方位,采用闭环实现伺服控制。

由于采用的成像视场较大,实验中摄像机镜头将产生径向畸变。为单独分析棱镜产生的畸变特征,需要首先将该镜头畸变尽量校正。我们首先采用 Zhang 的方法估测了摄像机参数及径向畸变参数,然后将棋盘目标靶板放置在系统左侧和右侧并调整其方位使其与成像视轴垂直。根据各自视轴指向反算出两棱镜的旋转角度并按此控制好棱镜的方位,获取相应的图像。利用 Zhang 的方法针对获得的图像先进行镜头畸变校正,得到镜头畸变校正图像,该图像能体现棱镜引起的成像畸变。

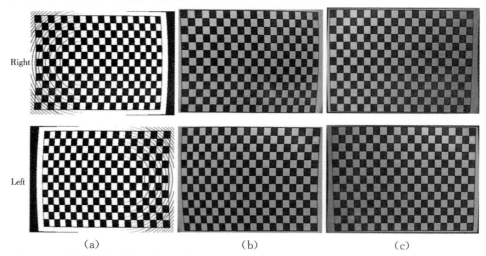

（a）　　　　　　　　　（b）　　　　　　　　　（c）

图 7.7　棱镜引起的成像畸变及其校正。左侧和右侧获取的图像分别被展示在顶行和底行
（a）针对实验系统的参数应用光线追迹得到的模拟图像;（b）棱镜引起的成像畸变,已应用 Zhang 的方法对摄像机镜头畸变进行了校正;（c）应用逆光线追迹方法得到的校正图像。

图 7.7 展示了获得的原始图像、摄像机镜头畸变校正后的图像及校正棱镜引起的畸变后的图像。针对实验系统的具体参数,首先用第 3 章描述的光线追迹方法模拟棱镜引起的成像畸变,其结果展示在图 7.7(a),应用 Zhang 的方

法对原始图像进行镜头畸变校正，结果展示在图 7.7（b）。应用逆光线追迹校正棱镜引起的畸变，结果展示在图 7.7（c）。比较图 7.7（a）和（b）可知，用光线追迹的方法模拟得出的棱镜畸变与实验观测到的畸变其形状特点符合较好。两者间小的差异来源于实验误差，如目标标靶的对准误差、旋转双棱镜的装调误差等。与图 7.7（b）比较，图 7.7（c）中展示的图像畸变明显减小，证明通过逆光线追迹校正棱镜引起的误差时可行的。

　　虽然实验针对可见光成像，但其结果也同样适用于红外成像。由于红外材料的折射系数可以达到更大，因此可针对红外成像实现更大的成像视轴偏转。因此与可见光成像相比，基于旋转双棱镜实现大角度红外扫描成像将引起更突出的成像畸变。而这种畸变，可用逆向光线追迹法进行有效校正。

7.4　基于旋转双棱镜的成像跟踪分析

　　在基于旋转双棱镜的成像视轴指向控制系统中，一旦相机捕获到目标，即目标的像进入相机视场，则可根据目标像的脱靶量，即目标像点相对于像面中心的偏移量来控制两棱镜旋转，使目标像点移到像面中心，即使系统光轴指向目标方向，完成成像视轴调节，实现对目标的成像跟踪。为了能调节视轴实现成像跟踪，需要探讨旋转双棱镜的视轴跟踪机制。2018 年，李安虎等基于两套旋转双棱镜提出了一种粗精耦合目标跟踪方法，以偏转激光束来跟踪和指向给定目标[60]。在这种跟踪方法中，目标的空间指向位置信息预先确定，采用两步法结合牛顿迭代法来确定两棱镜需要旋转的角度。最近，李等提出了旋转双棱镜成像跟踪方法[175, 176]，能控制相机视轴跟踪和指向预先未确定指向位置的目标。即通过相机成像，目标的像点出现在成像视场中心，且当目标移动时，控制两棱镜旋转使目标像点保持与视场中心尽可能临近。

　　基于旋转双棱镜的成像跟踪面临的最大问题是如何由目标像点脱靶量来确定两棱镜的旋转角度（包括旋转方向）。对于传统的两轴机架、两轴反射镜等束转机构，目标像点脱靶量与旋转部分需要的旋转角度呈简单的线性关系，故该问题容易解决。但棱镜折射非线性地偏转光线，需要分析脱靶量与需要的棱镜旋转角之间复杂的非线性关系。在文献[176] 中，李等提出了一种自适应视轴调节方法。该方法需要多次改变棱镜的角位置，不利于实时目标跟踪。最近在文献[175] 中，他们结合逆向光线追迹结合迭代求精方法来调节视轴，证明了直视成像跟踪的可能性。相对自适应方法，这种方法能由目标像点脱靶量直接推出需要的棱镜旋转角，可用于实时目标跟踪。本节基于这些研究，针对远距离目标跟踪和无误差的理想旋转双棱镜系统（棱镜折射率和顶角无误差且系统安装理想，棱镜旋转控制精确），建立旋转双棱镜的视轴调节模型，基于逆向追迹和两步法介绍视轴调节方法，然后系统分析目标像点脱靶量与目标指向相对系统视轴偏离量之间的非线性关系。

7.4.1 基于旋转双棱镜的成像视轴调节模型

图 7.8（a）示意性地展示了旋转双棱镜对成像视轴的偏转，沿视轴方向射入的光线经过两棱镜的折射后，沿系统光轴射入相机，成像于视场中点。改变两棱镜的旋转角位置 ϕ_1、ϕ_2，可改变视轴指向，即视轴的偏转角 Φ_B 及方位极角 Θ_B。旋转双棱镜最常用的结构为 21-12 型结构，如图 7.8（b），棱镜 4 个表面依次标记为面 Ⅰ、Ⅱ、Ⅲ、Ⅳ。在旋转双棱镜的成像跟踪应用中，两棱镜共轴放在相机前，图 7.8（c）展示了成像跟踪模型中的三维笛卡尔坐标系统，包括像面坐标系 o-xyz、棱镜坐标系 O-XYZ 以及视轴坐标系 o'-$x'y'z'$。其中，z 轴和 Z 轴方向一致且沿系统光轴方向。x 轴和 X 轴方向相同，y 轴和 Y 轴方向相同，均与相机探测面阵边缘平行。z' 轴方向沿视轴，视轴坐标系 o'-$x'y'z'$ 随视轴偏转而移动。这样设置坐标系统方便描述来自物方视场 $a'b'c'd'$ 光线的局部指向位置。对于成像面上一个确定的探测面阵 $abcd$，通过两棱镜的旋转可移动物空间中相应的物方视场区域 $a'b'c'd'$。

在以上三维坐标系统中，为便于光线追迹，视轴或光线的方向可用方向余弦表示的单位方向矢量（K，L，M）描述。为在二维平面内直观表示这些指

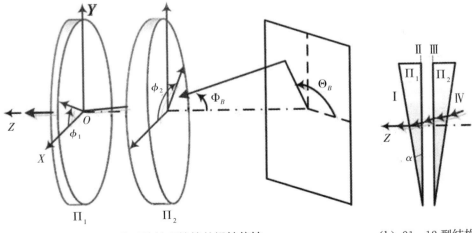

（a）基于旋转双棱镜的视轴偏转　　　　　　（b）21-12 型结构

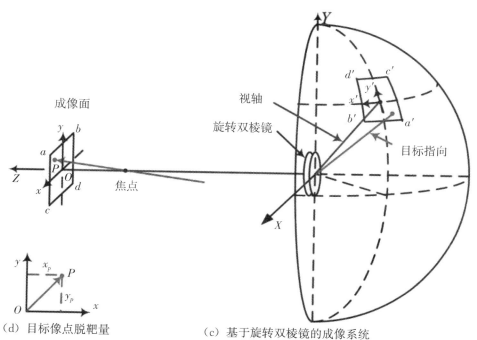

（d）目标像点脱靶量　　　　（c）基于旋转双棱镜的成像系统

图 7.8　基于旋转双棱镜的成像视轴调节模型示意图

向位置，也可利用式（3.6）、式（3.7），由（K，L，M）求得对应的偏转角 Φ 和方位极角 Θ，用极坐标中的点描述这些指向。这样，棱镜对光线的偏转即可在二维极坐标面上，由出射光线的极坐标点相对于入射光线的极坐标点的偏移来直观表示光线的偏转。

在图 7.8（c）中，来自物方视场 $a'b'c'd'$ 的所有光线被两棱镜偏转后，通过针孔相机模型成像在探测面阵 $abcd$ 上。来自视轴方向的入射光线被偏转到 z 轴（Z 轴）方向，成像在成像面上的轴点 o，即探测面阵的中心点。目标点发出的成像入射光束主光线被两棱镜偏转后，成像在成像面上的 P 点。则在成像面上，目标像点 P 的脱靶量可表示为 P 点相对于 o 点的坐标值（x_p，y_p），如图 7.8（d）。实际应用中，该坐标值可被测量，能被用来产生跟踪误差控制信号。控制系统能基于该信号通过适当控制算法控制两棱镜旋转，使之以适合旋向旋转适合角度，偏转视轴使之指向目标，目标像点 P 移动到视场中心，即轴点 o。

为直观描述成像跟踪时的视轴调节模型，将成像视轴、光线矢量方向表示为二维极坐标面上的坐标点，如图 7.9。Z 轴及视轴指向分别表示为点 o 和点 o'，点 o 为坐标极点而点 o' 的极坐标值表示为（Φ_B，Θ_B）。目标指向表示为点

177

p'，其在局部极坐标中的坐标值表示为（Φ'_o，Θ'_o），在全局极坐标中的坐标值表示为（Φ_o，Θ_o）。目标像点对应出射光线指向表示为点 p，其极坐标值表示为（Φ_I，Θ_I）。视轴调节的目标是偏转视轴，使其对准目标指向，即使点 o' 移动到点 p'，而视场中心点 o 移动到目标像点 p。为完成视轴调节实现成像跟踪，必须由描述目标像点 P 的脱靶量坐标值（x_p，y_p）推算两棱镜需要旋转的角度（包括旋向），使成像视轴的极坐标值从（Φ_B，Θ_B）变成（Φ_o，Θ_o）。

根据光路可逆定律，可逆向追迹光线以方便分析。首先，假设目标像点逆向发出光线，其主光线的方向矢量（在图 7.9 中表示为点 p）可通过针孔相机模型计算。在 $o\text{-}xyz$ 或 $O\text{-}XYZ$ 坐标系中，该矢量可表示为

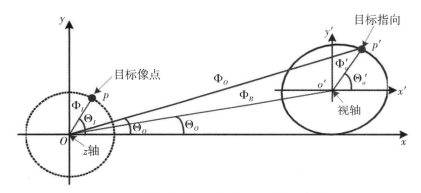

图 7.9　二维极坐标面上视轴及光线指向的描述

$$\hat{s}_I=(K_I,\ L_I,\ M_I)=\frac{-1}{\sqrt{x_P^2+y_P^2+f^2}}\ (x_P,\ y_P,\ f). \qquad (7.22)$$

其中 f 为成像物镜的焦距。然后，针对该主光线矢量，在旋转双棱镜系统中逆向逐面进行光线追迹，分析该光线的偏转。即在图 7.8（b）中，让式（7.22）表示的光线矢量 $\hat{s}_I$ 入射面 I，随后基于矢量形式的斯涅尔定律依次求面 I ～ IV 上的折射光线矢量，最终得到系统出射光线矢量，即面 IV 上的折射光线矢量 $\hat{s}_o=(K_o,\ L_o,\ M_o)$。显然，该矢量即可表示目标指向，在图 7.9 中表示为点 p'。基于目标指向 $\hat{s}_o$，结合当前视轴指向，可推算目标指向相对当前视轴的偏移。接着可应用两步法，由目标指向 $\hat{s}_o$ 求解逆向解，得到两棱镜需要达到的旋转角位置。将该角位置与当前棱镜角位置作差，即可得到两棱镜需要旋转的角度。该差值的正负符号即可表示需要的棱镜旋转方向。

7.4.2　目标像点脱靶量与目标指向相对系统视轴偏离量之间的非线性关系

物空间的入射光线以不同方向射入旋转双棱镜，两棱镜对这些光线偏转角

度不一致，导致目标像点脱靶量与目标指向相对系统视轴的偏离量之间呈现非线性关系。在此针对成像面上不同目标像点位置逆向发出的光线，逆向逐面光线追迹得到对应的目标指向，探讨这种非线性关系。

为直观描述这种非线性关系，采用图 7.9 所示的二维极坐标面展开分析。目标像点脱靶量可用像点 P 的极坐标值（Φ_I，Θ_I）表示。该极坐标值可基于式（7.22）表示的光线矢量 $\hat{s}_I$，参考式（3.6）、式（3.7）转换得到。显然，Φ_I 表示脱靶量的大小，而 Θ_I 表示脱靶的方位。与之对应的目标指向相对系统视轴偏离可用目标指向 p' 的局部极坐标值（Φ_o'，Θ_o'）表示。

实际上，局部坐标系 $o'\text{-}x'y'z'$ 可以通过将坐标系 $o\text{-}xyz$ 绕某一指向的旋转轴旋转 Φ_B 得到，该旋转轴指向表示为单位矢量（$\sin\Theta_B$，$-\cos\Theta_B$，0）。系统出射光线矢量 $\hat{s}_o = (K_o，L_o，M_o)$ 在局部坐标系 $o'\text{-}x'y'z'$ 中表示为 $\hat{s}_o' = (K_o'，L_o'，M_o')$，可由下式算出：

$$[K_o'，L_o'，M_o']^T = R' \cdot [K_o，L_o，M_o]^T. \tag{7.23}$$

其中旋转矩阵 R' 可表示为

$$R' = \begin{bmatrix} R_{xx}' & R_{xy}' & R_{xz}' \\ R_{yx}' & R_{yy}' & R_{yz}' \\ R_{zx}' & R_{zy}' & R_{zz}' \end{bmatrix}. \tag{7.24}$$

各矩阵元表示为

$$\begin{cases} R_{xx}' = \sin^2\Theta_B + \cos^2\Theta_B\cos\Phi_B, \\ R_{yy}' = \cos^2\Theta_B + \sin^2\Theta_B\cos\Phi_B, \\ R_{zz}' = \cos\Phi_B, \\ R_{xy}' = R_{yx}' = -\sin\Theta_B\cos\Theta_B(1-\cos\Phi_B), \\ R_{xz}' = -R_{zx}' = \cos\Theta_B\sin\Phi_B, \\ R_{yz}' = -R_{zy}' = \sin\Theta_B\sin\Phi_B. \end{cases} \tag{7.25}$$

由系统出射光线矢量 $\hat{s}_o = (K_o，L_o，M_o)$ 算出 $\hat{s}_o' = (K_o'，L_o'，M_o')$ 后，可参考式（3.6）、式（3.7）将其转换得到目标指向 p' 的局部极坐标值（Φ_o'，Θ_o'）。通过比较目标像点脱靶量极坐标值（Φ_I，Θ_I）和目标指向局部极坐标值（Φ_o'，Θ_o'），可直观地展示目标像点脱靶量与目标指向相对系统视轴偏离量之间的非线性关系。

显然，若旋转双棱镜对物方视场 $a'b'c'd'$ 中所有光线都一致偏转，则目标指向局部极坐标值（Φ_o'，Θ_o'）必与目标像点脱靶量极坐标值（Φ_I，Θ_I）相等。该情况说明目标像点脱靶量与目标指向相对系统视轴偏离量之间为线性关系。这是一种认为两棱镜不会带来成像畸变的理想情况。若成像视轴偏转角

Φ_B 较小，棱镜导致的成像畸变不明显，(Φ'_o,Θ'_o) 与 (Φ_I,Θ_I) 的值相近，目标像点脱靶量与视轴偏离量之间可近似认为是线性关系。然而，对于较大角度的视轴偏转，棱镜导致的成像畸变变得突出，(Φ'_o,Θ'_o) 与 (Φ_I,Θ_I) 的值差异明显，这种理想情况将变得不符合实际。

事实上，旋转双棱镜对光线的偏转依赖于入射光线的方向，物方视场 $a'b'c'd'$ 中所有光线不可能被一致偏转。为了比较 (Φ'_o,Θ'_o) 的值和 (Φ_I,Θ_I) 的值来分析目标像点脱靶量与目标指向相对系统视轴偏离量之间的非线性关系，可基于式（7.22），参考式（3.6）、式（3.7）求出坐标值 (Φ_I,Θ_I)，然后逆向逐面光线追迹得到系统出射光线矢量 $\hat{s}_o=(K_o,L_o,M_o)$。不失一般性，让极坐标值为 (Φ_I,Θ_I) 的光线入射面 I，其入射光线矢量为

$$\hat{s}_I=[K_I,L_I,M_I]=[\sin\Phi_I\cos\Theta_I,\ \sin\Phi_I\sin\Theta_I,\ -\cos\Phi_I]. \qquad (7.26)$$

基于旋转双棱镜的具体结构类型，将式（7.26）代入式（3.59）～式（3.67），可求得系统出射光线矢量 $\hat{s}_o=(K_o,L_o,M_o)$。利用式（7.23）得到其在局部坐标系 $o'-x'y'z'$ 中的矢量表示 $\hat{s}'_o=(K'_o,L'_o,M'_o)$，再次参考式（3.6）、式（3.7）求出其局部极坐标值 (Φ'_o,Θ'_o)。将目标像点脱靶量极坐标值 (Φ_I,Θ_I) 和目标指向局部极坐标值 (Φ'_o,Θ'_o) 标在同一二维极坐标系中，可直观分析目标像点脱靶量与目标指向相对系统视轴偏离量之间的非线性关系。

以顶角 α 为 5°，折射系数为 4.0 的 21-12 型结构锗棱镜系统为例，利用式（3.59）～式（3.67）可得到最大视轴偏转角 $\Phi_{Bm}=32.49°$。对于视轴偏转角小于 Φ_{Bm} 的任一个确定的视轴指向位置 (Φ_B,Θ_B)，可用两步法得到棱镜旋转角位置的两组逆向解，表示为 (ϕ_1,ϕ_2) 和 (ϕ'_1,ϕ'_2)。然后，对于任一脱靶量表示为 (Φ_I,Θ_I) 的目标像点，对其逆向光线追迹，推导其出射光线矢量 $\hat{s}_o$，利用式（7.23）、式（3.6）、式（3.7）求出其局部极坐标值 (Φ'_o,Θ'_o)。为了探讨脱靶方位对目标指向相对系统视轴偏离量的影响，可保持脱靶量大小 Φ_I 不变，分析不同脱靶方位 Θ_I 下，极坐标值 (Φ'_o,Θ'_o) 的变化。在图 7.10 中，脱靶量大小 Φ_I 保持为 2° 和 5°，而脱靶方位 Θ_I 在 0°～360°范围内变化，其所有对应极坐标点组成两个圆，在图中以虚线表示。由逆向光线追迹得出的对应极坐标点 (Φ'_o,Θ'_o) 以实线表示。成像视轴的偏转角 Φ_B 固定为 30°，而其方位极角 Θ_B 分别设置为 0°、30°、60°、90°，在图中以线 A 表示。图 7.10（a）～（d）为针对第一组逆向解 (ϕ_1,ϕ_2) 的分析结果，而图 7.10（e）～（h）为针对第二组逆向解 (ϕ'_1,ϕ'_2) 的分析结果。

由图 7.10 可知，坐标点 (Φ_I,Θ_I) 组成的虚线与坐标点 (Φ'_o,Θ'_o) 组成的实线不重合，说明目标像点脱靶量与目标指向相对系统视轴偏离量之间为非线性关系。各子图中的箭头点对点描绘了坐标点 (Φ_I,Θ_I) 到坐标点 $(\Phi'_o,$

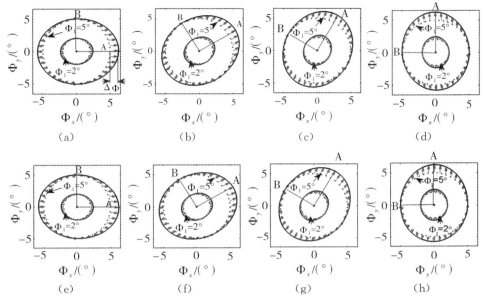

图 7.10　目标像点脱靶量极坐标值（Φ_I，Θ_I）（虚线）及相应目标指向局部极坐标值（Φ_o'，Θ_o'）（实线）。结果对应 $\alpha = 5°$、$n = 4.0$ 的锗棱镜系统。成像视轴的偏转角 Φ_B 均为 $30°$，而其方位极角 Θ_B 分别设置为 $0°$（图（a）、（e））、$30°$（图（b）、（f））、$60°$（图（c）、（g））、$90°$（图（d）、（h））。脱靶量大小 Φ_I 保持为 $2°$ 和 $5°$，而脱靶方位 Θ_I 在 $0°\sim360°$ 范围内变化。图（a）～（d）针对第一组逆向解（ϕ_1，ϕ_2），而图（e）～（h）针对第二组逆向解（ϕ_1'，ϕ_2'）

Θ_o'）的映射，可具体反映这种非线性关系的表现特点。坐标点（Φ_o'，Θ_o'）相对坐标点（Φ_I，Θ_I），沿着视轴方位（线 A 方向）拉伸偏移，意味着目标指向相对系统视轴偏离被沿成像视轴指向的径向，即视轴相对系统光轴的偏转方向拉伸。越接近视轴的偏转方向（线 A 方向），这种拉伸效果越明显。反之，在与视轴的偏转方向垂直的方向（线 B 方向），拉伸效果可以忽略。比较子图（a）～（d）或子图（e）～（h）可知，除了拉伸方向随视轴偏转方向变化外，4 个子图中的拉伸效果是相同的。这意味着，对于确定的视轴偏转角，目标像点脱靶量与目标指向相对系统视轴偏离量之间为非线性关系呈现旋转对称特征。将子图（a）～（d）与子图（e）～（h）一一对比可知，对于相同的视轴指向，针对棱镜角位置两组逆向解的分析结果大致相同。在各子图中，脱靶量大小 $\Phi_I = 5°$ 比 $\Phi_I = 2°$ 的拉伸效果更显著，即拉伸效果依赖于脱靶量大小，同样情况下，目标像点脱靶量越大，这种拉伸效果越明显。

对于一确定的目标像点脱靶量值 Φ_I，让脱靶方位沿视轴偏转方向（线 A

方向），即令 $\Theta_I = \Theta_B$，可解算出对应的 Φ'_o 值，则最大的拉伸角 $\Delta\Phi$ 能被近似表示为 $\Delta\Phi = \Phi'_o - \Phi_I$。在图 7.10（a）中即展示了 $\Theta_I = \Theta_B = 0°$ 时对应的最大的拉伸角 $\Delta\Phi$。由于拉伸效果呈现旋转对称特征，故对于确定系统，$\Delta\Phi$ 只决定于视轴偏转角 Φ_B 和靶量值 Φ_I，而与视轴方位极角 Θ_B 和靶量方位 Θ_I 无关。因此，在确定的 Φ_B 和 Φ_I 值下，针对任一个 $\Theta_I = \Theta_B$ 值即可求得最大拉伸角 $\Delta\Phi$ 值。仍以上述提出的锗棱镜系统为例，图 7.11 展示了不同目标像点靶量值 Φ_I 及视轴偏转角 Φ_B 下的最大的拉伸角 $\Delta\Phi$ 值。结果显示，最大的拉伸角 $\Delta\Phi$ 值随目标像点靶量值 Φ_I 及视轴偏转角 Φ_B 增大而增大。大角度的视轴偏转将导致显著的拉伸效果。

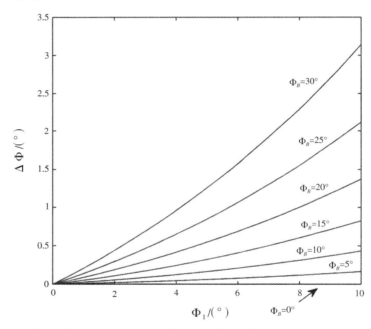

图 7.11　锗棱镜系统最大的拉伸角 $\Delta\Phi$ 值随目标像点靶量值 Φ_I 及视轴偏转角 Φ_B 的变化

7.5　成像跟踪中视轴调节需要的棱镜旋转角

旋转双棱镜用于成像跟踪时，依靠驱动和控制两棱镜的旋转来控制成像视轴指向，使其对准目标并随目标移动而做相应转向。目标被捕获后，视轴被偏转到一定指向，使目标进入系统物方视场，成像到相机探测阵列。成像跟踪需要根据目标像点的脱靶量来计算两棱镜需要旋转的角度（包括旋转方向），可以根据上述介绍的视轴调节模型，结合逆向光线追迹和两步法来完成。本节首先基于确定的成像视轴指向，针对成像视场内不同像点脱靶量逆向追迹求得目标指向。由目标指向用两步法求得两棱镜要求的旋转角位置，即两套逆向解。基于两套逆向解，结合棱镜当前角位置，推算两棱镜需要的旋转角度。比较两套逆向解的推算结果，选择旋转角度最小的结果来驱动和控制两棱镜转动到目标角位置即可。然后，针对不同的成像视轴指向计算两棱镜要求的旋转角位置，以此分析不同视轴指向和不同脱靶量下成像跟踪对棱镜驱动和控制的要求。

一旦目标被捕获并被识别后，其像点在相机探测阵列的像素点横竖位置坐标可以确定。由探测阵列尺寸及横竖像素数可进一步确定其在成像面上的位置坐标 (x_p, y_p)。将该坐标值以及成像物镜的焦距代入式可得目标像点逆向发光的光线矢量 $\hat{s}_I$。参考式（3.6）、式（3.7）可得到二维极坐标表示的脱靶量 (Φ_I, Θ_I)。基于该逆向光线矢量 $\hat{s}_I$，在旋转双棱镜系统中逆向逐面进行光线追迹，利用式（3.59）～式（3.67）依次求面 I～IV 上的折射光线矢量，最终可得系统出射光线（面 IV 上的折射光线）矢量 $\hat{s}_o$。同样，参考式（3.6）、式（3.7）可得到其二维极坐标值 (Φ_o, Θ_o)。基于该极坐标值，应用两步法可求得两棱镜角位置的两套逆向解，表示为 (ϕ_{1I}, ϕ_{2I}) 和 (ϕ_{1II}, ϕ_{2II})。两棱镜的当前角位置，表示为 (ϕ_{1o}, ϕ_{2o})，在实际系统中可通过一定种类的角度编码器实时测量。显然，对应棱镜角位置的两套逆向解，两棱镜需要旋转的角度也存在两套解 $(\Delta\phi_{1I}, \Delta\phi_{2I})$ 和 $(\Delta\phi_{1II}, \Delta\phi_{2II})$，分别表示为

$$\begin{cases} \Delta\phi_{1I} = \phi_{1I} - \phi_{1o}, \ \Delta\phi_{2I} = \phi_{2I} - \phi_{2o}, \\ \Delta\phi_{1II} = \phi_{1II} - \phi_{1o}, \ \Delta\phi_{2II} = \phi_{2II} - \phi_{2o}. \end{cases} \quad (7.27)$$

这两套解的大小表示棱镜需要旋转的角度大小，而其正负符号则表示旋转方向。由于两棱镜的当前角位置 (ϕ_{1o}, ϕ_{2o}) 也必为当前视轴指向下的两套逆向解之一，可以推断的是，成像视场不大的情况下（目标跟踪通常采用窄视场），在非奇异指向点，目标指向下的两套逆向解 (ϕ_{1I}, ϕ_{2I})、(ϕ_{1II}, ϕ_{2II}) 中，必有一套解的值相对接近当前棱镜角位置值 (ϕ_{1o}, ϕ_{2o})。因此，两棱镜需要旋转的角度的两套解 $(\Delta\phi_{1I}, \Delta\phi_{2I})$、$(\Delta\phi_{1II}, \Delta\phi_{2II})$ 中，其中一套的值会比另一套小得多。

仍以顶角 α 为 $5°$，折射系数为 4.0 的 $21-12$ 型结构锗棱镜系统为例，分析成像视轴指向极坐标值 $(\Phi_B, \Theta_B) = (30°, 0°)$ 时，成像跟踪中视轴调节需要的棱镜旋转角。利用两步法可求得当前棱镜角位置有两种可能，第一种可能

角位置（θ_{1o}，θ_{2o}）＝（158.6°，200.4°），第二种可能角位置（θ_{1o}，θ_{2o}）＝（201.4°，159.6°）。基于这两种可能的当前角位置，针对大小$\Phi_I<2°$的脱靶量计算棱镜需要旋转角度的两套解，结果展示在图7.12中。针对第一种当前角位置，即（θ_{1o}，θ_{2o}）＝（158.6°，200.4°），图（a）和（b）分别展示了棱镜Π_1、棱镜Π_2需要旋转角度的第一套解（$\triangle\phi_{1I}$，$\triangle\phi_{2I}$），而相应的第二套解（$\triangle\phi_{1II}$，$\triangle\phi_{2II}$）展示在图（c）和（d）。针对第二种当前角位置，即（θ_{1o}，θ_{2o}）＝（201.4°，159.6°），图（e）和（f）分别展示了棱镜Π_1、棱镜Π_2需要旋转角度的第一套解（$\triangle\phi_{1I}$，$\triangle\phi_{2I}$），而相应的第二套解（$\triangle\phi_{1II}$，$\triangle\phi_{2II}$）展示在图（g）和（h）。

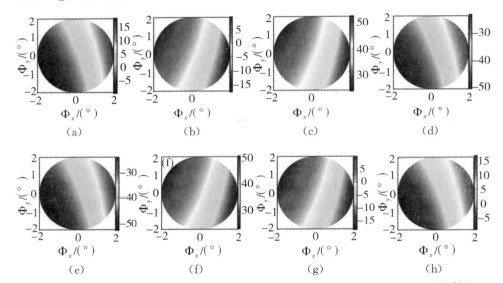

图7.12 $\Phi_I<2°$的脱靶量范围内锗棱镜系统在视轴（Φ_B，Θ_B）＝（30°，0°）时视轴调节需要的棱镜旋转角。针对第一种当前角位置，图（a）和（b）分别展示了棱镜Π_1、棱镜Π_2需要旋转角度的第一套解，而相应的第二套解展示在图（c）和（d）。针对第二种当前角位置，图（e）和（f）分别展示了棱镜Π_1、棱镜Π_2需要旋转角度的第一套解，而相应的第二套解展示在图（g）和（h）

　　显然，两棱镜需要旋转的角度依赖于目标像点在视场中的位置，与相应的目标脱靶量之间呈现非线性关系。将子图（a）、（b）与子图（c）、（d）一一比较可知，对于第一种当前角位置，两棱镜需要旋转角度的第一套解明显比第二套解小。将子图（e）、（f）与子图（g）、（h）一一比较可知，对于第二种当前角位置，情况正好相反。成像跟踪时，为降低棱镜旋转驱动要求，应该使两棱镜的旋转角度尽量小，即在两套解中，应该采用值小的那套解。因此，选择解时应该根据两棱镜的当前角位置来做选择。另外需要注意的是，子图（a）、（b）、（c）、（d）展示的旋转角值分别与子图（h）、（g）、（f）、（e）展示的值相近，说明针对两种当前角位置的分析结果类似，研究中只需针对其中一种当前角位置分析即可。

　　为实现连续平滑跟踪，两块棱镜都必须尽快地转动到要求的角位置。为了探讨不同视轴指向下目标跟踪对棱镜旋转驱动和控制的要求，有必要针对不同视轴指向，比较两块棱镜需要的旋转角度，提取两者中的最大值 $\Delta\theta_m$。该值有助于确定不同视轴指向下，目标跟踪对棱镜驱动电机转速或加速能力要求。仍以顶角 α 为 5°，折射系数为 4.0 的 21 - 12 型结构锗棱镜系统为例，针对第一种当前角位置，分析两棱镜需要旋转角度的第一套解并提取两棱镜需要旋转角度的最大值 $\Delta\theta_m$。图 7.13 分别针对不同视轴指向，即 $\Phi_B = 5°、10°、20°、30°$，而 $\Theta_B = 0°、45°、90°$，展示了 $\Delta\theta_m$ 在 $\Phi_I < 2°$ 的脱靶量范围内的分布。

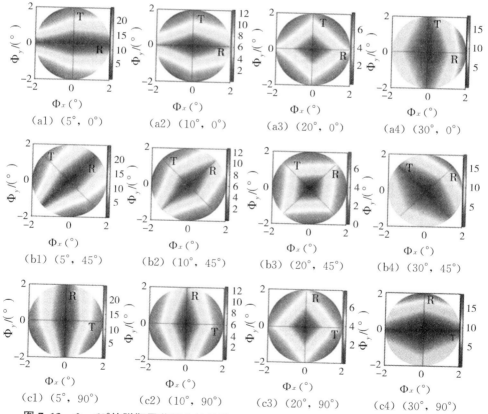

图 7.13　$\Phi_I < 2°$ 的脱靶量范围内锗棱镜系统两棱镜需要的旋转角度的最大值 $\Delta\theta_m$。各子图列出了对应的视轴指向极坐标值（Φ_B，Θ_B）

由图 7.13 可知，当目标像点脱靶量的偏移方位沿着成像视轴偏转方向（标记为线 R），或者沿着与成像视轴偏转方向垂直的方向（标记为线 T），两棱镜需要旋转角度的最大值 $\Delta\theta_m$ 趋向于相对较小的值。当视轴偏转角 Φ_B 减小时，沿着视轴偏转方向脱靶量对应的 $\Delta\theta_m$ 值减小，而沿着与成像视轴偏转方向垂直的方向脱靶量对应的 $\Delta\theta_m$ 值增大。

从图 7.13 还可看出，将子图（a1）～（a4）各自绕视场中心旋转 45°，分别可得子图（b1）～（b4），而将其旋转 90°，则分别可得子图（c1）～（c4）。归纳结果为，针对极坐标为（Φ_B，Θ_B）的视轴指向，其对应的 $\Delta\theta_m$ 值分布图可由极坐标为（Φ_B，0）的视轴指向对应的 $\Delta\theta_m$ 值分布图绕视场中心旋转 Θ_B 得到。因此，只需讨论任意一个视轴方位极角下，$\Delta\theta_m$ 值随视轴偏转角 Φ_B 的变化。在一定的脱靶量范围内，计算不同视轴偏转角 Φ_B 下 $\Delta\theta_m$ 值的最大值 $\Delta\theta_M$，可以用来评估不同视轴指向下目标跟踪对棱镜转速或加速能力的要求。针对上述提出的锗棱镜系统，在 $\Phi_I<5°$、2°、1°、0.5°、0.1° 的脱靶量范围内，计算不同视轴偏转角 Φ_B 下的 $\Delta\theta_M$ 值，结果展示在图 7.14 中。

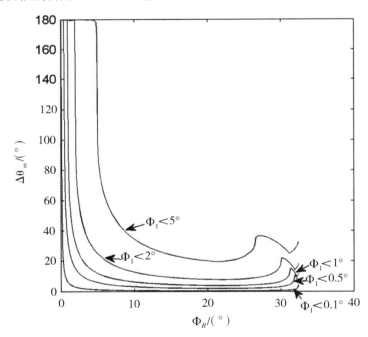

图 7.14　不同脱靶量范围内锗棱镜系统的 $\Delta\theta_M$ 值随视轴偏转角 Φ_B 的变化

由图 7.14 可知，随着脱靶量 Φ_I 的增大，$\Delta\theta_M$ 值也相应增大。特别需要注意的是，当视轴偏转角 Φ_B 持续减小到接近脱靶量 Φ_I 时，$\Delta\theta_M$ 值急剧增加到

$180°$。同样，当视轴偏转角 Φ_B 增加到接近视轴能达到的最大偏转角 $\Phi_{Bm} = 32.49°$ 时，$\Delta\theta_M$ 值也将出现较大幅度的增加。图 7.15 有助于理解 $\Delta\theta_M$ 值增加的原因。当视轴跟踪目标至系统光轴附近，以至其偏转角 Φ_B 小于脱靶量 Φ_I 时，如图 7.15（a）中的 C 点，表示系统光轴方向的 o 点出现在脱靶量范围之内。从图 7.15（b）可以看出，当视轴跟踪目标跨过系统光轴，两棱镜需要旋转角度的最大值 $\Delta\theta_m$ 将急剧增加。另一方面，当视轴跟踪目标至系统观测场边缘时，如图 7.15（a）中的 D 点，$\Delta\theta_m$ 值也将急剧增加，如图 7.15（c）。

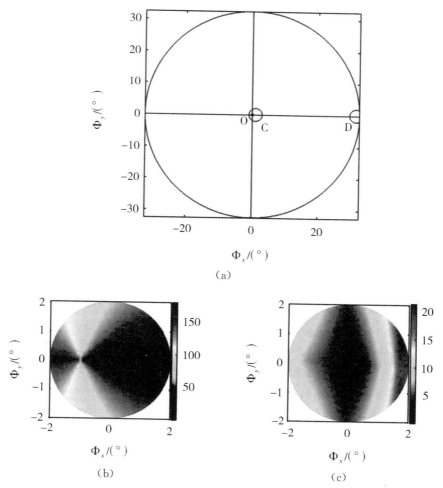

（a）

（b）　　　　　　　　　　（c）

图 7.15　视轴跟踪目标至系统光轴附近或观测场边缘时锗棱镜系统的 $\Delta\theta_M$ 值急剧增加的解释。图（a）展示了这两个特殊的视轴位置。图（b）和图（c）分别展示了这两位置附近区域内 $\Delta\theta_m$ 值的分布

这显然就是目标跟踪应用中棱镜旋转驱动和控制的奇异型问题。意味着成像视轴跟踪目标经过系统光轴附近，或靠近系统观测场边缘时，即使视轴转动较小角度，也需要两棱镜做大角度旋转，要求棱镜驱动电机具有较高转速和较强加速能力。由于驱动电机的转速是受限的，奇异性问题为棱镜旋转驱动控制提出了挑战，在实际应用中必须设法解决。在系统中再加入一块棱镜，即采用三棱镜系统，增加一个控制自由度，是解决奇异性问题的可能方法。在实际应用中，该方法仍然存在一些困难，包括棱镜旋转控制的复杂性、棱镜多个表面的反射损失、消色差设计等。

7.6　本章小结

本章针对物方视场内的入射光线通过旋转双棱镜系统进行了光线追迹，模拟得出实际图像并基于此分析棱镜引起的成像畸变。提出逆光线追迹方法对棱镜畸变进行校正。基于模拟的图像及实验得出的真实图像，我们分析了棱镜引起的成像畸变特点，并对其进行了校正。结果表明，沿着偏离光轴的方向，图像被压缩。随着视轴偏转角的增大，图像压缩变形变得更突出。模拟得到的畸变图像与实验得到的真实图像其畸变特性很吻合。对模拟和真实畸变图像校正的结果表明逆光线追迹方法可有效地校正棱镜引起的成像畸变，改善成像质量。

针对旋转双棱镜的成像跟踪应用，介绍了其成像视轴调节模型。由目标像点的脱靶量，逆向光线追迹得到目标指向，基于目标指向应用两步法解算棱镜目标角位置，比较棱镜目标角位置和当前角位置得到棱镜需要旋转的角度。在此基础上，分析了目标像点脱靶量与目标指向相对系统视轴偏离量之间的非线性关系。具体例子的数值分析结果表明，对照目标像点脱靶量，目标指向相对系统视轴偏离量沿着视轴偏转方位被拉伸。这种拉伸效果在视轴偏转方位表现最显著，且随着脱靶量及视轴偏转角的增大，拉伸效果表现越突出。为平滑而稳定地跟踪目标，基于脱靶量计算并分析了棱镜需要旋转的角度。结果发现，对于给定的脱靶量，棱镜需要旋转的角度存在两组解。当目标脱靶量偏离方位沿着或垂直于视轴偏转方向时，棱镜需要旋转的角度趋向于较小值。基于上述分析方法，分析了系统观测场中心和边缘的控制奇异性问题，相应的分析结果与第4章对奇异性问题的分析结果相符。本研究定量描述了目标像点脱靶量、目标指向偏移、棱镜需要旋转的角度之间的非线性关系，提出的视轴调节模型和方法能在旋转双棱镜的目标成像跟踪应用中为棱镜旋转控制提供可行途径。

第8章　旋转双棱镜系统中的光束限制

光束在旋转双棱镜系统中传输时将受到多方面因素的限制。一是棱镜元件尺寸的限制。两棱镜的直径、轴向厚度及轴向间隙将限制系统的通光口径或视场范围。二是两块棱镜的出射面上可能发生全反射，导致光束不能从系统射出。三是棱镜表面倾斜可能导致光束无法入射棱镜。棱镜元件尺寸对光束的限制决定于系统各部分结构参数，可利用商用光学设计软件进行分析和优化，不列入本章讨论范围。

本章仅对棱镜出射面上的全反射以及棱镜表面倾斜导致的光束限制进行系统研究。首先，基于矢量形式的斯涅尔定律，依次对穿过两棱镜的光束实施非近轴光线追迹，分析4个界面，尤其是棱镜的2个出射面上光束传播所受的约束。然后，针对在轴和轴外入射光束定量分析两棱镜表面倾斜和出射面上全反射对光束传输的限制，探讨其对系统光束偏转力、入射光束方向、出射光束方向的限制，进而揭示系统设计时的参数约束，为大角度旋转双棱镜光束偏转系统的设计提供基础理论支撑和方法指导。本章的结构如下：第8.1节分析旋转双棱镜系统光束传输的限制。第8.2节采用非近轴光线追迹得到棱镜各表面的入射光线矢量，结合表面法线矢量计算入射角并给出其解析表达式。第8.3节将入射角与界面临界角相比较，探讨全反射和表面倾斜导致的光束限制，分析由此导致的两棱镜相对转角限制、棱镜顶角限制、系统偏转力限制、系统角孔径（描述允许的入射光束指向范围）及系统角视场（描述可达到的出射光束指向范围）大小。第8.4节给出了结论。

8.1　系统光束传输限制分析

为了分析光束在旋转双棱镜系统中传输时可能受到的限制，图8.1以21-12型系统结构为例展示了光束在棱镜各表面发生折射的光路图。图中各角度以放大展示以利于清晰展示光路。当光束入射旋转双棱镜系统时，将在4个介质分界面上（标记为Ⅰ～Ⅳ）发生折射和反射。

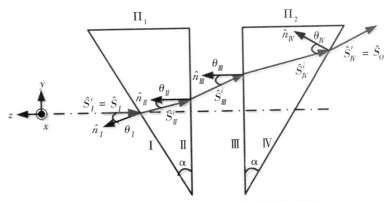

图 8.1 光束在两棱镜表面折射光路的示意图

其中，在棱镜Π_1、Π_2的入射面Ⅰ和Ⅲ上，光束从空气射入棱镜，即从折射率小的介质入射折射率大的介质。在$0°\sim90°$的入射角范围内，总有光能通过这两表面。但若入射光线过于倾斜，以至超过界面倾斜度，光束将射离系统，如图8.2（a）。因此，两棱镜入射面Ⅰ和Ⅲ的倾斜度为入射光线方向提出了限制。而在两棱镜的出射面上Ⅱ和Ⅳ，光束从棱镜射入空气，即从折射率大的介质入射折射率小的介质。当光束的入射角大于界面的临界角时，将发生全反射，光线全部被界面反射而不能通过该界面，如图8.2（b）。因此，在两棱镜出射面Ⅱ和Ⅳ上，界面全反射为入射光线方向提出了限制。

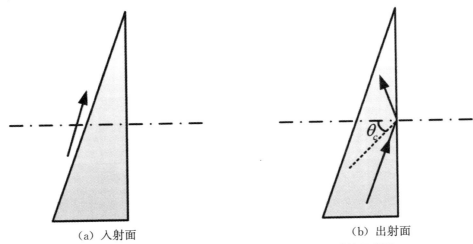

（a）入射面　　　　　　　　　　（b）出射面

图 8.2 光束在棱镜入射面、出射面上不可通过的示意图

对于小角度光束偏转应用，通常棱镜折射率 n 较低且棱镜顶角较小。两棱

镜表面倾斜小且各表面上的入射光束倾斜度较小，离轴不明显，棱镜入射面倾斜对光束传输的限制不明显。另外，低折射率使棱镜出射面上的临界角较大，通常光束入射角小于界面临界角，不会产生全反射，也不会限制光束传输。然而，在光学无线通信、激光雷达、红外对抗等领域的一些应用中，需要大空间角度范围的目标搜寻、光束扫描或视轴转向调节，通常采用高折射率的棱镜材料并设计较大棱镜顶角来实现大角度光束或视轴转向。该类设计将导致不可忽视的棱镜表面倾斜，在两棱镜的出射面上也将产生大的入射角和小的临界角。因此，不单棱镜入射面倾斜带来的限制显现，更需注意棱镜出射面上全反射对光束传输的限制。在设计这类大角度偏转旋转双棱镜系统时，为了确保入射光束能通过系统，也为了消除反射带来的杂散光影响，需要考虑这些光束传播限制，尤其需要避免两棱镜出射面上全反射的发生。

本章针对大角度光束或视轴转向应用，分在轴入射和轴外入射两种情况分析光束传播限制。在轴入射是指光束沿系统光轴，即两棱镜的共同旋转轴射入旋转双棱镜系统。在激光雷达、自由空间激光通信等应用中，这种情况普遍适用于激光光束转向与扫描应用。在轴入射下通过分析两棱镜入射和出射面上光的传播，可揭示界面倾斜及全反射导致的棱镜顶角、两棱镜相对转角限制，探讨系统光束偏转力的上限。

轴外入射指光束斜射入旋转双棱镜系统。这种情况存在于多棱镜组合的扫描系统及空间观测、红外对抗等领域旋转双棱镜的成像视轴转向应用中。例如，在两个旋转双棱镜组合的扫描系统中，在轴入射光束经过第一个旋转双棱镜系统偏转后，会以一定倾斜角度（离轴）射入第二个旋转双棱镜系统。同样，在旋转三棱镜系统中，第一块棱镜先偏转光束，使其斜射入其后的旋转双棱镜。以上应用面临的问题是，怎样确保从第一个旋转双棱镜系统或第一块棱镜射出的轴外光束斜射入其后的旋转双棱镜后，能通过系统射出？为解决这一问题，需要研究棱镜出射表面全反射和入射表面倾斜引起的系统入射光束指向限制。另外，全反射和表面倾斜也会限制系统出射光束指向，从而使旋转双棱镜成像视轴偏转应用中的成像视场受到制约。在这些成像应用中，需要确保旋转双棱镜的出射光束能指向成像探测器的所有区域，以避免成像暗角。离轴入射下通过分析棱镜出射面上的全反射和入射面倾斜导致的光线隔阻，可评测系统允许的入射线指向范围（系统角孔径）以及出射线指向可达范围（系统角视场）。

显然，棱镜各表面的入射角是分析棱镜表面倾斜及全反射导致的光束限制的关键数据。为避免棱镜倾斜带来的光束限制，入射角不可大于 $90°$。为避免棱镜出射面上发生全反射，入射角不可大于临界角。求各表面的入射角可先通过非近轴光线追迹推算各表面入射光线矢量，然后由棱镜顶角和旋转角位置算出各表面法线矢量，最后由入射光线矢量和法线矢量求得入射角值。

8.2 棱镜表面入射角分析

如图 8.1，在棱镜 Π_1、Π_2 的入射表面 I、III 上，光线从空气射入棱镜，即从光疏介质进入光密介质，不可能发生双折射，仅需分析表面倾斜导致的系统光束传输限制，相应入射角 θ_I 和 θ_{III} 的限制为

$$0° \leqslant \theta_I \leqslant 90°, \tag{8.1}$$

$$0° \leqslant \theta_{III} \leqslant 90°. \tag{8.2}$$

而在两棱镜的出射表面 II 和 IV 上，光线从棱镜射入空气，即从光疏介质进入光密介质。若光线的入射角大于临界角，则会发生双折射，导致光线不可通过，故需要研究全反射导致的系统光束传输限制。对相应入射角 θ_{II} 和 θ_{IV} 的限制为

$$0° \leqslant \theta_{II} \leqslant \theta_c, \tag{8.3}$$

$$0° \leqslant \theta_{IV} \leqslant \theta_c. \tag{8.4}$$

其中，θ_c 为光线由棱镜进入空气时的临界角，表示为

$$\theta_c = \arcsin\left(\frac{1}{n}\right). \tag{8.5}$$

因此，研究旋转双棱镜系统光束传输限制，需从分析两棱镜表面 I ～ IV 上的光束入射角入手。

对于常见的旋转双棱镜系统，两棱镜材料相同且顶角相等，表示为 $n_1 = n_2 = n$，$\alpha_1 = \alpha_2 = \alpha$。各面上的入射角 θ_I、θ_{II}、θ_{III}、θ_{IV} 为各面法线矢量与相应入射光线矢量的夹角，可通过两矢量的数量积求得，具体表达式为

$$\theta_I = \arccos(-\hat{n}_I \cdot \hat{s}_I^i), \tag{8.6}$$

$$\theta_{II} = \arccos(-\hat{n}_{II} \cdot \hat{s}_{II}^i), \tag{8.7}$$

$$\theta_{III} = \arccos(-\hat{n}_{III} \cdot \hat{s}_{III}^i), \tag{8.8}$$

$$\theta_{IV} = \arccos(-\hat{n}_{IV} \cdot \hat{s}_{IV}^i), \tag{8.9}$$

其中 $\hat{n}_I$ ～ $\hat{n}_{IV}$ 依次为棱镜表面 I ～ IV 法线的单位矢量，而 $\hat{s}_I^i$ ～ $\hat{s}_{IV}^i$ 依次为各面上入射光线矢量，见图 8.1。显然，各面法线方向取决于棱镜的顶角 α 及旋转角位置 ϕ_1，ϕ_2，故各入射角的值取决于棱镜顶角、棱镜旋转角位置以及各面上入射光线方向。

在图 3.5 列出的 21 - 12 型、12 - 12 型、21 - 21 型、12 - 21 型四种典型旋

转双棱镜结构中，棱镜表面 Ⅰ～Ⅳ 的法线单位矢量各不相同。对于 21-12、21-21 型结构，表面 Ⅰ 的法线矢量 $\hat{n}_I$ 表示为

$$\hat{n}_I = (\sin\alpha\cos\phi_1,\ \sin\alpha\sin\phi_1,\ \cos\alpha), \tag{8.10}$$

表面 ⅠⅠ 的法线矢量 $\hat{n}_{\mathrm{II}}$ 表示为

$$\hat{n}_{\mathrm{II}} = (0,\ 0,\ 1). \tag{8.11}$$

对于 12-12、12-21 型结构，$\hat{n}_I$ 表示为

$$\hat{n}_I = (0,\ 0,\ 1). \tag{8.12}$$

$\hat{n}_{\mathrm{II}}$ 表示为

$$\hat{n}_{\mathrm{II}} = (-\sin\alpha\cos\phi_1,\ -\sin\alpha\sin\phi_1,\ \cos\alpha), \tag{8.13}$$

对于 12-21、21-21 型结构，表面 Ⅲ 的法线矢量 $\hat{n}_{\mathrm{III}}$ 表示为

$$\hat{n}_{\mathrm{III}} = (\sin\alpha\cos\phi_2,\ \sin\alpha\sin\phi_2,\ \cos\alpha), \tag{8.14}$$

表面 Ⅳ 的法线矢量 $\hat{n}_{\mathrm{IV}}$ 表示为

$$\hat{n}_{\mathrm{IV}} = (0,\ 0,\ 1). \tag{8.15}$$

对于 12-12、21-12 型结构，$\hat{n}_{\mathrm{III}}$ 表示为

$$\hat{n}_{\mathrm{III}} = (0,\ 0,\ 1). \tag{8.16}$$

$\hat{n}_{\mathrm{IV}}$ 表示为

$$\hat{n}_{\mathrm{IV}} = (-\sin\alpha\cos\phi_2,\ -\sin\alpha\sin\phi_2,\ \cos\alpha). \tag{8.17}$$

对于一个确定的旋转双棱镜系统，棱镜折射率、棱镜顶角、系统结构均确定，棱镜 4 个表面的法线矢量决定于两棱镜的旋转角位置。

系统的入射光线矢量 $\hat{s}_I$ 即为棱镜表面 Ⅰ 上入射光线矢量 $\hat{s}_I^i$。按光线传输顺序，其后每一棱镜表面的折射光线矢量 $\hat{s}_I^r \sim \hat{s}_{\mathrm{III}}^r$ 与后一表面的入射光线矢量 $\hat{s}_{\mathrm{II}}^i \sim \hat{s}_{\mathrm{IV}}^i$ 相同。最后从系统射出的光线矢量 $\hat{s}_o$ 即为棱镜表面 Ⅳ 上折射光线矢量 $\hat{s}_{\mathrm{IV}}^r$。各矢量关系表示为

$$\hat{s}_I^i = \hat{s}_I,\ \hat{s}_{\mathrm{II}}^i = \hat{s}_I^r,\ \hat{s}_{\mathrm{III}}^i = \hat{s}_{\mathrm{II}}^r,\ \hat{s}_{\mathrm{IV}}^i = \hat{s}_{\mathrm{III}}^r,\ \hat{s}_o = \hat{s}_{\mathrm{IV}}^r. \tag{8.18}$$

在每个棱镜表面应用矢量形式的斯涅尔定律分析光线的折射，可由入射光线矢量求出其相应折射光线矢量。在棱镜表面 Ⅰ 和 Ⅲ 上，光线从空气（折射率为 1）射入棱镜（折射率为 n），而在棱镜表面 Ⅱ 和 Ⅳ 上，光线从棱镜射入空气。各面上的折射光线矢量可表示为

$$\hat{s}_I^r = \frac{1}{n}\left[\hat{s}_I^i - (\hat{s}_I^i \cdot \hat{n}_I)\hat{n}_I\right] - \hat{n}_I\sqrt{1 - \frac{1}{n^2} + \frac{1}{n^2}(\hat{s}_I^i \cdot \hat{n}_I)^2}, \tag{8.19}$$

$$\hat{s}_{\mathrm{II}}^r = n\left[\hat{s}_{\mathrm{II}}^i - (\hat{s}_{\mathrm{II}}^i \cdot \hat{n}_{\mathrm{II}})\hat{n}_{\mathrm{II}}\right] - \hat{n}_{\mathrm{II}}\sqrt{1 - n^2 + n^2(\hat{s}_{\mathrm{II}}^i \cdot \hat{n}_{\mathrm{II}})^2}, \tag{8.20}$$

$$\hat{s}_{\mathrm{III}}^r = \frac{1}{n}\left[\hat{s}_{\mathrm{III}}^i - (\hat{s}_{\mathrm{III}}^i \cdot \hat{n}_{\mathrm{III}})\hat{n}_{\mathrm{III}}\right] - \hat{n}_{\mathrm{III}}\sqrt{1 - \frac{1}{n^2} + \frac{1}{n^2}(\hat{s}_{\mathrm{III}}^i \cdot \hat{n}_{\mathrm{III}})^2}, \tag{8.21}$$

$$\hat{s}_{IV}^{r} = n\left[\hat{s}_{IV}^{i} - (\hat{s}_{IV}^{i} \cdot \hat{n}_{IV})\hat{n}_{IV}\right] - \hat{n}_{IV}\sqrt{1 - n^2 + n^2(\hat{s}_{IV}^{i} \cdot \hat{n}_{IV})^2}. \quad (8.22)$$

将式（8.10）～（8.17）表示的各棱镜表面法线单位矢量以及式（8.18）～（8.22）表示的各表面上的入射光线矢量各自代入式（8.6）～（8.9），即可求得棱镜各表面上的入射角。将求得的各入射角与式（8.1）～（8.4）确定的限制条件做对照分析，即可探讨各棱镜表面对光线传输的限制，判断光线能否通过各个表面。

8.2.1 在轴入射光束在棱镜各表面上的入射角分析

在轴入射情况下，整个旋转双棱镜系统关于系统光轴旋转对称。若让两棱镜保持相对静止共同旋转相同角度，棱镜表面 I～IV 上的入射角保持不变。因此，在分析各表面上的入射角时，只需考虑两棱镜的相对旋转方位，即相对转角（两棱镜旋转角位置之差），表示为 $\Delta\phi = |\phi_1 - \phi_2|$，其值可定义在 $0°$～$180°$范围内。因此，不失一般性，在分析棱镜各表面入射角时可使棱镜 Π_1 旋转角位置固定为 $\phi_1 = 0°$，而用棱镜 Π_2 旋转角位置表示两棱镜相对转角，即 $\phi_2 = \Delta\phi$。将等式 $\phi_1 = 0°$ 代入式（8.10）～（8.13）可得棱镜 Π_1 两表面 I、II 的法线单位矢量 $\hat{n}_I$、$\hat{n}_{II}$。将等式 $\phi_2 = \Delta\phi$ 代入式（8.14）～（8.17）可得棱镜 Π_2 两表面 III、IV 的法线单位矢量 $\hat{n}_{III}$、$\hat{n}_{IV}$。

在图 8.1 所建立的坐标中，光束在轴逆 z 轴入射，入射光线单位矢量表示为

$$\hat{s}_I = \hat{s}_I^i = (0,\ 0,\ -1). \quad (8.23)$$

该矢量也是面 I 上的入射光线矢量 $\hat{s}_I^i$。对于 12-12、12-21 型系统，面 I 垂直于系统光轴，入射光束垂直入射面 I，其折射光束方向保持不变，面 II 上的入射光线矢量 $\hat{s}_{II}^i = \hat{s}_I^r = (0,\ 0,\ -1)$，面 I 上的入射角为 $\theta_I = 0°$。对于 21-12、21-21 型系统，面 I 为倾斜面，其法线矢量表示为（8.10），其入射角易推算，值等于棱镜顶角 α，即 $\theta_I = \alpha$。将式（8.23）代入式（8.19）、（8.18）可得其 II 面上的入射光线矢量 $\hat{s}_{II}^i$。因此，在轴入射情况下，θ_I 总能满足式（8.1）表示的限制条件。即面 I 倾斜导致的光束传输限制不存在。

将 $\hat{s}_{II}^i$ 和式（8.11）、（8.13）算出的面 II 法线单位矢量 $\hat{n}_{II}$ 代入式（8.7）即可得到面 II 上的入射角 θ_{II}。对于 12-12、12-21 型系统，θ_{II} 表示为

$$\theta_{II} = \alpha. \quad (8.24)$$

对于 21-12、21-21 型系统，θ_{II} 表示为

$$\theta_{II} = \alpha - \arcsin(\sin\alpha/n). \quad (8.25)$$

将 $\hat{s}_{II}^i$ 和 $\hat{n}_{II}$ 代入式（8.20），由式（8.18）可求得 $\hat{s}_{III}^i$。将 $\hat{s}_{III}^i$ 和式（8.14）、

（8.16）算出的面Ⅲ法线单位矢量 $\hat{n}_{\text{Ⅲ}}$ 代入式（8.8）可得到面Ⅲ上的入射角 $\theta_{\text{Ⅲ}}$。将 $\hat{s}'_{\text{Ⅲ}}$ 和 $\hat{n}_{\text{Ⅲ}}$ 代入式（8.21），由式（8.18）可求得 $\hat{s}'_{\text{Ⅳ}}$。将 $\hat{s}'_{\text{Ⅳ}}$ 和式（8.15）、（8.17）算出的面Ⅲ法线单位矢量 $\hat{n}_{\text{Ⅳ}}$ 代入式（8.8）可得到面Ⅳ上的入射角 $\theta_{\text{Ⅳ}}$。计算结果表明，对于 21‐12 和 12‐12 型结构，$\theta_{\text{Ⅳ}}$ 能表示为同样的解析式，为

$$\theta_{\text{Ⅳ}} = \arccos\left(\frac{a_3 \sin\alpha\cos\Delta\phi}{n} + \frac{\cos\alpha\sqrt{n^2 - a_3^2}}{n}\right). \tag{8.26}$$

其中的系数 a_3 表示为

$$a_3 = a_1\cos\alpha + a_2\sin\alpha. \tag{8.27}$$

对于 21‐12 型结构，系数 a_1 和 a_2 为

$$\begin{cases} a_1 = \sin\alpha, \\ a_2 = -\sqrt{n^2 - \sin^2\alpha}. \end{cases} \tag{8.28}$$

对于 12‐12 型结构，系数 a_1 和 a_2 为

$$\begin{cases} a_1 = -n\sin\alpha, \\ a_2 = \sqrt{1 - n^2\sin^2\alpha}. \end{cases} \tag{8.29}$$

同样，对于 21‐21 和 12‐21 型结构，$\theta_{\text{Ⅳ}}$ 也能表示为同样的解析式，为

$$\theta_{\text{Ⅳ}} = \arccos\left[\frac{b_3\sin\alpha}{n} + \frac{\cos\alpha\sqrt{n^2 - b_1^2\sin^2\Delta\phi - b_3^2}}{n}\right]. \tag{8.30}$$

其中的系数 b_3 表示为

$$b_3 = b_1\cos\alpha\cos\Delta\phi + b_2\sin\alpha. \tag{8.31}$$

对于 21‐21 型结构，系数 b_1 和 b_2 为

$$\begin{cases} b_1 = \sin\alpha\left(\cos\alpha - \sqrt{n^2 - \sin^2\alpha}\right), \\ b_2 = \sqrt{1 - n^2 + \left(\sin^2\alpha + \cos\alpha\sqrt{n^2 - \sin^2\alpha}\right)^2}. \end{cases} \tag{8.32}$$

对于 12‐21 型结构，系数 b_1 和 b_2 为

$$\begin{cases} b_1 = \sin\alpha\left(\sqrt{1 - n^2\sin^2\alpha} - n\cos\alpha\right), \\ b_2 = n\sin^2\alpha + \cos\alpha\sqrt{1 - n^2\sin^2\alpha}. \end{cases} \tag{8.33}$$

由式（8.26）、（8.30）可知，$\theta_{\text{Ⅳ}}$ 决定于棱镜折射率 n、顶角 α 以及棱镜相对转角 $\Delta\phi$。以折射系数 $n = 4.0$ 的锗棱镜系统为例，图 8.3 展示了面Ⅳ上入射角 $\theta_{\text{Ⅳ}}$ 随棱镜顶角 α 及相对转角 $\Delta\phi$ 变化的等值线图。可知，针对 4 种系统结构，$\theta_{\text{Ⅳ}}$ 的等值线轮廓相似。对于确定的棱镜相对转角 $\Delta\phi$，$\theta_{\text{Ⅳ}}$ 随棱镜顶角 α 增加而增大。而对于确定的棱镜顶角 α，$\theta_{\text{Ⅳ}}$ 随 $\Delta\phi$ 减小而增大。当 $\Delta\phi$ 为 0°，即两棱镜薄端（或厚端）彼此对齐时，$\theta_{\text{Ⅳ}}$ 的值最大，此时光束的偏转角达到最

大。当 $\Delta\phi$ 为 $180°$，即两棱镜薄端与厚端彼此相互对齐时，θ_N 的值最小，此时光束的偏转角最小为 $0°$，即光束无偏转。由式（8.5）易求得该锗棱镜系统出射表面的临界角 $\theta_c = 14.5°$，在图中以等值实线描出以便于比较。对于确定的棱镜顶角 α_0，该实线可被用来计算棱镜相对转角 $\Delta\phi$ 的临界值 $\Delta\phi_0$。可以理解为，为避免面 IV 上发生全反射，两棱镜相对转角 $\Delta\phi$ 必须大于其临界值 $\Delta\phi_0$，即其值应保持在数值区间 $[\Delta\phi_0, 180°]$ 内，如图 8.3（a）中的 OA 线段。显然，随着棱镜顶角的增加，$\Delta\phi$ 的取值范围将减小。

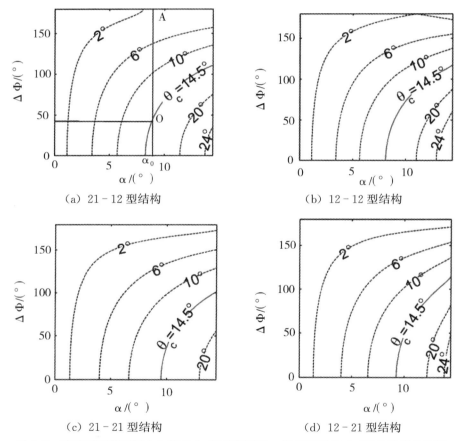

（a）21－12 型结构　　　　　　　　（b）12－12 型结构

（c）21－21 型结构　　　　　　　　（d）12－21 型结构

图 8.3　锗棱镜系统面 IV 上入射角 θ_N 随棱镜顶角 α 及相对转角 $\Delta\phi$ 变化的等值线图

8.2.2　轴外入射光束在棱镜各表面上的入射角分析

图 8.4 展示了轴外入射光束在旋转双棱镜中传输光路示意图。为描述入射光束的指向，用 Φ_I 表示入射光束的离轴角大小，用 Θ_I 表示其离轴方位。出射光

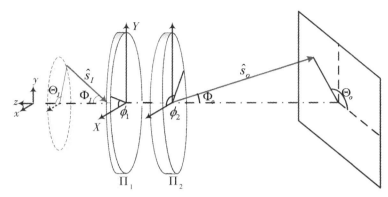

图 8.4　轴外入射光束在旋转双棱镜中传输光路示意图

束指向仍然用 Φ_o 表示其偏转角，用 Θ_o 表示其方位极角。轴外入射下，如果系统入射线过于倾斜，即离轴角 Φ_I 过大，则在两入射表面上有如图 8.2（a）所示的光线射出系统的可能性，此时需要分析两棱镜入射面倾斜。更需考虑的是式（8.3）～（8.4）确定的棱镜出射面上全反射约束，需计算出射面 Ⅱ 和 Ⅳ 上的入射角。

系统入射光束的方向矢量可表示为

$$\hat{s}_I = \hat{s}_I^i = (-\sin \Phi_I \cos \Theta_I, \ -\sin \Phi_I \sin \Theta_I, \ -\cos \Phi_I). \tag{8.34}$$

根据系统结构由式（8.10）～式（8.17）确定各表面法线矢量，基于式（8.34）表示的入射光束方向矢量，利用式（8.18）～式（8.22）逐面追踪光线，得到各表面的入射光线矢量。然后，由式（8.6）～式（8.9）可求出各表面的入射角。

以 21-12 型结构的玻璃棱镜系统为例，其折射率 $n = 1.5$，棱镜顶角 $\alpha = 10°$。由式（8.5）可得，在两棱镜出射表面上的临界角 $\theta_c = 41.8°$。在半球形的入射角空间内（离轴角 $0° \leqslant \Phi_I \leqslant 90°$，方位极角 $0° \leqslant \Theta_I < 360°$）均匀密集采样入射光束指向。针对所有采集的入射光束指向进行光线追踪，得到各表面的入射角。图 8.5（a）～（d）分别展示了 $\phi_1 = 0°$、$\phi_2 = 90°$ 时，棱镜表面 Ⅰ～Ⅳ 上的入射角等值线。该等值线描述了半球形入射角空间内入射光线在各棱镜表面上入射角的分布。在棱镜入射表面 Ⅰ、Ⅲ 上，入射角的最大限制为 90°，用实线 Ⅰ、Ⅲ 表示在图 8.5（a）、（c）中。在棱镜出射表面 Ⅱ、Ⅳ 上，入射角的最大限制为 41.8°，用实线 Ⅱ、Ⅳ 表示在图 8.5（b）、（d）中。显然，在图 8.5（a）、（c）中，对于超出线 Ⅰ、Ⅲ 界定指向的入射光束，由于界面倾斜，光束不能通过界面 Ⅰ、Ⅲ。在图 8.5（b）、（d）中，对于超出线 Ⅱ、Ⅳ 界定指向的入射光束，由于界面全反射，光束不能通过界面 Ⅱ、Ⅳ。因此，为保证光束能

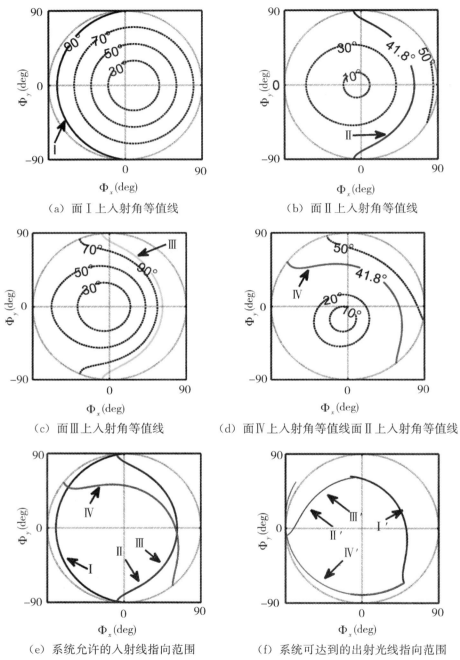

（a）面Ⅰ上入射角等值线　　　　　　　　（b）面Ⅱ上入射角等值线

（c）面Ⅲ上入射角等值线　　　　　　　　（d）面Ⅳ上入射角等值线面Ⅱ上入射角等值线

（e）系统允许的入射线指向范围　　　　　　（f）系统可达到的出射光线指向范围

图 8.5　21‑12 型玻璃棱镜系统（$n=1.5$，$\alpha=10°$，$\phi_1=0°$，$\phi_2=90°$）

各表面入射角的等值线

通过系统，允许的入射线指向范围可用线Ⅰ～Ⅳ界定的区域来描述，展示在图 8.5（e）中。由Ⅰ～Ⅳ这四条界定线提取入射光束指向数据，转换成入射光线矢量，然后逐面光线追迹，得到系统出射光线矢量 $\hat{s}_o=(K_o，L_o，M_o)$，将其在极坐标空间表示为

$$\begin{cases} \Phi_o=\arccos(-M_o)，\\ \Theta_o=\begin{cases} \arctan(L_o/K_o)，当\ K_o\geqslant 0，\\ \arctan(L_o/K_o)+\pi，当\ K_o<0. \end{cases} \end{cases} \tag{8.35}$$

在图 8.5（f）中，线Ⅰ′～Ⅳ′依次描绘了线Ⅰ～Ⅳ对应的出射光线指向。因此，线Ⅰ′～Ⅳ′所围区域描述了可达到的出射光线指向范围。

针对相同棱镜折射率（$n=1.5$）、棱镜顶角（$\alpha=10°$）及棱镜旋转角位置（$\phi_1=0°$、$\phi_2=90°$）的玻璃棱镜系统，以分析 21－12 型结构相同的方法来研究其他 3 种结构的旋转双棱镜系统允许的入射线指向范围以及可达到的出射光线指向范围。图 8.6（a）和（b）分别展示了 21－12、12－12 型结构和 21－21、12－21 型结构允许的入射线指向范围。其中线Ⅰ、Ⅱ的位置仅仅依赖于第一块棱镜的摆放方式，因此 21－12 型结构的线Ⅰ、Ⅱ位置与 21－21 型结构相同，而 12－12 型结构的线Ⅰ、Ⅱ位置与 12－21 型结构相同。在 21－12、12－12 型结构中，面Ⅲ垂直于系统光轴，没有倾斜。光线从低折射率的空气通过面Ⅲ进入高折射率的玻璃，不会发生全反射。因此，在这两种结构中，面Ⅲ不会阻隔光线，线Ⅲ与线Ⅱ重合。然而，在 21－21、12－21 型结构中，面Ⅲ为倾斜面，可能限制光束传输。这是为何线Ⅲ不出现在图 8.6（a）而出现在图 8.6（b）的原因。21－12、12－12 型结构，以及 21－21、12－21 型结构中，

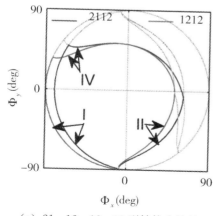

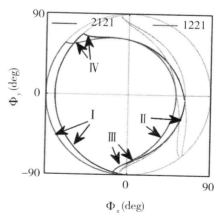

（a）21－12、12－12 型结构允许的
入射线指向范围

（b）21－21、12－21 型结构允许的
入射线指向范围

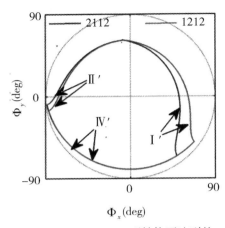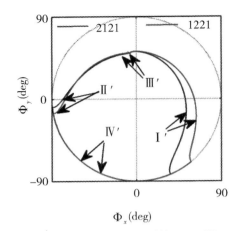

(c) 21‑12、12‑12 型结构可达到的
　　出射光线指向范围

(d) 21‑21、12‑21 型结构可达到的
　　出射光线指向范围

图 8.6　4 种结构的旋转双棱镜系统（$n=1.5$，$\alpha=10°$，$\phi_1=0°$，$\phi_2=90°$）
允许的入射线指向范围以及可达到的出射光线指向范围

第二块棱镜摆放方式两两相同，因此，在图 8.6（a）、（b）中，线Ⅳ的位置大致相同，但第一块棱镜的摆放差异对线Ⅳ的位置有一定影响，从而导致了少许差异。图 8.6（c）和（d）以线Ⅰ′～Ⅳ′所围区域分别展示了 21‑12、12‑12 型结构以及 21‑21、12‑21 型结构可达到的出射光线指向范围。可以看出，线Ⅱ′、Ⅳ′位置主要依赖于第二块棱镜的摆放方式。

8.3　光束传输限制导致的系统结构和性能限制

8.3.1　在轴入射光束传输限制导致的棱镜顶角、旋转角位置及系统偏转力限制

在轴入射下，两棱镜入射表面Ⅰ、Ⅲ不会对光束的传输构成限制。对于一定折射率的棱镜材料，为保证光束通过旋转双棱镜系统，棱镜出射面Ⅱ、Ⅳ上的全反射值得注意。其导致的光束传输限制将为棱镜顶角设置、棱镜相对转角提出了制约，最终将限制系统的光束偏转力。

先分析面Ⅱ上的光束传输限制。由式（8.24）、（8.25）可知，对于确定的棱镜材料，入射角 $\theta_Ⅱ$ 只决定于棱镜顶角 α。令两式表示的 $\theta_Ⅱ$ 等于式（8.5）表示的临界角 θ_c，则可算出为避免面Ⅱ上全反射，棱镜顶角 α 允许设定的最大值

α_{II}。对于 12‑12、12‑21 型结构，α_{II} 表示为

$$\alpha_{\text{II}} = \arcsin(1/n).\tag{8.36}$$

对于 21‑12、21‑21 型结构，α_{II} 表示为

$$\alpha_{\text{II}} = \text{arccot}(\sqrt{n^2-1}-1).\tag{8.37}$$

棱镜顶角小于 α_{II}，光束才能通过面 II。

图 8.7 针对 4 种系统结构展示了 α_{II} 值随棱镜折射率的变化。高折射率棱镜对应较小的 α_{II} 值。对于确定的棱镜材料，21‑12、21‑21 型系统结构对应的 α_{II} 值（表示为实线 II）比 12‑12、12‑21 型结构对应值（表示为虚线 I）大。

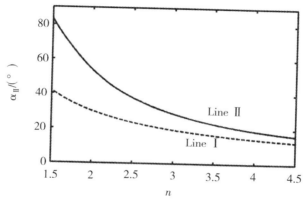

图 8.7　α_{II} 值随棱镜折射率的变化。虚线对应 12‑12、12‑21 型结构，实线对应 21‑12、21‑21 型结构

一、两棱镜相对转角的限制

面 II 上的入射角只决定于棱镜的折射率和顶角，故一定的棱镜材料下该面上的全反射只限制了棱镜的顶角。然而，面 IV 随棱镜 Π_2 旋转，由式（8.26）和式（8.30），该面上的入射角除了与棱镜折射率和顶角有关之外，还取决于两棱镜的相对转角 $\Delta\phi$。因此，面 IV 上的全反射还将对两棱镜相对转角提出限制。

式（8.26）和式（8.30）展示的面 IV 上入射角 θ_{IV} 小于临界角 θ_c 时，光束才可通过面 IV。容易推得，$\cos(\Delta\phi)$ 必须大于一个确定的值 $f(n,\alpha)$，该值为棱镜折射率 n 和顶角 α 的函数。对于 21‑12 和 12‑12 型结构，由式（8.26）可计算 $f(n,\alpha)$ 的解析表达式为

$$f(n,a) = \frac{\sqrt{n^2-1}-\cos\alpha\sqrt{n^2-a_3^2}}{a_3\sin\alpha}.\tag{8.38}$$

201

对于 21‐21 和 12‐21 型结构，由式（8.30）可计算 $f(n,\alpha)$ 的解析表达式为

$$f(n,a)=\frac{\left(\sqrt{n^2-1}-b_2\right)^2\sin^2\alpha-b_2^2\cos^2\alpha}{2b_1\sin\alpha\cos\alpha\left(\sqrt{n^2-1}-b_2\right)}.\qquad(8.39)$$

图 8.8 针对 4 种系统结构展示了 $f(n,\alpha)$ 值随棱镜折射率 n 和顶角 α 变化的等值线图。各图中，实线等值线（$f(n,\alpha)=1$）界定的图左下角区域，对应的 $f(n,\alpha)$ 值均大于 1，故该区域中 $\cos(\Delta\phi)$ 的值总小于 $f(n,\alpha)$ 值，即对于小顶角、低折射率棱镜，两棱镜的相对转角 $\Delta\phi$ 可以取任何值，均能保证面Ⅳ上的入射角小于临界角，不会发生全反射。即这种情况下，$\Delta\phi$ 的值不受限制，或其临界值 $\Delta\phi_0$ 为 0°。然而，在实线等值线（$f(n,\alpha)=1$）界定的图右上角区域，$f(n,\alpha)$ 值均小于 1，为了避免面Ⅳ上的全反射，两

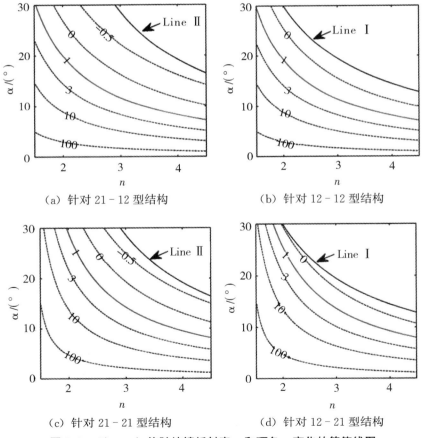

（a）针对 21‐12 型结构　　　　　（b）针对 12‐12 型结构

（c）针对 21‐21 型结构　　　　　（d）针对 12‐21 型结构

图 8.8　$f(n,\alpha)$ 值随棱镜折射率 n 和顶角 α 变化的等值线图

棱镜的相对转角 $\Delta\phi$ 被限制在取值范围 $[\Delta\phi_0, 180°]$，其中：

$$\Delta\phi_0 = \arccos[f(n, \alpha)]. \qquad (8.40)$$

另外，图 8.7 中的线Ⅰ和线Ⅱ也被描在图 8.8 中，即不能按线Ⅰ和线Ⅱ界定的右上部分区域参数设计棱镜，以避免面Ⅱ上全反射。

　　基于以上分析，由式（8.38）～（8.40）易求得两棱镜相对转角的临界值 $\Delta\phi_0$。图 8.9 展示了 $\Delta\phi_0$ 值随棱镜折射率 n 和顶角 α 变化的等值线图。图 8.7 中的线Ⅰ和线Ⅱ仍被描在图中，以表示面Ⅱ上全反射带来的限制。由图可知，随着棱镜折射率的提高及棱镜顶角的增大，$\Delta\phi_0$ 值逐渐增大，两棱镜相对转角 $\Delta\phi$ 的取值范围 $[\Delta\phi_0, 180°]$ 将逐渐减小。

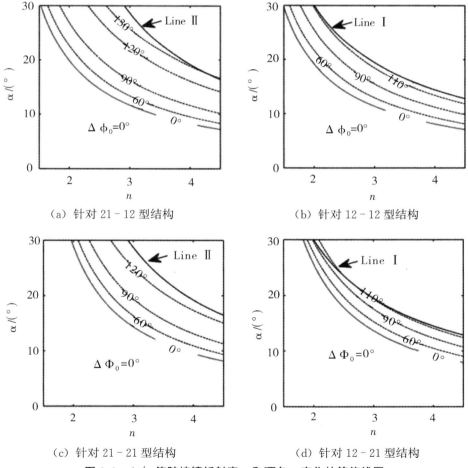

（a）针对 21-12 型结构　　　　　（b）针对 12-12 型结构

（c）针对 21-21 型结构　　　　　（d）针对 12-21 型结构

图 8.9　$\Delta\phi_0$ 值随棱镜折射率 n 和顶角 α 变化的等值线图

二、棱镜顶角的限制

对于确定的棱镜材料，为让光束通过旋转双棱镜系统，则棱镜顶角大小受到限制。定量分析顶角限制，可为大角度束转系统设计提供参考。

为确保光束能通过面 II，分析图 8.9（b）和（d）可知，对于 12-12、12-2 型系统结构，棱镜顶角值 α 必须设置在线 I 之下。而对于 21-12、21-21 型系统结构，如图 8.9（a）和（c），α 必须设置在线 II 之下。这两条线对应的顶角限制值可通过式（8.36）和式（8.37）计算。

为确保光束能通过面 IV，在图 8.9 中线 I（或线 II）与 $\Delta\phi_0 = 0°$ 的等值线之间区域，两棱镜相对转角 $\Delta\phi$ 值限制在 $[\Delta\phi_0, 180°]$ 的取值范围。实际应用中，应该避免这种 $\Delta\phi$ 值限制，即应该使 $\Delta\phi$ 的限制值 $\Delta\phi_0 = 0°$，以保证两棱镜的旋转角位置不受限制。因此，系统设计时，应使棱镜顶角 α 保持在 $\Delta\phi_0 = 0°$ 的等值线以下区域。由该等值线可计算为避免面 IV 上全反射，棱镜顶角的临界值 α_{IV}。由于 $\Delta\phi_0 = 0°$ 的等值线在线 I 和线 II 之下，故 α_{IV} 就是棱镜顶角的最终临界值 α_c，即 $\alpha_c = \alpha_{IV}$。系统设计时若让棱镜顶角小于 α_c，则不管两棱镜的旋转角位置如何，均能保证在轴入射光束通过整个系统。

虽然从图 8.9 各子图中 $\Delta\phi_0 = 0°$ 的等值线可估计不同棱镜折射率下棱镜顶角的临界值 α_c，但还是值得针对 4 种系统结构探讨 α_c 的解析解或数值解。对于 21-12 和 12-12 型结构，令 $f(n, \alpha) = 1$，则由式（8.38）可得

$$\sqrt{n^2 - a_3^2} \cos\alpha_c = \sqrt{n^2 - 1} - a_3 \sin\alpha_c. \tag{8.41}$$

对于 21-21 和 12-21 型结构，令 $f(n, \alpha) = 1$，由式（8.39）可得

$$(1 + b_1) \cos\alpha_c = (\sqrt{n^2 - 1} - b_2) \sin\alpha_c. \tag{8.42}$$

针对 4 种结构，经过繁琐的数学推导（在此忽略），方程（8.41）、（8.42）可转化为 $\sin\alpha_c$ 的多项式方程。

对于 12-12 和 21-21 结构，多项式方程的次数高于 5 次且各项系数为非规则系数。因此，根据 Abel-Ruffini 定理，多项式方程无法解算其一般代数解析解。但通过牛顿-拉夫森（Newton-Raphson）迭代法或 Laguerre 多项式逼近法，可以在期望的精确度下得到方程的数值解。

对于 21-12 型结构，方程（8.41）可转化为一个 $\sin\alpha_c$ 的 3 次多项式方程，表示为

$$4n^2 \sin^3\alpha_c + (4n^2 - 4) \sin^2\alpha_c - 3\sin\alpha_c - 1 = 0. \tag{8.43}$$

应用卡尔达诺方法（Cardano's method），方程（8.43）可解得代数解析解，表示为

$$\sin \alpha_c = \cos \left[\frac{1}{3}\arccos\left(\frac{-8n^6+24n^4+3n^2+8}{\sqrt{(4n^4+n^2+4)^3}}\right)\right] \times \frac{(4n^4+n^2+4)^{1/2}}{3n^2} + \frac{1-n^2}{3n^2}.$$

$$(8.44)$$

对于 12-21 型结构，方程（8.42）可转化为一个 $\sin \alpha_c$ 的 8 次多项式方程，表示为

$$16(n^4-2n\sqrt{n^2-1}+1)\sin^8\alpha_c - 16(n^4-3n\sqrt{n^2-1}+n^3\sqrt{n^2-1}+3)\sin^6\alpha_c +$$

$$4(2n^4-n^2-2n\sqrt{n^2-1}+2n^3\sqrt{n^2-1}+10)\sin^4\alpha_c -$$

$$4(n^2+n\sqrt{n^2-1}+2)\sin^2\alpha_c+1=0.$$

$$(8.45)$$

显然，方程（8.45）可整理为 $\sin^2\alpha_c$ 的 4 次多项式方程，可用法拉第方法（Ferrari's method）求得代数解析解。解析解的具体表达式长而复杂，在此忽略。

图 8.10 针对 4 种系统结构，展示了棱镜顶角的最终临界值 α_c 随棱镜折射率 n 的变化关系。对于 21-12 型、12-21 型结构，临界值 α_c 由对应的代数解析解式子计算，结果以实线展示图中。对于 12-12 和 21-21 结构，通过数值计算解高次多项式方程得到对应的临界值 α_c，结果以虚线展示图中。对于任意一种系统结构，临界值 α_c 均随棱镜折射率 n 的增加而减小。以 21-12 型系统结构为例，若选普通玻璃作为棱镜材料，折射系数 $n=1.5$，则棱镜顶角的

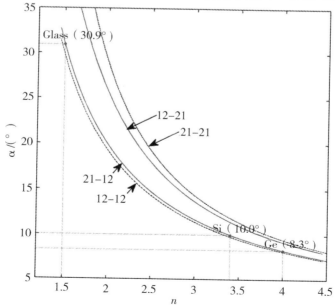

图 8.10　棱镜顶角的最终临界值 $\boldsymbol{\alpha_c}$ 随棱镜折射率 n 的变化

临界值 α_c 可达 30.9°，而若选硅（$n=3.4$）、锗（$n=4.0$）作为棱镜材料，顶角临界值 α_c 仅为 10°、8.3°。从图 8.10 还可看出，比较 21-12、12-12 型结构，两者的 α_c 值相近，而 21-21、12-21 型结构的 α_c 值也相近。对比 21-21、12-21 型结构，21-12、12-12 型结构具有更小的 α_c 值。因此，棱镜顶角临界值 α_c 主要决定于第二块棱镜的摆放方式，而第一块棱镜的摆放方式对 α_c 值的影响不明显。

三、系统偏转力的限制

第 3 章的分析结果表明，在轴入射光束通过旋转双棱镜系统后，其最终偏转角 Φ 决定于棱镜折射率 n、棱镜顶角 α 以及两棱镜相对转角 $\Delta\phi$。高折射率、大棱镜顶角导致大的偏转角。两棱镜相对转角 $\Delta\phi$ 越小，偏转角 Φ 越大。当 $\Delta\phi$ 为 0° 时，偏转角 Φ 达到最大值 Φ_m。然而，由以上分析可知，对于高折射率、大顶角的棱镜系统，当 $\Delta\phi$ 为 0° 时，光束在界面 IV 上可能发生双折射，使光束无法从系统出射。因此，当棱镜折射率和顶角确定时，系统偏转力，即最大偏转角 Φ_m，决定于系统为避免面 IV 上全反射能达到的最小相对转角，即相对转角临界值 $\Delta\phi_0$。

为计算系统的偏转力，可将棱镜 Π_1 的旋转角位置 ϕ_1 设为 0°，将棱镜 Π_2 的旋转角位置 ϕ_2 设为 $\Delta\phi_0$。依次追踪在轴入射光束通过棱镜 4 个界面得到系统出射光线矢量，最终得到系统的最大偏转角 Φ_m。以锗棱镜系统 $n=4.0$）为例，针对 4 种结构计算不同棱镜顶角下系统能达到的最大偏转角，结果展示于图 8.11。为便于综合分析，两棱镜相对转角临界 $\Delta\phi_0$ 值随棱镜顶角的变化曲线也被画在图 8.11 上方。当棱镜顶角从 0° 逐渐增加到其临界值 α_c 时，两棱镜相对转角 $\Delta\phi$ 的临界值 $\Delta\phi_0$ 始终保持为 0°，即两棱镜的旋转角位置不受限制，系统的最大偏转角 Φ_m 随棱镜顶角增加而增加。一旦棱镜顶角增大到其临界值 α_c，系统的最大偏转角 Φ_m 达到其极限值 Φ_M。当棱镜顶角继续增加超过 α_c，则 $\Delta\phi$ 的临界值 $\Delta\phi_0$ 开始增大，两棱镜的相对转角的取值范围逐渐缩小，即两棱镜的旋转角位置受限制逐渐严重，从而限制了 Φ_m 的持续增加。

从图 8.11 可以看到，当棱镜顶角较小时，不管哪一种结构，它们的最大偏转角几乎相等，并且与棱镜顶角为近线性关系。这一结果与近轴近似理论模型方法的分析结果一致。然而，对于大的棱镜顶角，不同结构对应的最大偏转角存在明显差异。其中，21-12 型结构与 12-12 型结构，以及 21-21 型结构与 12-21 型结构之间，其最大偏转角两两相近。对于棱镜顶角小于其临界值 α_c 的系统，21-12、12-12 型结构的最大偏转角要显著大于 21-21、12-21 型结构。

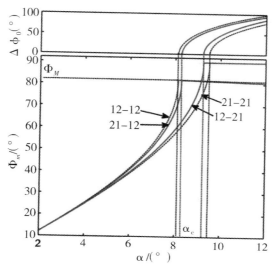

图 8.11　不同棱镜顶角下锗棱镜系统能达到的最大偏转角

接着分析旋转双棱镜最大偏转角的极限值 Φ_M。极限值 Φ_M 反应了确定棱镜材料下，系统能达到的最大偏转力。显然，当棱镜顶角趋向 α_c 时，系统最大偏转角 Φ_m 趋向其极限值 Φ_M。基于 α_c 的解析解（对于 $21-12$、$12-21$ 型结构）或数值解（对于 $12-12$、$21-21$ 型结构）设定棱镜顶角，针对在轴入射光束，逐面追迹光线，可计算得到各系统结构最大偏转角的极限值 Φ_M。图 8.12 针对 4 种系统结构展示了系统最大偏转角的极限值 Φ_M 与棱镜折射率 n 的

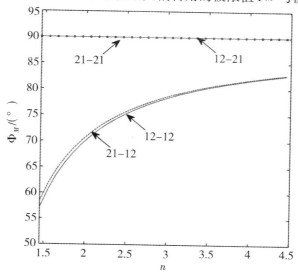

图 8.12　4 种系统结构最大偏转角的极限值 Φ_M 随棱镜折射率 n 的变化

关系。对于 21-12、12-12 型结构，两者最大偏转角极限值近似相等，均随棱镜折射率增加而增大。对具体棱镜材料分析，21-12 型结构的玻璃（$n=1.5$）、硅（$n=3.4$）、锗（$n=4.0$）棱镜系统的最大偏转角极限值依次增加，分别为 59.1°、80.0°、81.7°。然而，对于 12-21、21-21 型结构，其最大偏转角极限值不随棱镜折射率变化，均保持为 90°。这意味着，基于同一种棱镜材料，相对 21-12、12-12 型结构，采用 12-21、21-21 型结构，能设置更大的棱镜顶角（其顶角临界值 α_c 比前者大），实现更大角度的光束偏转。

四、综合分析

以上针对在轴入射光束，探讨旋转双棱镜光束传输限制导致的系统结构设计及系统偏转力限制，能为大角度旋转双棱镜光束偏转系统设计提供有益参考。

首先，由图 8.12 可知，旋转双棱镜能大角度偏转光束，实现宽观测场。即使采用普通的光学玻璃作为棱镜材料，设计 21-12、12-12 型结构能实现近 60° 的偏转角，而若采用 12-21、21-21 型结构，系统偏转角甚至可达 90°。若采用高折射率的红外棱镜材料，如锗、硅等，所有 4 种结构均能实现超过 80° 的光束偏转角。

然后，为实现大角度光束偏转，需设计较大的棱镜顶角。棱镜材料折射率越小，则棱镜顶角需要设计得越大。例如，若采用普通的玻璃棱镜，由图 8.10 可知，要达到近 60° 的偏转角极限，棱镜顶角需超过 30°，其具体数值依赖于系统的结构。显然，这不利于系统的紧凑型设计，也会增大两棱镜的转动惯量，影响系统动态性能。从这一角度来看，设计大角度偏转的旋转双棱镜系统应选择折射率尽可能高的棱镜材料。例如，采用锗棱镜，设计小于 10° 的棱镜顶角，系统偏转角可达 80°。

比较 4 种系统结构可知，第二块棱镜的摆放方式对系统的偏转力有较大影响，而第一块棱镜的摆放方式对其的影响不明显。相对 12 型摆放方式，第二块棱镜的 21 型结构能采用更大棱镜顶角，使系统有更大的偏转力（$\Phi_M=90°$）。

最后，表 8.1 针对玻璃、硅、锗材料，列出了 4 种结构旋转双棱镜系统的棱镜顶角临界值 α_c 及最大偏转角极限值 Φ_M。从表中数据看出，选用高折射率的棱镜材料可以以较小棱镜顶角设计大角度束转系统。相对 21-12、12-12 型结构，采用 12-21、21-21 型结构能采用更大棱镜顶角，达到更大的光束偏转角。仔细分析数据可知，对于 21-12、12-12 型结构，棱镜顶角临界值 α_c 与最大偏转角极限值 Φ_M 之和恰好等于 90°。该结果可解释为，这两类系统结构中，第二块棱镜按 12 型方式摆放，即系统出射表面为倾斜表面，如图

表 8.1　玻璃、硅、锗材料旋转双棱镜系统的棱镜顶角临界值 α_c 及最大偏转角极限值 Φ_M

棱镜材料	参数	21 - 12	12 - 12	21 - 21	12 - 21
玻璃 ($n=1.5$)	α_c	30.92°	29.72°	55.65°	41.48°
	Φ_M	59.08°	60.28°	90.00°	90.00°
硅 ($n=3.4$)	α_c	10.02°	9.81°	11.89°	11.45°
	Φ_M	79.98°	80.19°	90.00°	90.00°
锗 ($n=4.0$)	α_c	8.27°	8.12°	9.50°	9.23°
	Φ_M	81.73°	81.88°	90.00°	90.00°

8.13（a）。当棱镜顶角等于其临界值 α_c 且两棱镜相对转角 $\Delta\phi$ 为 0°时，系统出射表面（面Ⅳ）上的入射角恰好等于临界角 θ_c，则其折射角为 90°，即系统出射光束将沿着出射表面射出。由图 8.13（a）所示的光路几何关系易知，α_c 与 Φ_M 之和为 90°。同样，对于 12 - 21、21 - 21 型结构，如图 8.13（b），第二块棱镜按 21 型方式摆放，即系统出射表面垂直于系统光轴。系统出射表面上的入射角等于临界角 θ_c 时，系统出射光束沿着出射表面射出，故 Φ_M 恒为 90°。

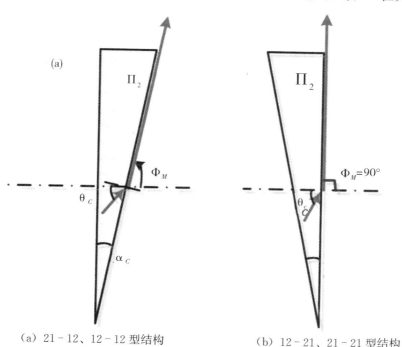

（a）21 - 12、12 - 12 型结构　　　　（b）12 - 21、21 - 21 型结构

图 8.13　第二块棱镜的摆放方式及全反射光路

8.3.2 轴外入射光束传输限制导致的系统角孔径和系统角视场限制

一、角孔径及角视场的概念与含义

在8.2.2节对轴外入射光束在棱镜各表面上的入射角分析中，以顶角 $\alpha=10°$ 的玻璃棱镜（$n=1.5$）系统为例，分析了两棱镜旋转角位置 $\phi_1=0°$、$\phi_2=90°$ 时 4 种结构允许的入射光线指向范围以及可达到的出射光线指向范围。值得提出的是，这些指向范围依赖于两棱镜的旋转角位置。在图 8.7 中，对于确定的棱镜系统，线Ⅰ、Ⅱ的位置只决定于第一块棱镜的旋转角位置 ϕ_1，而其他的线则由两块棱镜的旋转角位置 ϕ_1、ϕ_2 决定。

为了揭示系统允许的入射光线指向范围及可达到的出射光线指向范围对两棱镜旋转角位置的依赖性，可先保持第一块棱镜的旋转角位置不动，令 $\phi_1=0°$，利用 8.2.2 节提出的方法获得第二块棱镜在不同角位置下各界定线的位置。图 8.14 针对 21 - 12 型玻璃棱镜系统，描出了 $\phi_1=0°$，而 $\phi_2=0°$、30°、60°、90°、120°、150°、180°时各界定线的位置，分析允许的入射光线指向范围及可达到的出射光线指向范围。

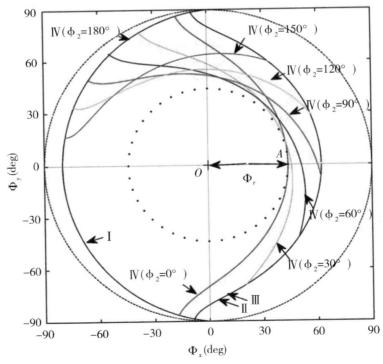

（a）允许的入射光线指向范围

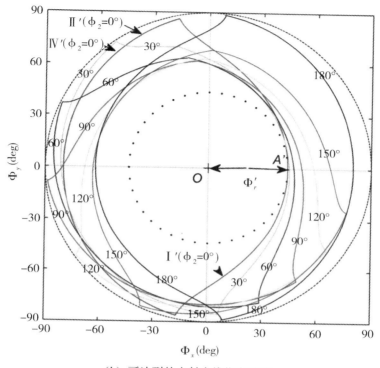

（b）可达到的出射光线指向范围

图 8.14　21‑12 型玻璃棱镜系统（$n=1.5$，$\alpha=10°$）允许的入射光线指向范围

及可达到的出射光线指向范围随两棱镜相对旋转角位置（$\phi_1=0°$，

$\phi_2=0°$，$30°$，$60°$，$90°$，$120°$，$150°$，$180°$）的变化

图 8.14（a）通过界定线 I～IV 展示了系统允许的入射光线指向范围。由于第一块棱镜保持不动，界定线 I、II 的位置不随第二块棱镜角位置的变化而变化。然而，界定线 IV 的位置随角位置 ϕ_2 而变，从而导致允许的入射光线指向范围发生改变。图 8.14（b）通过界定线 I′～IV′ 展示了系统可达到的出射光线指向范围。这些界定线的位置均随角位置 ϕ_2 的改变而改变，导致可达到的出射光线指向范围相应改变。

由于旋转对称性，对于第一块棱镜的其他任意旋转角位置 ϕ_1，易知所有的界定线，即线 I～IV 和线 I′～IV′，可以通过将图 8.14（a）、（b）中的界定线围绕系统光轴（O 点）旋转而得到。显然，对于图 8.14（a）中虚线界定的圆区域之外的入射光线，在一定的棱镜旋转角位置下，传输到表面 IV 上后，必将因发生全反射而被阻隔，不能确保任意棱镜角位置下都能从系统射出。反之，对于在圆区域之内的入射光线，不管两棱镜角位置如何，都能确保毫无阻碍地

211

通过系统。因此在实际应用中，旋转双棱镜系统在任意棱镜角位置下允许的入射光束指向范围可在极坐标空间中用这样一块圆形区域描述。这一圆形区域在实际三维空间中表示一圆锥形角空间，如图 8.15（a）。图 8.14（a）中虚线圆的半径Φ_r实际上就是该圆锥半顶角，表达了允许的入射光线离轴角度，因此可称其为旋转双棱镜系统的角孔径。可以理解为，图 8.14（a）中的虚线圆或图 8.15（a）中的圆锥面界定了旋转双棱镜系统在任意棱镜角位置下能接收并透过光线的入射光束指向范围，而旋转双棱镜的角孔径Φ_r即为允许的入射光束最大离轴角。当光束以大于角孔径Φ_r的离轴角入射系统时，它将在某一棱镜角位置下，在表面IV上发生全反射而不能从系统出射。因此，为了实现完整的光束扫描或连续平滑的目标跟踪，必须保证入射光束离轴角小于系统的角孔径Φ_r。

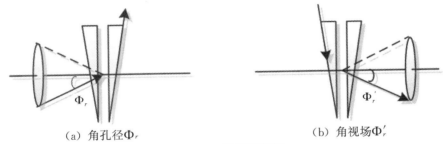

（a）角孔径Φ_r　　　　　　　　　　（b）角视场Φ_r'

图 8.15　旋转双棱镜

接着分析旋转双棱镜系统出射光束可达到的指向范围。显然，在图 8.14（b）中虚线界定的圆外区域任一指向位置，在一定的棱镜旋转角位置下，没有光线能沿该指向射出，即不能确保任意棱镜角位置下都有出射光线射向该指向。反之，对于圆区域之内的任意指向，不管两棱镜角位置如何，都能确保有光线沿该指向射出。这意味着任意棱镜角位置下系统出射光束都可达到的指向位置局限于极坐标空间一块圆形区域之内。在实际三维空间中，这一圆形区域也表示一圆锥形角空间，如图 8.15（b）。图 8.14（b）中虚线圆的半径Φ_r'实际上就是该圆锥半顶角，表达了系统出射光线可达到的离轴角度，因此可称其为旋转双棱镜系统的角视场。在旋转双棱镜的视轴偏转应用中，旋转双棱镜放置在相机前，成像光束需通过旋转双棱镜后才可进入照相物镜，会聚在探测器上成像。由图 8.15（b）可知，成像视场必须在Φ_r'界定的圆锥区域之内，才可保证任意棱镜角位置下，像点能填满探测器面，即成像对角线视场角应该小于$2\Phi_r'$，否则将出现成像暗角。

二、角孔径及角视场的计算与分析

（一）角孔径及角视场的计算

从图 8.14 可以看出，旋转双棱镜系统的角孔径受限于界定线IV，即面IV

上的全反射限制了角孔径。而角视场受限于界定线 I′，即面 I 的界面倾斜限制了角视场。这两界定线对应的第二块棱镜角位置均为 $\phi_2=0°$（而第一块棱镜角位置保持为 $\phi_1=0°$），即两棱镜为相同角位置（薄端或厚端对齐，相对转角为 0°）时，可计算系统的角孔径和角视场。这是由于该情况下，光束偏转最大，光束离轴最严重，全反射和棱镜倾斜对光束传播的限制最可能发生。图 8.15（a）和（b）通过画出系统入射和出射光线方向分别展示了角孔径和角视场的含义。先分析图（a），当棱镜主截面内的入射线以 $\Phi_1=\Phi_r$ 的离轴角（在图 8.14（a）中表示为 A 点）射入系统，则系统出射表面 IV 上的入射角恰为临界角 θ_c，发生全反射，出射光束沿着出射面射出。一旦入射离轴角大于临界角，光束将不能通过出射面 IV。再分析图（b），当入射光束沿着系统入射表面 I 射入系统时，对应在图 8.14（b）中表示为 A′ 点，出射光束以离轴角 $\Phi_o=\Phi'_r$ 射出。显然，无法得到离轴角大于系统角视场的出射光束。虽然以上只针对 21‐12 型系统结构进行了分析，但其他 3 种结构也可做类似分析，得到类似结果，这里不赘述。

　　由图 8.15（a）可知，通过逆向光线追迹可求旋转双棱镜的角孔径值 Φ_r。让两棱镜角位置相同，具体可令 $\phi_1=\phi_2=0°$。在棱镜主截面内，让光线逆向由系统出射表面 IV 射入系统，然后依面 IV～I 逐面光线追迹，如图 8.16。

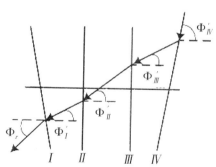

图 8.16　逆向光线追迹推算旋转双棱镜系统的角孔径

　　显然，光束在表面 IV 上的入射角为 90°，折射角等于临界角 θ_c。对于 21‐12、12‐12 型结构，表面 IV 上的离轴角为

$$\Phi'_{IV}=90°-\alpha \tag{8.46}$$

由几何关系易知其在表面 III 上的离轴角为

$$\Phi'_{III}=\theta_c-\alpha \tag{8.47}$$

将斯涅尔定律应用于表面 III 求得其折射角，然后由几何关系可得其在表面 II 上的离轴角为

$$\Phi'_{\mathrm{II}} = \arcsin\ (n\sin\Phi'_m) \tag{8.48}$$

对于 21 - 21、12 - 21 型结构，应用同样的方法可得表面Ⅳ～Ⅱ上的离轴角分别为

$$\Phi'_{\mathrm{IV}} = 90°,\ \Phi'_m - \theta_c,\ \Phi'_{\mathrm{II}} = \arcsin\ [n\sin\ (\Phi'_m - \alpha)] \tag{8.49}$$

将斯涅尔定律应用于表面Ⅱ求得其折射角，然后由几何关系可得其在表面Ⅰ上的离轴角。对于 21 - 12、21 - 21 型结构，其表达式为

$$\Phi'_{\mathrm{I}} = \arcsin\ (\sin\Phi'_{\mathrm{II}}/n). \tag{8.50}$$

将斯涅尔定律应用于表面Ⅰ求得其折射角，然后由几何关系可求其折射光线的离轴角，即为系统的角孔径，其表达式为

$$\Phi_r = \arcsin[n\sin\ (\Phi'_{\mathrm{I}} - \alpha)] + \alpha \tag{8.51}$$

对于 12 - 12、12 - 21 型结构，应用同样的方法可得表面Ⅰ上的离轴角及系统角孔径分别为

$$\Phi'_{\mathrm{I}} = \arcsin[n\sin\ (\Phi'_{\mathrm{II}} + \alpha)/n]. \tag{8.52}$$

$$\Phi_r = \arcsin[n\sin\ (\Phi'_{\mathrm{I}} - \alpha)]. \tag{8.53}$$

依次应用式（8.46）～式（8.53），可得 4 种系统结构对应的角孔径值。

由图 8.15（b）可知，通过正向光线追迹可求旋转双棱镜的角视场值Φ'_r。沿着表面Ⅰ射入一束光线，依面Ⅰ～Ⅳ逐面光线追迹。将图 8.15（b）与图 8.15（a）相比较可知，除了追迹顺序相反之外，图 8.15（b）中的光线追迹过程和方法与基于图 8.15（a）求角孔径时所用的追迹过程和方法相同。事实上，对于 21 - 12 以及 12 - 21 型系统结构，各棱镜表面的空间摆放是前后对称的，导致光线的正向和逆向追迹结果相同。因此，对于这两种结构，系统的角视场值Φ'_r与角孔径值Φ_r相等。然而，对于 12 - 12 以及 21 - 21 型结构，各表面的空间摆放前后不对称，正向和逆向光线追迹结果不同。进一步比较这两种结构可知，12 - 12 型结构的正向追迹结果与 21 - 21 型结构的逆向追迹结果相同，而 21 - 21 型结构的正向追迹结果与 12 - 12 型结构的逆向追迹结果相同。因此，12 - 12 型结构的角视场值与 21 - 21 型结构的角孔径值相等，而 21 - 21 型结构的角视场值与 12 - 12 型结构的角孔径值相等。

（二）角孔径和角视场的分析

旋转双棱镜系统中棱镜表面的全反射和表面倾斜可能限制光线在系统中的传播，导致系统入射光线和出射光线指向受到限制。系统的角孔径Φ_r是系统在任意棱镜角位置下，保证光线能通过系统的入射光线最大离轴角限制，而系统的角视场Φ'_r是出射光线能达到的最大离轴角限制。有必要进一步分析角孔径Φ_r、角视场Φ'_r及其对系统参数和结构的依赖关系。

1. 角孔径和角视场对系统参数的依赖关系

　　棱镜折射系数、棱镜顶角对旋转双棱镜系统的角孔径和角视场有较大影响。在此仍以 21-12 型结构为例，利用式（8.46）~式（8.53），针对折射系数分别为 1.5（玻璃）、2.0、2.5、3.4（硅）、4.0（锗）的棱镜，计算不同棱镜顶角 α 下系统的角孔径 Φ 和角视场 Φ'_r（$\Phi = \Phi'_r$），结果展示在图 8.17（a）中。同样的棱镜顶角下，棱镜的折射系数越高，系统角孔径 Φ 和角视场 Φ'_r 越小。对于确定的棱镜材料，棱镜折射系数固定，则系统的角孔径 Φ 和角视场 Φ'_r 随棱镜顶角变大而变小。当棱镜顶角增加并超过其临界值 α_c 时，系统角孔径 Φ_r 和角视场 Φ'_r 趋向 $0°$，如图 8.17（a）中的 C_1（玻璃）、C_2（硅）、C_3（锗）点。

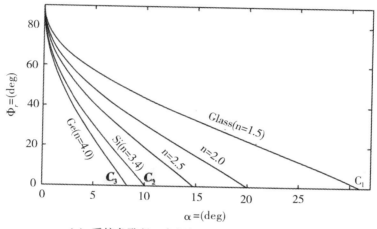

（a）系统角孔径（角视场）随棱镜顶角的变化

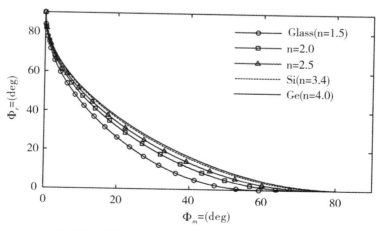

（b）系统角孔径（角视场）随系统最大偏转角的变化

图 8.17　不同折射系数的 21-12 型结构旋转双棱镜系统的角孔径（角视场）

　　另外，分析系统角孔径Φ_r/角视场Φ_r'与系统最大偏转角Φ_m之间的内在关系也是有意义的。基于图 8.17（a）中所有曲线上每点对应的折射系数和棱镜顶角，应用第 3 章介绍的方法可计算对应的系统最大偏转角Φ_m。图 8.17（b）展示了系统角孔径Φ_r/角视场Φ_r'随系统最大偏转角Φ_m的变化关系。结果表明，随着系统最大偏转角Φ_m的增加，系统角孔径Φ_r/角视场Φ_r'持续减小。这意味着设计旋转双棱镜系统时需要在系统偏转力与系统角孔径/角视场之间做出权衡。要获得大的偏转角，则必须以减小角孔径/角视场为代价。反之，为实现大的角孔径/角视场，则系统的偏转力就要受到限制。对于同样的偏转力要求，采用高折射率材料设计旋转双棱镜系统可得到更大的角孔径/角视场。对于确定的棱镜材料，当棱镜顶角增大到其临界值α_c时，系统的最大偏转角达到其极限值，则系统角孔径/角视场减小到 0°。

　　2. 角孔径和角视场对系统结构的依赖关系

　　除了棱镜折射系数、棱镜顶角对旋转双棱镜系统的角孔径和角视场有影响外，两棱镜的摆放方式也会影响系统的角孔径和角视场，即同样的棱镜材料和棱镜顶角下，4 种不同结构的设计对应的角孔径/角视场将存在差异。图 8.17 仅展示了针对 21-12 型结构的分析结果，其他 3 种结构，即 12-12、21-21、12-21 型结构也可利用式（8.46）～式（8.53）计算其对应的角孔径/角视场。图 8.18（a）、（c）、（e）分别针对 4 种结构展示了玻璃、硅、锗棱镜系统角孔径随棱镜顶角的变化关系。同样，基于这些曲线，应用第 3 章介绍的方法计算对应的系统最大偏转角，将系统角孔径随系统最大偏转角的变化关系依次展示在图 8.18（b）、（d）、（f）中。

　　结果显示，系统结构对系统角孔径/角视场值存在影响。对于棱镜顶角较小的系统，4 种结构对应的角孔径/角视场值差异不明显。随着棱镜顶角增加，

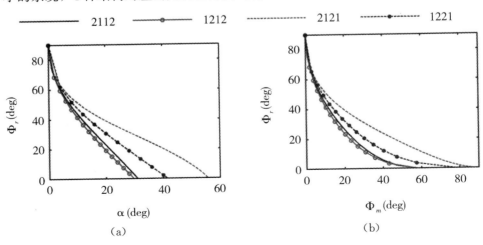

（a）　　　　　　　　　　　　　　　　（b）

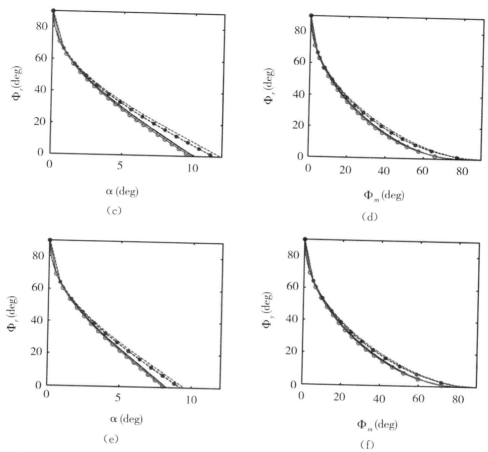

图 8.18　4 种系统结构对应的角孔径/角视场比较。（a）、（c）、（e）展示了玻璃、硅、锗棱镜系统角孔径随棱镜顶角的变化关系。（b）、（d）、（f）展示了玻璃、硅、锗棱镜系统角孔径随系统最大偏转角的变化关系。

4 种结构对应的结果差异逐渐显著。这是因为，当棱镜顶角较小时，薄透镜的近轴近似理论方法分析结果与实际符合较好，光束的偏转只决定于棱镜折射率和棱镜顶角，而与棱镜结构、棱镜摆放方式无关。然而，当棱镜顶角增大时，薄透镜的近轴近似理论方法分析结果偏差增大，非近轴光线追迹方法才能准确描述光束偏转，棱镜结构、棱镜摆放方式将会对偏转结果产生明显影响。

通过比较 4 种结构对应的曲线可以看出，相对于 21－12、12－12 型结构，21－21、12－21 型结构对应的角孔径值较大。这意味着第二块棱镜的摆放方式对系统角孔径/角视场值影响较大。同样条件下，21－21 型结构对应的角孔径值最大，而 12－12 型结构对应的角孔径值最小。由于 12－12 型结构的角视场值与 21 - 21 型结构的角孔径值相等，而 21 - 21 型结构的角视场值与 12 - 12 型结构的角孔径值相等，故容易推断，12 - 12 型结构对应的角视场值最大，而 21 - 21 型结构对应的角视场值最小。

在旋转双棱镜的许多应用中，为了能以紧凑系统实现大角度光束偏转，往往追求大的偏转力和小的棱镜顶角。实际上，除了这些指标，一些应用还期望旋转双棱镜系统能有较大的角孔径和角视场。例如，在两组旋转双棱镜组成的激光光束扫描装置中，第二组旋转双棱镜的角孔径必须大于第一组旋转双棱镜的最大偏转角，这样才能保证在任意棱镜角位置下，第一组棱镜系统的出射光束都能通过第二组棱镜系统。同样，在 3 块棱镜组成的束转系统中，后面两块棱镜组成的旋转双棱镜系统的角孔径必须大于第一块棱镜的偏转角。另外，在旋转双棱镜的成像视轴偏转应用中，系统的角视场必须大于相机探测器的对角视场，这样才能避免成像暗角，保证在任意棱镜角位置下，都能获取完整视像。

在以上应用中，为了能为旋转双棱镜的设计提供具体参考，表 8.2 针对玻璃、硅、锗三种棱镜材料，展示了不同棱镜顶角下 4 种结构对应的角孔径值和最大偏转角。可以看出，同样的棱镜材料和棱镜顶角下，系统最大偏转角由大到小的排列顺序依次为 12 - 12、21 - 12、12 - 21、21 - 21 型结构，而系统角孔径值由大到小的排列顺序正好相反，依次为 21 - 21、12 - 21、21 - 12、12 - 12 型结构。由于 21 - 12、12 - 21 型结构的角视场值与自身的角孔径值相等，12 - 12、21 - 21 型结构的角视场值与对方的角孔径值相等，故系统角视场值由大到小的排列顺序依次为 12 - 12、12 - 21、21 - 12、21 - 21 型结构。当棱镜顶角

表 8.2　4 种结构对应的角孔径 Φ_r 及最大偏转角 Φ_m

| 材料 | α/ (°) | 2112 | | 1212 | | 2121 | | 1221 | |
		Φ_m/ (°)	Φ_r/ (°)	Φ_m/ (°)	Φ_r/ (°)	Φ_m/ (°)	Φ_r/ (°)	Φ_m/ (°)	Φ_r/ (°)
玻璃	10.0	10.3	43.9	10.3	41.4	10.1	51.4	10.1	47.4
	20.0	22.6	22.7	23.3	19.1	20.5	39.1	21.2	30.6
	29.7	45.4	2.7	58.5	0.0	31.6	29.7	34.4	16.6
硅	2.0	9.7	52.4	9.7	51.9	9.6	53.9	9.7	53.3
	5.0	25.3	29.9	25.5	28.7	24.8	33.7	24.9	32.2
	9.8	68.4	1.3	77.9	0.0	55.3	9.8	57.6	7.7
锗	2.0	12.1	48.7	12.1	48.1	12.1	50.1	12.1	49.5
	5.0	32.5	23.2	32.8	22.1	31.6	27.1	31.9	25.7
	8.1	71.1	1.1	80.9	0.0	58.6	8.1	60.7	6.5

较小时，4 种结构的分析结果差异不明显，但当顶角增大时，4 种结果的差异变得显著。设计旋转双棱镜系统时，需要根据实际应用的具体需求，综合考虑系统的偏转力、角孔径、角视场以及系统的紧凑型，合理选择系统结构。

8.4　本章小结

针对 4 种典型的旋转双棱镜系统结构，研究了界面全反射和界面倾斜所导致的光束传输限制。首先，通过非近轴光线追迹，分别计算和分析在轴和轴外入射光束通过系统，在棱镜各表面上的入射角。在棱镜入射表面上分析表面倾斜，而在棱镜出射表面上，将入射角与表面临界角相比较来分析表面全反射对光束传输的限制。基于此，深入分析光束传输限制导致的系统结构和性能限制。

针对在轴入射光束，分析了棱镜出射表面上全反射导致的两棱镜相对转角、棱镜顶角以及系统偏转力的限制。结果表明，对于高折射率、大顶角的棱镜系统，两棱镜的相对转角将受到限制，必须大于一个确定的临界值 $\Delta \phi_0$。棱镜折射率越高、顶角越大，$\Delta \phi_0$ 值越大，两棱镜相对转角取值范围越小，即受限制越严重。为了确保两棱镜在任意旋转角位置下，光束都能通过系统，棱镜的顶角需保持在一个确定的临界值 α_c 下。该临界值 α_c 可通过解 $\sin \alpha_c$ 的高次多项式方程得到其解析解或数值解。基于两棱镜相对转角 $\Delta \phi_0$，通过逐面光线追迹可求得系统的最大偏转角 Φ_m。对于确定的棱镜材料，一旦棱镜顶角增大到其临界值 α_c，系统的最大偏转角 Φ_m 达到其极限值 Φ_M。棱镜折射率越高，棱镜顶角临界值 α_c 越小，系统最大偏转角 Φ_m 极限值 Φ_M 越大。第二块棱镜的摆放方式对棱镜顶角临界值 α_c 及系统最大偏转角 Φ_m 极限值 Φ_M 有较大影响，而第一块棱镜的摆放方式对其影响甚微。21 - 12 与 12 - 12 型结构，以及 12 - 21 与 21 - 21 型结构，两两的临界值 α_c 及极限值 Φ_M 相近。但相对 21 - 12、12 - 12 型结构，12 - 21、21 - 21 型结构的临界值 α_c 和极限值 Φ_M（达到 $90°$）更大。故第二块棱镜的 21 型摆放方式能实现更大角度的光束偏转，为大角度束转系统设计留下更大的空间。在大角度旋转双棱镜光束偏转系统设计中，本项工作所探讨的规律和结果能为棱镜材料和系统结构的选择提供有益参考。

针对轴外入射光束，分析了棱镜出射表面上全反射以及入射表面倾斜导致的入射光束、出射光束指向限制。结果表明，系统允许的入射光线指向范围以及系统出射光线能达到的指向范围依赖于系统结构、棱镜材料折射率、棱镜顶角并随两棱镜的旋转角位置变化而变化。然后，引入系统角孔径和角视场来分别界定任意棱镜角位置下，保证光束能通过系统的入射光束、出射光束离轴角范围。通过计算系统角孔径和角视场，分析其与棱镜折射率、棱镜顶角、系统结构之间的内在关系。结果展示，棱镜的高折射率、大顶角能实现大角度光束偏转，但会导致小的角孔径和角视场，意味着设计旋转双棱镜系统时需要在系统偏转力与系统角孔径/角视场之间做出权衡。不同系统结构的角孔径/角视场值存在差异，第二块棱镜的摆放方式对系统角孔径/角视场值影响较大。相同棱镜材料和棱镜顶角下，21－21 型结构的角孔径值最大，而 12－12 型结构的角视场值最大。以上研究方法和结果能在大角度光束扫描及视轴偏转应用中为旋转双棱镜系统设计提供有用参考。

参考文献

［1］ Tholl H D. Novel Laser Beam Steering Techniques ［J］. SPIE. 2006，6397：639701—639708.

［2］ Dillon T E，Schuetz C A，Martin R D，et al. Nonmechanical beam steering using optical phased arrays ［J］. SPIE，2011，8184：81840F.

［3］ Kim J J，Sands T，Agrawal B N. Acquisition，Tracking，and Pointing Technology Development for Bifocal Relay Mirror Spacecraft ［J］. SPIE. 2007，6569：656901—656907.

［4］ Su J，Cui Y，Li Z，et al. Optical receiving solution for optical scanning lag effect of LADAR ［J］. optik. 2003，114（5）：217—220.

［5］ Chen C B. Beam Steering and Pointing with Counter-rotating Grisms ［J］. SPIE. 2007，6714：671409.

［6］ Winsor R，Braunstein M. Conformal beam steering apparatus for simultaneous manipulation of optical and radio frequency signals ［J］. SPIE. 2006，6215：62150G.

［7］ Schwarze C R，Vaillancourt R，Carlson D，et al. Risley-prism based compact laser beam steering for IRCM，laser communications，and laser radar ［J］. Critical Technology. 2005，9：1—9.

［8］ Kim J，Oh C，Serati S，et al. Wide-angle，nonmechanical beam steering with high throughput utilizing polarization gratings ［J］. APPLIED OPTICS. 2011，50（17）：2636—2639.

［9］ 付强，姜会林，王晓曼，等. 空间激光通信研究现状及发展趋势 ［J］. 中国光学. 2012，5（2）：116—125.

［10］ 陈德富. 国外定向红外对抗技术的发展 ［J］. 战术导弹技术. 2011（2）：123—128.

［11］ Vaidyanathan M，Blask S，Higgins T，et al. JIGSAW PHASE Ⅲ：A MINIATURIZED AIRBORNE 3-D IMAGING LASER RADAR WITH PHOTON-COUNTING SENSITIVITY FOR FOLIAGE PENETRATION ［J］. SPIE. 2007，6550：65500N—65501N.

［12］ Duncan B D，Bos P J，Sergan V. Wide-angle achromatic prism beam steering for infrared countermeasure applications ［J］. Optical Engineering. 2003，42（4）：1038—1047.

［13］ Marino R M，Davis W R. Jigsaw：A Foliage-Penetrating 3D Imaging Laser Radar System [J]. LINCOLN LABORATORY JOURNAL. 2005, 15 (1): 23—36.

[14] Lee S, Alexander J W, Ortiz G G. Submicroradian pointing system design for deep-space optical communications [J]. SPIE. 2001, 4272: 104—111.

[15] Schwarze C. A new look at Risley prisms [J]. Photonics Spectra. 2006, 40 (6): 67—70.

[16] Ulander K. Two-axis Beam Steering Mirror Control system for Precision Pointing and Tracking Applications [D]. Faculty of California Polytechnic State University, 2006.

[17] Kim B S, Gibson S, Tsao T C. Adaptive control of a tilt mirror for laser beam steering [C] //Proceedings of the 2004 American Control Conference. IEEE, 2004, 4: 3417—3421.

[18] Li A, Jiang X, Sun J, et al. Laser coarse-fine coupling scanning method by steering double prisms [J]. Appl. Opt. 2012, 51 (3): 356—364.

[19] Jofre M, Anzolin G, Steinlechner F, et al. Fast beam steering with full polarization control using a galvanometric optical scanner and polarization controller [J]. OPTICS EXPRESS. 2012, 20 (11): 12247—12260.

[20] Gibson J L, Duncan B D, Watson E A, et al. Wide-angle decentered lens beam steering for infrared countermeasures applications [J]. Optical Engineering. 2004, 43 (10): 2312—2322.

[21] Lindberg P J. A prism line-scanner for high-speed thermography [J]. Optica Acta: International Journal of Optics. 1968, 15 (4): 305—316.

[22] Dorofeeva M V. Features of using a right-angle prism to scan wide fields of view [J]. Journal of Optical Technology. 2010, 77 (7): 429—431.

[23] Juhala R E, Dube G. Refractive beam steering [C] //Space Systems Engineering and Optical Alignment Mechanisms. International Society for Optics and Photonics, 2004, 5528: 282—292.

[24] Polishuk A, Peled U, Nissim M, et al. Wide-range, high-resolution optical steering device [J]. Optical Engineering. 2006, 45 (9): 93002.

[25] Zhou Y, Fan D, Fan S, et al. Laser scanning by rotating polarization gratings [J]. Applied Optics. 2016, 55 (19): 5149—5157.

[26] Mcmanamon P F, Bos P J, Escuti M J, et al. A review of phased array steering for narrow-band electrooptical systems [J]. Proceedings of the IEEE. 2009, 97 (6): 1078—1096.

[27] Saleh B E, Teich M C. Fundamentals of photonics [M]. john Wiley & sons, 2019.

[28] Yoo B, Megens M, Chan T, et al. Optical phased array using high contrast gratings for two dimensional beamforming and beamsteering [J]. Optics express. 2013, 21 (10): 12238—12248.

[29] Mcmanamon P F, Dorschner T A, Corkum D L, et al. Optical phased array technolo-

gy [J]. Proceedings of the IEEE. 1996, 84 (2): 268—298.

[30] McManamon P. An overview of optical phased array technology and status [C] // Liquid Crystals: Optics and Applications. International Society for Optics and Photonics, 2005, 5947: 59470I.

[31] Mcmanamon P, Ataei A. Progress and opportunities in optical beam steering [J]. 2019, 10926.

[32] Kogelnik H. Coupled wave theory for thick hologram gratings [M]. Landmark Papers On Photorefractive Nonlinear Optics, World Scientific, 1995, 133—171.

[33] 司磊，邹永超，陶汝茂，等. 基于多路复用体全息光栅的角度放大器设计 [J]. 物理学报. 2012, 61 (06): 307—315.

[34] 闫宗群，国涛，吴健，等. 基于液晶相控阵和体全息光栅的激光多目标指示技术 [J]. 光学学报. 2020, 40 (3): 323001.

[35] Mcmanamon P F. Agile nonmechanical beam steering [J]. Optics and photonics news. 2006, 17 (3): 24—29.

[36] Escuti M J, Jones W M. A Polarization-Independent Liquid Crystal Spatial Light Modulator [J]. Proc. of SPIE. 2006, 6332: 63320M.

[37] Oh C, Escuti M J. Numerical analysis of polarization gratings using the finite-difference time-domain method [J]. PHYSICAL REVIEW A. 2007, 76 (4): 43815.

[38] Oh C, Escuti M J. Achromatic diffraction from polarization gratings with high efficiency [J]. OPTICS LETTERS. 2008, 33 (20): 2287—2289.

[39] Kim J, Oh C, Escuti M J, et al. Wide-angle, nonmechanical beam steering using thin liquid crystal polarization gratings [J]. Proc. SPIE. 2008, 7093: 709302.

[40] Buck J, Serati S, Serati R, et al. Polarization gratings for non-mechanical beam steering applications [C] //Acquisition, Tracking, Pointing, and Laser Systems Technologies XXVI. International Society for Optics and Photonics, 2012, 8395: 83950F.

[41] Kim J, Miskiewicz M N, Serati S, et al. Nonmechanical laser beam steering based on polymer polarization gratings: design optimization and demonstration [J]. Journal of Lightwave Technology. 2015, 33 (10): 2068—2077.

[42] Watson E A. Analysis of beam steering with decentered microlens arrays [J]. Optical Engineering. 1993, 32 (11): 2665—2671.

[43] Watson E A, Whitaker W E, Brewer C D, et al. Implementing optical phased array beam steering with cascaded microlens arrays [C] //Proceedings, IEEE Aerospace Conference. IEEE, 2002, 3: 3—3.

[44] Bourderionnet J, Rungenhagen M, Dolfi D, et al. Continuous laser beam steering with micro-optical arrays: experimental results [C] //Electro-Optical and Infrared Systems: Technology and Applications V. International Society for Optics and Photonics, 2008, 7113: 71130Z.

[45] Shi L, Shi J, Mcmanamon P F, et al. Design considerations for high efficiency liquid crystal decentered microlens arrays for steering light [J]. Applied optics. 2010, 49 (3): 409—421.

[46] Hornbeck L J. Digital light processing and MEMS: An overview [C] //Digest IEEE/ Leos 1996 Summer Topical Meeting. Advanced Applications of Lasers in Materials and Processing. IEEE, 1996: 7—8.

[47] Wu L, Dooley S, Watson E A, et al. A tip-tilt-piston micromirror array for optical phased array applications [J]. Journal of Microelectromechanical Systems. 2010, 19 (6): 1450—1461.

[48] Hebert D. High capacity digital beam steering technology [D]. Louisiana: Louisiana State University, 2013.

[49] Wolfe W L. introduction to Infrared System Design, [M]. Bellingham, Washington: SPIE, 1996.

[50] Jenkins F R, White H E. FUNDAMENTALS OF OPTICS Fourth Edition [M]. New York: McGraw-Hill Companies, Inc. , 2001.

[51] Rosel F A. Prism scanners [J]. J. Opt. Soc. Am. 1960, 50: 521—526.

[52] Clark C S, Gentile S. Flight miniature Risley prism mechanism [J]. Proc. SPIE. 2009, 7429: 74290G.

[53] Schundler E, Carlson D, Vaillancourt R, et al. Compact, wide field DRS explosive detector [J]. Proc. SPIE. 2011, 8018: 80181O.

[54] Ii W C W, Dimarzio C A. Dual-wedge scanning confocal reflectance microscope [J]. OPTICS LETTERS. 2007, 32 (15): 2140—2142.

[55] Sanchez M, Gutow D. Control laws for a three-element Risley prism optical beam pointer [J]. SPIE. 2006, 6304: 630403.

[56] Ostaszewski M, Harford S, Doughty N, et al. Risley prism beam pointer [J]. Proc. SPIE. 2006, 6304: 630406.

[57] Florea C, Sanghera J, Aggarwal I. Broadband beam steering using chalcogenide-based Risley prisms [J]. Optical Engineering. 2011, 50 (3): 33001.

[58] Jiang L, Li N, Zhang L, et al. Application research of achromatic double-prism scanner for free space laser communication [C] //International Conference on Optoelectronics and Microelectronics Technology and Application. International Society for Optics and Photonics, 2017, 10244: 1024418.

[59] Lacoursiere J, Doucet M, Curatu E O, et al. Large-deviation achromatic Risley prisms pointing systems [J]. SPIE. 2002, 4773: 123—131.

[60] Li A, Sun W, Liu X, et al. Laser coarse-fine coupling tracking by cascaded rotation Risley-prism pairs [J]. Applied Optics. 2018, 57 (14): 3873—3880.

[61] Roy G, Cao X, Bernier R, et al. Enhanced scanning agility using a double pair of Ris-

ley prisms [J]. Applied Optics. 2015, 54 (34): 10213—10226.

[62] Wolfe W L, Zissis G J. Optical-mechanical scanning techniques and devices [M]. The Infrared Handbook, Environmental Research Institute of Michigan, 1989.

[63] Amirault C T, Dimarzio C A. Precision pointing using a dual-wedge scanner [J]. Appl. Opt. 1985, 24 (9): 1302—1308.

[64] Boisset G C, Robertson B, Hinton H S. Design and Construction of an Active Alignment Demonstrator for a Free-Space Optical Interconnect [J]. Photonics Technology Letters. 1995, 7 (6): 676—679.

[65] Degnan J J. Ray matrix approach for the real time control of SLR2000 optical elements: the 14th InternationalWorkshop on Laser Ranging [Z]. San Fernando, Spain: 2004.

[66] Yang Y. Analytic Solution of Free Space Optical Beam Steering Using Risley Prisms [J]. Journal of Lightwave TechnologyJ. Lightwave Technol. 2008, 26 (21): 3576—3583.

[67] Jeon Y. Generalization of the first-order formula for analysis of scan patterns of Risley prisms [J]. Optical Engineering. 2011, 50 (11): 113002.

[68] Li Y. Third-order theory of the Risley-prism-based beam steering system [J]. Appl. Opt. 2011, 50 (5): 679—686.

[69] Li Y. Closed form analytical inverse solutions for Risley-prism-based beam steering systems in different configurations [J]. Appl. Opt. 2011, 50 (22): 4302—4309.

[70] 周远, 鲁亚飞, 黑沫, 等. 旋转双棱镜光束指向解析解 [J]. 光学精密工程, 2013, 21 (6): 1373—1379.

[71] 周远, 鲁亚飞, 黑沫, 等. 旋转双棱镜光束指向的反向解析解 [J]. 光学精密工程. 2013, 21 (07): 1693—1700.

[72] Li A, Gao X, Sun W, et al. Inverse solutions for a Risley prism scanner with iterative refinement by a forward solution [J]. Applied Optics. 2015, 54 (33): 9981—9989.

[73] Marshall G F. Risley prism scan patterns [J]. SPIE. 1999, 3787: 74—86.

[74] 韦中超, 莫玮, 熊言威, 等. 双光楔可控扫描一维轨迹分析 [J]. 光电技术应用. 2009, 24 (05): 1—3.

[75] 韦中超, 熊言威, 莫玮, 等. 旋转双光楔折射特性与二维扫描轨迹的分析 [J]. 应用光学. 2009, 30 (6): 939—943.

[76] Horng J, Li Y. Error sources and their impact on the performance of dual-wedge beam steering systems [J]. Appl. Opt. 2012, 51 (18): 4168—4175.

[77] Dîmb A L, Duma V F. Experimental validations of simulated scan patterns of rotational Risley prisms [C] //Optical Sensing and Detection Ⅵ. International Society for Optics and Photonics, 2020, 11354: 113541U.

[78] Schitea A, Tuef M, Duma V. Modeling of Risley prisms devices for exact scan pat-

terns [J]. Proc. SPIE. 2013, 8789: 878912.

[79] Lu Y, Zhou Y, Hei M, et al. Frame frequency prediction for Risley-prism-based imaging laser radar [J]. Applied optics. 2014, 53 (16): 3556—3564.

[80] Church P, Matheson J, Owens B. Mapping of ice, snow and water using aircraft-mounted LiDAR [C] //Degraded Visual Environments: Enhanced, Synthetic, and External Vision Solutions 2016. International Society for Optics and Photonics, 2016, 9839: 98390L.

[81] Church P, Matheson J, Cao X, et al. Evaluation of a steerable 3D laser scanner using a double Risley prism pair [J]. proc. of SPIE. 2017, 10197: 101970O.

[82] 李锦英, 陈科, 彭起, 等. 旋转双棱镜大范围快速高精度扫描技术 [J]. 光电技术应用. 2020, 35 (02): 44—48.

[83] 李硕丰, 徐文东, 赵成强. 激光三维成像中双光楔扫描参数的确定及优化 [J]. 红外与激光工程. 2020, 49 (08): 53—59.

[84] Sun J, Liu L, Yun M, et al. Double prisms for two-dimensional optical satellite relative-trajectory simulator [C] //Free-Space Laser Communications IV. International Society for Optics and Photonics, 2004, 5550: 411—418.

[85] Garcia-Torales G, Flores J L, Munoz R X. High precision prism scanning system [J]. Proc. SPIE. 2007, 6422: 64220X.

[86] Lu W, Liu L, Sun J, et al. Control loop analysis of the complex axis in satellite laser communications [C] //Free-Space Laser Communications X. International Society for Optics and Photonics, 2010, 7814: 781410.

[87] Zhang H, Yuan Y, Zhao Y, et al. Control system design for a double-prism scanner [C] //2013 International Conference on Optical Instruments and Technology: Optical Systems and Modern Optoelectronic Instruments. International Society for Optics and Photonics, 2013, 9042: 904215.

[88] Harford S T, Gutierrez H, Newman M, et al. Infrared Risley beam pointer [C] // Free-Space Laser Communication and Atmospheric Propagation XXVI. International Society for Optics and Photonics, 2014, 8971: 89710P.

[89] Yuxiang Y, Ke C, Jinying L, et al. Closed-Loop Control of Risley Prism Based on Deep Reinforcement Learning [C] //2020 International Conference on Computer Engineering and Application (ICCEA). IEEE, 2020: 481—488.

[90] Bos P J, Garcia H, Sergan V. Wide-angle achromatic prism beam steering for infrared countermeasures and imaging applications: solving the singularity problem in the two-prism design [J]. Optical Engineering. 2007, 46 (11): 113001.

[91] Zhou Y, Lu Y, Hei M, et al. Motion control of the wedge prisms in Risley-prism-based beam steering system for precise target tracking [J]. Appl. Opt. 2013, 52 (12): 2849—2857.

[92] Li A, Sun W, Yi W, et al. Investigation of beam steering performances in rotation Risley-prism scanner [J]. OPTICS EXPRESS. 2016, 24 (12840—12850).

[93] Alajlouni S. Solution to the Control Problem of Laser Path Tracking using Risley Prisms [J]. IEEE/ASME Transactions on Mechatronics. 2016, 21 (4): 1892—1899.

[94] Schwarze C R, Vaillancourt R, Carlson D, et al. Risley-prism based compact laser beam steering for IRCM, laser communications, and laser radar [J]. Critical Technology. 2005, 9: 1—9.

[95] Zhou Y, Lu Y, Hei M, et al. Pointing error analysis of Risley-prism-based beam steering system [J]. APPLIED OPTICS. 2014, 53 (25): 5775—5783.

[96] Zhao Y, Yuan Y. First-order approximation error analysis of Risley-prism-based beam directing system [J]. Applied optics. 2014, 53 (34): 8020—8031.

[97] Li J, Peng Q, Chen K, et al. High precision pointing system based on Risley prism: analysis and simulation [C] //XX International Symposium on High-Power Laser Systems and Applications 2014. International Society for Optics and Photonics, 2015, 9255: 92551I.

[98] Zhang H, Yuan Y, Su L, et al. General model for the pointing error analysis of Risley-prism system based on ray direction deviation in light refraction [C] //8th International Symposium on Advanced Optical Manufacturing and Testing Technologies: Optical Test, Measurement Technology, and Equipment. International Society for Optics and Photonics, 2016, 9684: 96842B.

[99] Zhang H, Yuan Y, Su L, et al. Beam steering uncertainty analysis for Risley prisms based on Monte Carlo simulation [J]. Optical Engineering. 2017, 56 (1): 14105.

[100] Bravo-Medina B, Strojnik M, Garcia-Torales G, et al. Error compensation in a pointing system based on Risley prisms [J]. Applied optics. 2017, 56 (8): 2209—2216.

[101] Li J, Chen K, Peng Q, et al. Improvement of pointing accuracy for Risley prisms by parameter identification [J]. Applied optics. 2017, 56 (26): 7358—7366.

[102] Ge Y, Liu J, Xue F, et al. Effect of mechanical error on dual-wedge laser scanning system and error correction [J]. Applied optics. 2018, 57 (21): 6047—6054.

[103] Li A, Gong W, Zhang Y, et al. Investigation of scan errors in the three-element Risley prism pair [J]. Optics express. 2018, 26 (19): 25322—25335.

[104] Sasian J M. Aberrations from a prism and a grating [J]. APPLIED OPTICS. 2000, 39 (1): 34—39.

[105] Curatu E O, Chevrette P C, St-Germain D. Rotating-prism scanning system to equip an NFOV camera lens [C] //Current Developments in Optical Design and Optical Engineering Ⅷ. International Society for Optics and Photonics, 1999, 3779: 154—164.

[106] Gibson J L, Duncan B D, Bos P, et al. Wide angle beam steering for infrared countermeasures applications [J]. SPIE. 2002, 4723: 100—307.

[107] Sun W, Tien C, Sun C, et al. A low-cost optimization design for minimizing chromatic aberration by doublet prisms [J]. Journal of the Optical Society of Korea. 2012, 16 (4): 336—342.

[108] Jiang L, Li N, Zhang L, et al. Application research of achromatic double-prism scanner for free space laser communication [C] //International Conference on Optoelectronics and Microelectronics Technology and Application. International Society for Optics and Photonics, 2017, 10244: 1024418.

[109] Arad O, Klapp I. Dispersion analysis of a low cost hyper-spectral imaging system based on Risley prism scanner [C] //Optics and Photonics for Sensing the Environment. Optical Society of America, 2020: EM2C. 6.

[110] Weber D C, Trolinger J D, Nichols R G, et al. Diffractively corrected Risley prism for infrared imaging [J]. SPIE. 2000, 4025: 79—86.

[111] Nie X, Yang H, Xue C. Diffractively corrected counter-rotating Risley prisms [J]. Applied optics. 2015, 54 (35): 10473—10478.

[112] Sparrold S W. MISSILE SEEKER HAVING A BEAM STEERING OPTICAL ARRANGEMENT USING RISLEY PRISMS [P]. US6343767B1. 2002—2—5.

[113] Jackson J E. CONFORMAL BEAM STEERING DEVICES HAVING A MINIMAL VOLUME AND WINDOW AREA UTILIZING RISLEY PRISMS AND DIFFRACTION GRATINGS [P]. 2007—2—1.

[114] Mao W, Xu Y. Distortion of optical wedges with a large angle of incidence in a collimated beam [J]. Optical Engineering. 1999, 38 (4): 580—585.

[115] Lavigne V, Ricard B. Fast Risley prisms camera steering system: calibration and image distortions correction through the use of a three-dimensional refraction model [J]. Optical Engineering. 2007, 46 (4): 43201.

[116] Takata Y, Torigoe T, Kobayashi E, et al. Distortion correction of wedge prism 3D endoscopic images [C] //7th Asian-Pacific Conference on Medical and Biological Engineering. Springer, Berlin, Heidelberg, 2008: 750—753.

[117] 周远，范世珣，刘光灿，等. 旋转双棱镜引起的成像畸变及其校正 [J]. 光学学报. 2015, 35 (09): 143—150.

[118] Sun J, Liu L, Yun M, et al. The effect of the rotating double-prism wide-angle laser beam scanner on the beam shape [J]. Optik. 2005, 116: 553—556.

[119] Sun J, Liu L, Yun M, et al. Distortion of beam shape by a rotating double-prism wide-angle laser beam scanner [J]. Optical Engineering. 2006, 45 (4): 43001—43004.

[120] Li A, Zuo Q, Sun W, et al. Beam distortion of rotation double prismswith an arbi-

trary incident angle [J]. Applied Optics. 2016, 55 (19): 5164—5171.

[121] Zhou Y, Chen Y, Zhu P, et al. Limits on field of view for Risley prisms [J]. Applied Optics. 2018, 57 (30): 9114—9122.

[122] Zhou Y, Fan S, Chen Y, et al. Beam steering limitation of a Risley prism system due to total internal reflection [J]. Appl Opt. 2017, 56 (22): 6079—6086.

[123] Hakun C, Budinoff J, Brown G, et al. A Boresight Adjustment Mechanism For Use on Laser Altimeters: the 37th Aerospace Mechanisms Symposium [Z]. Johnson Space Center: 2004.

[124] Kim K, Kim D, Matsumiya K, et al. Wide FOV wedge prism endoscope [C] // 2005 IEEE Engineering in Medicine and Biology 27th Annual Conference. IEEE, 2006: 5758—5761.

[125] Lu Y, Zhou Y, Hei M, et al. Theoretical and experimental determination of steering mechanism for Risley prism systems [J]. APPLIED OPTICS. 2013, 52 (7): 1389—1398.

[126] Y. Zhao and Y. Yuan, " Scan Patterns Measurement of a Risley-prism System," in Classical Optics 2014, OSA Technical Digest (online) (Optical Society of America, 2014), paper JTu5A. 30.

[127] Schwarze C R, Schundler E C, Vaillancourt R, et al. Risley prism scan-based approach to standoff trace explosive detection [J]. Optical Engineering. 2014, 53 (2): 21110.

[128] Dixon J, Engel J R, Vaillancourt R, et al. Risley Prism Universal Pointing System (RPUPS) [J]. proc. SPIE. 2015, 9579: 95790B.

[129] Dimarzio C, Harris C, Bilbro J W, et al. Pulsed Laser Doppler Measurements of Wind Shear [J]. Bull. Am. Meteorol. Soc. 1979, 60: 1061.

[130] Dimarzio C, Krause M, Rchandler, et al. Airborne Lidar Dual Wedge Scanner: Eleventh International Laser Radar Conference [Z]. University of Wisconsin-Madison: NASA, 1982.

[131] Degnan J, Machan R, Leventhal E, et al. Inflight performance of a second generation, photon counting, 3D imaging lidar [J]. SPIE. 2008, 6950 (695007): 695007.

[132] Zhang N, Lu Z, Sun J, et al. Laboratory demonstration of spotlight-mode down-looking synthetic aperture imaging ladar [J]. Chinese Optics Letters. 2015, 13 (9): 91001.

[133] Vuthea V, Toshiyoshi H. A Design of Risley Scanner for LiDAR Applications [C] //2018 International Conference on Optical MEMS and Nanophotonics (OMN). IEEE, 2018: 1—2.

[134] Sorbara A, Zereik E, Bibuli M, et al. Low cost optronic obstacle detection sensor for unmanned surface vehicles [C] //2015 IEEE Sensors Applications Symposium

(SAS). IEEE, 2015: 1—6.

[135] Chen C W. OPTICAL DEVICE WITH A STEERABLE LIGHT PATH [P]. US7813644B2. 2010—10—12.

[136] Hayden W L, Krainak M A, Cornwell Jr D M, et al. Overview of laser communication technology at NASA Goddard space flight center [C] //Free-Space Laser Communication Technologies V. International Society for Optics and Photonics, 1993, 1866: 45—55.

[137] Degnan J, McGarry J, Zagwodzki T, et al. Transmitter point-ahead using dual Risley prisms: theory and experiment [C] //Proceedings of the 16th international workshop on laser ranging. 2008: 332—338.

[138] Das S, Olsen R, Meagher C, et al. New Approaches to Directional Antenna Technologies for Unmanned System Communications [R]. U. S. goverment work, 2010.

[139] Rupar M, Freeman A, Vorees B, et al. A Tactical Reachback Extended Communications (TREC) Capability: The 2010 Military Communications Conference [Z]. IEEE, 20102058—2063.

[140] Tame B J, Stutzke N A. Steerable Risley Prism Antennas with Low Side Lobes in the Ka band [J]. IEEE. 2010, 978—1—4244—7092—1 (10).

[141] Afzal R S, Yu A, Dallas J L. The Geoscience Laser Altimeter System (GLAS) Laser Transmitter [J]. IEEE JOURNAL OF SELECTED TOPICS IN QUANTUM E-LECTRONICS. 2007, 13 (3): 511—536.

[142] Lu S, Gao M, Yang Y, et al. Inter-satellite laser communication system based on double Risley prisms beam steering [J]. Applied optics. 2019, 58 (27): 7517—7522.

[143] Wang H, Kang W, Bishop A P, et al. In vivo intracardiac optical coherence tomography imaging through percutaneous access: toward image-guided radio-frequency ablation [J]. Journal of biomedical optics. 2011, 16 (11): 110505.

[144] Duma V, Rollanda J P, Podoleanuc A G. Perspectives of optical scanning in OCT [J]. SPIE. 2010, 7556: 75560B—75561B.

[145] Warger Ii W C, Dimarzio C A. Dual-wedge scanning confocal reflectance microscope [J]. Optics Letters. 2007, 32 (15): 2140—2142.

[146] Mega Y, Kerimo J, Robinson J, et al. Three-photon fluorescence imaging of melanin with a dual-wedge confocal scanning system [C] //Multiphoton Microscopy in the Biomedical Sciences Xii. International Society for Optics and Photonics, 2012, 8226: 822637.

[147] Souvestre F, Hafez M, Régnier S. DMD-based multi-target laser tracking for motion capturing [C] //Emerging Digital Micromirror Device Based Systems and Applications Ⅱ. International Society for Optics and Photonics, 2010, 7596: 75960B.

[148] Tirabassi M, Rothberg S J. Advanced modelling of tracking LDV systems incorporating rotating optical wedges [C] //Eighth International Conference on Vibration Measurements by Laser Techniques: Advances and Applications. International Society for Optics and Photonics, 2008, 7098: 709806.

[149] Snyder J J. SINGLE CHANNEL M X N OPTICAL FIBER SWITCH [P]. US6636664B2. 2003—10—21.

[150] Cormack R H. 1XN OPTICAL FIBER SWITCH [P]. US 6597829B2. 2003—7—22.

[151] Sweatt W C. Optical switch using Risley prisms [P]. US 6549700B1. 2003—4—15.

[152] 朱勇建，那景新，潘卫清，等. 条纹周期动态可调的通用型干涉仪 [J]. 光学精密工程. 2012, 20 (1): 109—116.

[153] Garcia-Torales G, Strojnik M, Paez G. Risley prisms to control wave-front tilt and displacement in a vectorial shearing interferometer [J]. Appl. Opt. 2002, 41 (7): 1380—1384.

[154] Paez G, Strojnik M. Versatility of the vectorial shearing interferometer [J]. SPIE. 2002, 4486: 513—522.

[155] Garcia-Torales G, Flores J L. Vectorial shearing interferometer with a high resolution phase shifter [J]. SPIE. 2007, 6723: 672330—672331.

[156] Garcia-Torales G, Flores J L, Alvarez-Borrego J. Alignment of vectorial shearing interferometer using a simple recognition algorithm [J]. SPIE. 2008, 7073: 707321—707324.

[157] Titterton D H. Development of infrared countermeasure technology and systems [M]. Mid-infrared semiconductor optoelectronics, Springer, 2006, 635—671.

[158] Adams D J. SCANNER/POINTER APPARATUS HAVING SUPER-HEMI-SPHERICAL COVERAGE [P]. US7336407B1. 2008—2—26.

[159] Winsor R S. SECURITY CAMERA SYSTEM AND METHOD OF STEERING BEAMS TO ALTER A FIELD OF VIEW [P]. US2009/0079824A1. 2009—3—26.

[160] Lavigne V, Ricard B. Step-Stare Image Gathering for High-Resolution Targeting [C]. France: RTO: 2005.

[161] Tao X, Cho H. Increasing the visibility for observing micro objects with the variable view imaging system [J]. International Journal of Optomechatronics. 2012, 6 (1): 71—91.

[162] Rana H S. Lens technology incorporating internal pan/tilt and zoom [C] //Optical Design and Engineering Ⅲ. International Society for Optics and Photonics, 2008, 7100: 71000I.

[163] Li A, Deng Z, Liu X, et al. A cooperative camera surveillance method based on the principle of coarse-fine coupling boresight adjustment [J]. Precision Engineering.

2020，66：99—109.

[164] Li A，Li Q，Deng Z，et al. Risley-prism-based visual tracing method for robot guidance [J]. JOSA A. 2020，37（4）：705—713.

[165] Wang Z，Cao J，Hao Q，et al. Super-resolution imaging and field of view extension using a single camera with Risley prisms [J]. Review of Scientific Instruments. 2019，90（3）：33701.

[166] Hao Q，Wang Z，Cao J，et al. A hybrid bionic image sensor achieving FOV extension and foveated imaging [J]. Sensors. 2018，18（4）：1042.

[167] Zissis G J，Wolfe W L. The infrared handbook [R]. INFRARED INFORMATION AND ANALYSIS CENTER ANN ARBOR MI，1978.

[168] Kokorina V F. Glasses for infrared optics [M]. CRC press，1996.

[169] Fischer R E. Optical design for the infrared [C] //Geometrical Optics. International Society for Optics and Photonics，1985，531：82—120.

[170] Klocek P. Handbook of infrared optical materials [M]. CRC Press，2017.

[171] Riedl M J. Optical design fundamentals for infrared systems [M]. SPIE press，2001.

[172] Born M，Wolf E. Principles of Optics，7th ed [M]. 7 ed. Cambridge，UK：Cambridge University Press，1999.

[173] 李安虎. 双棱镜多模式扫描理论与技术 [M]. 1. 北京：国防工业出版社，2016.

[174] Li A，Liu X，Gong W，et al. Prelocation image stitching method based on flexible and precise boresight adjustment using Risley prisms [J]. JOSA A. 2019，36（2）：305—311.

[175] Li A，Zhao Z，Liu X，et al. Risley-prism-based tracking model for fast locating a target using imaging feedback [J]. Optics Express. 2020，28（4）：5378—5392.

[176] Li A，Zhong S，Liu X，et al. Double-wedge prism imaging tracking device based on the adaptive boresight adjustment principle [J]. Review of Scientific Instruments. 2019，90（2）：25107.